임시정부 보병조전초안의
현대적 해석

이 연구는 2021학년도 광주대학교 대학연구비의 지원을 받아 수행되었음

임시정부 보병조전초안의
현대적 해석

초판 1쇄 발행 2021년 12월 31일

저 자 ㅣ 조필군
펴낸이 ㅣ 윤관백
펴낸곳 ㅣ 도서출판 선인

등록 ㅣ 제5-77호(1998.11.4)
주소 ㅣ 서울시 마포구 마포대로 4다길 4 곳마루빌딩 1층
전화 ㅣ 02)718-6252 / 6257   팩스 ㅣ 02)718-6253
E-mail ㅣ sunin72@chol.com

정가   33,000원

ISBN 979-11-6068-648-7 93390

· 잘못된 책은 바꿔 드립니다.

임시정부 보병조전초안의 현대적 해석

조 필 군

도서출판 선인

▋ 목차 ▋

보병조전초안 원문

부록

일러두기

1. 이 책의 저본은 대한민국역사박물관에 소장(소장번호: 한박11883) 중인 『步兵操典草案』 (1924, 대한민국임시정부 군무부 발간)으로 이 책의 부록에 원문 자료를 수록하였다.

2. 가급적 원문의 표현을 살리도록 직역을 원칙으로 하였으며, 현대적 군사교리에 맞도록 용어를 사용하였다.
   예) 조전(操典) → 훈련교범(訓練敎範)

3. 간단한 주석은 본문에 ( )로 하여 간주(間註)로 달고, 주석이 필요한 부분에 대해서는 역자가 각주(脚註)를 통해 설명을 하였다.
   예) 밀대자루(槓杆, 장전손잡이), 우가락지(上帶, 멜빵윗고리)

4. 구령(口令)의 표기는 가급적 원문의 표기를 그대로 쓰되 괄호 안에 현대식 군사교리의 용어 표기를 병기하였다.
   예) 차리어(차렷), 창빼어(빼어 칼), 엎디어 불질총(엎드려쏴)

5. 목차는 원문과의 대조를 용이하게 할 수 있도록 가급적 원문의 차례를 준하여 구성하였다.

6. 그림 자료는 원문의 내용을 그대로 수록하였다.

7. 군사교리와 관련된 용어는 ( )에 원문 자료의 한자를 병기하였다.
   예) 독단전행(獨斷專行), 협동동작(協同動作)

8. 기타 맞춤법이나 띄어쓰기 등은 한글 맞춤법 통일안에 따랐다.

9. 『步兵操典草案』의 학술적 가치와 의의를 이해할 수 있도록 이 책의 부록에 독립군 군사 훈련 교범과 관련한 필자의 연구논문을 수록하였다.

보병조전초안의 해제(解題)

1. 『보병조전초안』의 발간 경위

『步兵操典草案』[1]은 대한민국임시정부 군무부에서 1924년 편찬·발행한 군사훈련 교범이다. 이 책은 임시정부 군사정책의 일환으로 만들어져 독립군의 군사훈련 내용과 수준을 알 수 있는 자료이다. 1919년 4월 11일 수립된 상해 임시정부는 동년 11월 5일 「대한민국임시관제」를 발표하여 임시정부의 군사정책을 수립하고 이와 관련된 사무를 처리하기 위해 군무부를 설치하였다.[2] 또한 임시정부는 1919년 12월 18일 군무부령 제1호로 '대한민국육군임시군제·대한민국육군임시군구제·임시육군무관학교조례'[3] 등을 발표하였다. '임시육군무관학교조례'는 중등 이상의 학력을 가진 만 19세 이상 30세 이하의 남자를 대상으로 삼아, 만 12개월 교육 후 참위로 임관시킨다는 것으로 군사간부의 양성을 위해 마련한 것이다. 따라서 임시정부 군무부에서는 독립군을 체계적이고 효율적으로 군사훈련을 실시하기 위한 근대적 군사교범이 필요하였다. 이러한 군사교범 발간을 위해 임시정

---

[1] 대한민국역사박물관에 소장 중(소장번호 : 한박11883)인 이 교범의 제목을 『步兵操典草案』으로 한 점에 대해서 살펴보면, 이 자료의 첫 페이지에서 밝히고 있는 것처럼 완성본을 발간하기 전에 시험적으로 발간하는 초안의 형태란 의미를 담고 있다. 당시 발간된 일본 군사교범의 명칭도 『보병조전초안』(1920)이었으며, 이를 개정한 교범도 『보병조전초안』(1923)이었다. 그 후 1928년에 이르러 『步兵操典』이라는 명칭을 사용하고 있는 것으로 볼 때, 『步兵操典草案』 발간 당시 일본의 교범 명칭이 『보병조전초안』이라는 점을 고려하여 책의 제목을 결정했을 것으로 보인다. 조(操)는 훈련하다는 의미로 조련(操鍊)은 교련(敎鍊)과 같은 의미이다. 따라서 조전(操典)은 교련을 위한 군사교범을 말함.

[2] 국사편찬위원회, 『대한민국임시정부자료집』 2, 2005, 54-55쪽.

[3] 국사편찬위원회, 위의 글, 2005, 32-34쪽.

부에서는 1920년 10월 8일 교령 제11호로 '군무부임시편집위원부 규정'을 제정하였다. 이 교령 제11호에 의거하여 군무부 산하에 '군무부임시편집위원부'가 설치되어 위원장과 약간의 위원으로 구성하였다. 이 '군무부임시편집위원부규정'은 1922년 2월 3일에 교령 제3호로 개정되어 편집위원부의 구성면에서 부위원장 1명을 추가하고, 위원을 약간명에서 5명으로 구체화하였다.[4]

당시 신흥무관학교에서 학감을 지냈던 윤기섭(尹琦燮, 1887~1959) 선생이 상해에 도착하였을 때에는 이미 임시정부 군무부 산하에 설치되었던 '임시육군무관학교'에서 제1기생들의 훈련이 실시되고 있었다. 그러나 무관생도들의 훈련을 위한 군사교범이 제대로 갖추어지지 않았기에 이를 위해 군무부에 임시편집위원회를 구성하고 선생에게 그 책임을 맡겼던 것으로 생각된다. 그래서 이때 발간된 것이 바로 아래의 〈그림 1〉에서 보여 주는 국한문혼용체의 『步兵操典草案』이다.[5]

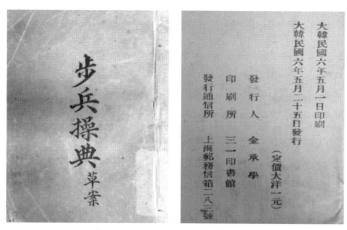

〈그림 1〉『보병조전초안』 원문의 겉표지(좌)와 판권(우)

---

4) 한시준 편, 『대한민국임시정부법령집』, 국가보훈처, 1999, 264쪽, 278쪽.
5) 이 『步兵操典草案』의 출판에 대해 1924년 1월 22일자 『동아일보』에 실린 기사 내용은 다음과 같다. "우리의 운동은 최후에는 군사의 해결(軍事解決)을 해야겠다고 주장하는 것은 다수 사람의 공통되는 심리이다. 그럼으로써 군사교육(軍事敎育)에 대하여서는 학교도 설립하야 교수한 일도 만흐며 또는 외국군사학교(軍事學校)에 입학케하야 공부케 한 일도 만히 잇다. 그러나 우리 사람이 공부하고 참고할만한 서적이 지금까지 완전하게 출판한 것이 업는 것이 큰 유감이던 바 군사에 대하야 상당히 연구하고 또는 힘쓰랴하는 윤기섭(尹琦燮)씨의 저술한 보병조전초안(步兵操典草案)은 탈고된지 얼마되얏스나 상금까지 출판하지 아니 하얏든바 최근에 와서 삼일인쇄소(三一印刷所)에서 이것을 출판하기로 작명하야 인쇄중임으로써 멀지 아니하야 세상에 나오게 되리라더라(상해)"

2. 『보병조전초안』의 체재(體裁)

2.1 목차의 구성

『보병조전초안』은 강령, 제1・2・3부, 부록 등 373개 항목, 257쪽으로 구성되었다. 강령(綱領)에서는 보병의 중요성과 『보병조전초안』의 전체적인 서술 방향에 대해 기술하고 있으며, 제1부 '교련'에서는 각개교련에서부터 여단교련에 이르는 전술의 기본개념과 제식훈련에 대해 기술하고 있다. 제2부 '전투원칙'에서는 여러 상황에 따른 각종 전술운용과 다른 병과와의 합동전술에 대해 기술하고 있으며, 제3부에서는 군인이 갖추어야 할 예의와 군도와 나팔의 사용법을 기술하고 있다.

제1부 '교련'은 총칙과 5개의 장, 254개의 항, 128쪽으로 구성되었다. 이 책 전체 분량의 절반(49.8%)을 차지하는 제1부는 목차의 구성뿐만 아니라 내용면에서도 대한제국기의 『보병조전』과 많은 부분에서 유사하다.

〈표 1〉 제1부(교련)의 구성 비율

구분	항수(%)	쪽수(%)
계	254(100)	128(100)
총칙	15(5.91)	5(3.91)
제 1 장 각개교련	51(20.08)	31(24.22)
제 2 장 중대교련	130(51.18)	63(49.22)
제 3 장 대대교련	38(14.96)	21(16.40)
제 4 장 연대교련	12(4.72)	5(3.91)
제 5 장 여단교련	8(3.15)	3(2.34)

제2부 '전투의 원칙'은 9개의 장, 112개의 항, 61쪽으로 구성되어 전투의 일반적 요령으로부터 공격과 방어, 추격・퇴각・야전・지구전・산지전・하천전・산림전・주민전 그리고 다른 병과와의 합동전술 등 각종 상황에 따른 전투요령과 방법을 기술하고 있는데, 제1부 '교련'보다는 분량은 적지만 내용면에서 오히려 의미가 크다고 할 수 있다. 이 점이 대한제국기의 『보병조전』과 비교가 되는 큰 차이점이라고 할 수 있다. 이 부분의 내용은 『일본

육군조전』의 내용과도 유사한 것을 확인할 수 있으며, 또한 '독일보병조전'을 번역한 것으로 명기되어 있는 『신흥학우보』 제2권 제10호의 게재 내용인 '보병조전 대조 보병전투연구(역) 제2부 지휘관과 병졸'의 내용과 비교할 때 여러 곳에서 유사한 내용이 발견된다. 이런 점에서 볼 때 『보병조전초안』 작성 시 당시의 여러 군사교범을 참작하여 추가한 것으로 생각된다.

〈표 2〉 제2부(전투의 원칙)의 구성 비율

구 분	항수(%)	쪽수(%)
계	112(100)	61(100)
제 1 장 싸움 일반의 요령	24(21.42)	11(18.03)
제 2 장 치기(攻擊)	29(25.89)	17(27.87)
제 3 장 막기(防禦)	20(17.86)	8(13.11)
제 4 장 추격, 퇴각	8(7.14)	5(8.20)
제 5 장 밤싸움(夜戰)	8(7.14)	5(8.20)
제 6 장 버팀싸움(持久戰)	4(3.57)	2(3.28)
제 7 장 산싸움, 강내싸움	7(6.25)	6(9.83)
제 8 장 숲싸움, 마을싸움	7(6.25)	4(6.56)
제 9 장 다른 병종에 대한 보병의 동작	5(4.46)	3(4.92)

제3부 '경례와 관병의 법식'과 '군도와 나팔의 다룸'은 20개의 항으로 구성되어 있다. 여기에는 '경례법', '관병식', '보병의 호령 모음', '대대와 연대의 전술 전개' 등이 기술되어 있다. 부록은 55쪽의 분량으로 구성되어 있으며, 글자 읽는 법, 보병의 호령요령, 대대 및 연대의 전개 사례, 보병총과 탄약, 총검 군도 및 나팔 등 기구의 명칭, 수기신호법 등을 상세하게 설명하고 있다. 이 점도 다른 교범들과 차이가 나는 부분이다.

〈표 3〉『보병조전초안』(1924년) 원문의 목차

( ) : 쪽수

구분				세부 항목	비고
강령(5)				-	제1-7항
총칙(總則)(5)				-	제1-15항
제1부 교련(128)	제1장 낫낫교련 (各個敎練) (31)	대지(大旨)(2)		-	제16-21항
		맨손(徒手)교련(9)		차림자세(不動姿勢), 돌음(轉向), 행진(行進)	제22-34항
		총교련(14)		세워총엣 차림자세, 돌음, 총다룸(操銃法), 창끼임과 뺌, 탄알장임과 뺌(彈丸裝塡抽出), 불질(射擊), 행진, 짓침(突擊)	제35-54항
		산병교련(6)		요지(要旨), 행진, 정지(停止), 불질	제55-66항
	제2장 중대교련 (63)	대지(要則)(1)		-	제67-70항
		소대교련 (34)	밀집(20)	짜임, 번호, 정돈, 돌음, 총다룸, 창끼임과 뺌, 탄알 장임과 뺌, 불질, 행진, 정지, 운동, 방향바꿈(變換方向), 대형바꿈, 짓침, 길거름(散步), 총겨름과 가짐(叉銃解銃), 헤짐, 모임(集合)	제71-104항
			헐음(14)	요지, 산병줄의 이룸(構成), 산병줄의 운동(運動), 산병줄의 불질(射擊), 모임(集合), 막모임(併集)	제105-136항
		중대교련 (28)	밀집(13)	짜임, 번호, 정돈, 돌음, 총다룸, 창끼임과 뺌, 탄알 장임과 뺌, 불질, 행진, 정지, 운동, 방향바꿈, 대형바꿈(變換隊形), 짓침, 길거름, 총겨름과 가짐, 헤짐, 모임	제137-160항
			헐음(15)	요지, 간부와 병정의 책임, 산병줄의 이룸과 운동, 산병줄의 불질, 원대(援隊), 짓침, 추격(追擊), 퇴각(退却), 모임, 막모임	제161-196항
	제3장 대대교련 (21)	대지(要則)(1)		-	제197-198항
		밀집(20)		대형, 행신, 정지, 방향바꿈, 대형바꿈, 전개와 싸움	제199-234항
	제4장 연대교련 (5)	대지(要則)(1)		-	제235-236항
				모임대형(集合隊形), 전개와 싸움	제237-246항
	제5장 여단교련 (3)	대지(要則)(1)		-	제247-248항
				모임대형, 전개와 싸움	제249-254항
제2부 싸움의 원칙 (61)	제1장 싸움 일반의 요령(要領)(11)			-	제1-24항
	제2장 치기(攻擊)	요령(11)		-	제25-42항
		닥침싸움 (遭遇戰)(3)		-	제43-47항
		대듦싸움 (趂戰)(3)		-	제48-53항
	제3장 막기(防禦)(8)			-	제54-73항
	제4장 추격, 퇴각(5)			-	제74-81항
	제5장 밤 싸움(夜戰)(5)			-	제82-89항
	제6장 버팀 싸움(2)			-	제90-93항
	제7장 산 싸움, 강내 싸움(6)			-	제94-100항
	제8장 숲 싸움, 마을 싸움(4)			-	제101-107항
	제9장 다른 병종에 대한 보병의 동작 (3)			-	제108-112항
제3부 경례와 관병의 법식, 군도와 나팔의 다룸(8)				대지(要則), 바뜰어총(捧銃), 보아옮(외)(見右及左), 군기의 바뜰음(軍旗捧持)과 경례법, 관병식(觀兵式), 군도와 나팔의 다룸(操法)	제1-20항
부록(55)				1. 바른 소리와 읽기어럽은 글자의 읽는 본 2. 보병의 호령 모음 3. 대대와 연대의 전개하는 한 본 4. 보병총과 그 탄알, 총창, 군도, 나팔에 당한 이름 5. 수기 신호법 6. 붙임그림(附圖)	

위에서 살펴 본 바와 같이 『보병조전초안』의 목차 구성과 항목 수의 비율로만 보면 교범의 비중이 '교련'에 있다고 생각할 수 있지만, 다양한 실전 상황에 대비한 여러 가지 전투형태에 따라 '전투의 원칙'을 기술하고 있다는 점에서 『일본육군조전』과 대한제국기의 『보병조전』 등 기존의 군사교범들과 차이점을 보이고 있다.

2.2 주요 내용

제1부 '교련'에서는 〈표 1〉과 〈표 3〉에서 보듯이 '낫낫교련'(이하 각개교련)으로부터 중대교련, 대대교련, 연대교련, 여단교련 등 5개의 장으로 구성하고 각 제대에서 행하는 교련의 개념과 기본동작에 대한 설명을 하고 있다. 제1장 각개교련에서는 부대교련을 실시하기에 앞서 병사 각자가 습득해야 할 제식과 교련에 대해 설명하고 있다. 제1장에서 많은 비중을 차지하는 것은 세워총, 메어총 동작 등을 정지 및 이동 간 동작으로 구분하여 설명하고 있는 '총교련' 항이며, 총 다루는 방법과 사격 방법 및 사격 자세에 대해 설명하고 있다.

제2장 중대교련에서는 소대교련에 대한 설명에 이어서 중대교련을 집중적으로 설명(제1부 128쪽 중 63쪽 분량, 49%)하고 있다. 즉 소대교련을 중심으로 기본 개념을 설명하고 있으며, 중대교련에서는 대형변화에 따른 공격과 방어, 상황변화에 따른 전투행동 절차를 상세하게 설명하고 있다. 이런 점에서 중대가 당시에는 기본 전투단위[6]이었음을 시사하고 있다.

제3장은 대대교련, 제4장은 연대교련, 제5장은 여단교련에 대해 언급하고 있으나, 기본적인 내용은 중대교련과 소대교련의 내용에 준하고 있으며, 그 비중이 상대적으로 낮다. 여단교련까지 언급한 것은 당시 부대의 최상급제대가 여단이었다고 볼 수 있다.

제2부 '전투의 원칙'에서는 〈표 2〉와 〈표 3〉에서 보듯이 제1장 싸움 일반의 요령으로부터

---

6) 현재의 한국군 군사교리에 의하면, 분대는 '전투임무수행의 최소 단위부대'이며, 소대는 3개의 보병분대로 구성된 '최하위 전투제대'로 돌격을 실시하는 기본 단위이다. 중대는 3개의 보병 소대로 구성되는 '기본 전투단위부대'이며, 대대는 3개의 보병중대로 구성되어 근접전투를 수행하는 '기본 전술단위부대'이고, 연대는 3개의 보병대대로 구성된 '제한된 능력 범위 내에서 제병협동전투를 실시하는 부대'이다. 사단은 3개의 보병연대로 구성되어 '자체 수단으로 전술작전을 수행할 수 있는 기본 제병협동부대'이고, 군단은 수 개의 사단 및 여단으로 구성되는 '최고의 전술제대'이며, 야전군은 군사전략목표 및 작전 목표 달성에 기여하기 위해 임무를 수행하는 '작전술 제대'로 구분하고 있다. 학생군사학교, 『군사용어』, 2018, 8-9쪽 ; 육군본부, 『군사용어(야전교범1-1)』, 2017.

제2장 치기, 제3장 막기, 제4장 주격·퇴각, 세5장 밤 싸움, 제6징 비밈 싸움, 제7장 산 싸움·강내 싸움, 제8장 숲 싸움·마을 싸움, 제9장 다른 병종에 대한 보병의 동작 등 9개의 장으로 구성하고 있다. 제1장에서 제3장까지는 일반적인 전투에서 벌어지는 공격 전술과 방어 전술에 대해 기술하고 있으며, 제4장에서 제9장까지는 실제 전투에서 발생할 수 있는 다양한 상황을 상정하여 훈련하는 내용을 수록하고 있다. 이러한 점들이 대한제국의 『보병조전』의 내용과 차이점이라고 할 수 있다.

『보병조전초안』은 대한제국기의 『보병조전』과 다르게 보병·포병·공병·기병 및 치중병간 협동작전의 중요성을 강조하고 있다. 즉 대한제국기의 『보병조전』은 보병에 한해서만 기술하고 다른 병종에 대한 언급은 없으나 『보병조전초안』에서는 보병뿐만 아니라 포병·공병·기병 및 치중병이 수행해야 할 역할과 임무에 대해서도 기술하고 있다. 이러한 내용을 수록하고 있다는 것은 『보병조전초안』을 작성할 때, 대한제국기의 『보병조전』뿐만 아니라 『일본육군조전』과 기타의 군사교범 내용을 참작했음을 시사하고 있다.

3. 『보병조전초안』의 사료적 가치와 의의

『보병조전초안』이 갖는 사료적 가치와 군사사학적 함의는 다음과 같이 몇 가지로 요약할 수 있나. 첫째, 『보병조진초안』은 당시 독립군의 군사훈련과 전술의 수준을 파악할 수 있는 소중한 자료이다. 그동안 독립군들이 어떤 훈련을 받았는지에 대한 교리적 연구는 아직 미진한 상태이다. 이런 점에서 『보병조전초안』을 통해서 임시정부가 지향하는 군사훈련의 체계를 파악할 수 있다. 둘째, 『보병조전초안』은 독립군의 전술훈련을 연마하기 위해 만들어진 실전적 군사교범이었다. 대한제국의 『보병조전』은 간부와 병사들의 기본 제식훈련에 중점을 두고 편찬한 데 비해 『보병조전초안』은 기본 제식훈련에 추가하여 각종 상황의 변화에 따른 다양한 전투수행의 원칙과 방법을 제시하고 있으며, 다른 병종과의 협동작전을 강조하고 있다. 셋째, 『보병조전초안』을 통해서 한국군의 군사교리와 군사용어의 변천과정을 고찰할 수 있다. 대한제국은 근대적인 군사제도를 도입하여 육군무관학교를 설립하고, 군사훈련의 질적 향상을 위해 『보병조전』과 『전술학교정』 등 군사교범을 편찬하였다. 임시정부에서 발간한 이 『보병조전초안』은 대한제국의 『보병조전』에 비해 전술과 훈련체계 및 군사용어 측면에서 좀 더 발전된 내용을 담고 있다. 즉 『보병조전초안』에 수록된 독단전행(獨斷專行),[7] 협동동작 등 전술적 용어와 각종 제식과 무기 관련 용어를 통해 군사교리의 발전과정을 고찰할 수 있다. 이런 점에서 『보병조전초안』은 대한제국군-독립군-광복군-국군으로 이어지는 한국군의 정통성과 군사교리 발전과정을 제시하는 군사교범이라고 할 수 있다. 넷째, 『보병조전초안』은 당시 임시정부가 추구했던 군사훈련 및 군사정책의 일면을 반영하고 있다고 할 수 있다. 1919년 수립된 임시정부에서는 대한제국 시기의 의병에서부터 시작된 항일무장독립전쟁을 실현하기 위해 군사 활동과 관련된 각종 법규와 정책을 수립하였는데, 이러한 임시정부 군무부에서 만들어진 『보병조전초안』을 통해서 제한적이지만 임시정부의 군사정책의 일면을 살펴볼 수 있다.

4. 『보병조전초안』과 다른 군사교범과 관련성

4.1 『보병조전초안』과 대한제국기의 『보병조전』

『보병조전』과 『보병조전초안』 각각에 대한 연구는 있었지만, 이 두 자료의 관련성에 대한 비교연구는 아직까지 없었다. 『보병조전』은 구한말 국내외의 정치상황으로 인해 러시아 교관단이 철수하는 시점에서 대한제국군을 자체적으로 훈련시키기 위해 1898년 발간하였는데, 이 『보병조전』은 각종 부대를 훈련시키는 데 있어서 기본이 되는 교범으로서 러시아의 군사제도와 교범을 참조하여 작성되었을 것으로 추정된다.[8] 그러나 당시 일본의 영향을 고려할 때 일본 군사교범의 영향도 받았을 것으로 보인다.[9] 이런 점에서 『보병

---

[7] '독단전행'과 관련하여 독일군과 일본군의 군사사상 및 군사교리에 대한 연구논문에 대해서는 심호섭, 「근대 일본육군의 '독단전행'과 만주사변」, 『만주연구』 12, 2011, 159-179쪽 ; 심호섭, 「근대 일본육군의 '독단전행' 개념의 형성, 1871-1909 : 독단전행을 통해 본 근대 일본 육군의 지휘사상」, 『일본역사연구』 제38집, 185-211쪽 ; 장형익, 「독일군 군사사상과 제도가 일본 육군의 근대화에 미친 영향」, 『군사』 제137집, 2014, 423-444쪽을 참조할 것.

[8] 이러한 점을 확인해주는 것으로는 『황성성문(皇城新聞)』 제91호(1900.4.26.), 4면 광고내용을 들 수 있다. 이 광고에는 러시아에서 들여 온 『보병조전』을 판다는 내용이 게재되어 있다. 독립기념관, 『황성신문(皇城新聞)』 제91호(1-L00038-000), 4면. 1924년 『보병조전초안』을 발간할 때에도 러시아 군사제도와 교범을 참조했을 가능성이 높다는 점은 1922년 임시정부에서 발표한 교령 제3호 : 군무부임시편집위원부규정(1922.2.3) 제7조에 명시된 내용인 "敎育上 必要한 敎科書及 圖書는 露國 勞農政府의 軍事敎育用 圖書 規定에 依하여 作製할 事"이라는 기술 내용을 통해서 유추할 수 있다.

[9] 이러한 점은 대한제국 『보병조전』 내용 중 제대 편성이 4개 편제와 5개 편제를 혼용하고 있는 것으로부터 확인할 수 있다. 즉 중대 편성 시 4개 소대 편성하고 있는 점은 일본교리의 영향을 받았다고 볼 수 있으며, 대대 편성 시 5개 중대로 편성한 점은 러시아 군사교리의 영향으로 볼 수 있다. 이에

조전』이 발간되기 이전에 편찬된『일본육군조전』괴의 관련성에 대해서도 비교 고찰이 필요하다. 한편『보병조전초안』은 임시정부의 군사정책을 실현하기 위한 방법[10]의 일환으로 봉오동·청산리 전투 등 독립군들의 실전경험을 반영하여 작성·발행된 군사교범 자료라고 할 수 있다.[11] 이『보병조전초안』은 대한제국의『보병조전』에 이어 임시정부 산하의 '임시육군무관학교'에서 군사간부를 양성하기 위해 편찬한 훈련교범으로서 1930년대 독립군 간부양성을 위해 사용되었을 것으로 추정[12]하고 있으며, 당시 독립군의 군사훈련과 국군의 발전과정을 고찰하는 데 있어서 역사적으로 매우 가치가 있는 소중한 자료임은 분명하다.

대한제국의『보병조전』에서는 제2부 제1장(전투의 일반원칙) 중에서 '전투 간 지휘관 및 병사의 행동'에 대해 설명하고 있다. 여기에서는 지휘관과 병사로 구분하여 지휘관의 행동은 소대장 및 분대장[13]에 대해 중점적으로 기술하고 있으며, 나머지는 전투 간 병사의 행동에 대해 기술하고 있다. 즉 중대장의 전투행동에 대한 구체적인 언급이 없다는 점에서 대한제국군의 전투는 소대전투를 중시하고 소대장의 전투행동을 중점적으로 기술하고 있다고 할 수 있다. 이에 반해『보병조전초안』에서는 제1부 제2장 '간부와 병정의 책임' 항에서 각급지휘관을 관측하사, 분대장, 소대장, 중대장 및 상급지휘관으로 구분하고 이것을 '간부'라는 용어로 통합하여 표현하고 있다. 대한제국『보병조전』과는 달리 중대장의 책임을 중점적으로 기술하고 있다는 점에서 당시 전투의 기본 단위가 소대전투에서 중대전투로 확대되고 있음을 알 수 있다.[14] 대한제국『보병조전』에서는 지휘관의 행동에 대해 상급 및 각급지휘관과 하급지휘관으로 구분하고, 소대장과 분대장의 책임과 역할을 설명하고 있지만 중대장에 대해서는 언급하지 않고 있다. 이에 반해『보병조전초안』에서

대해서는 서인한,『대한제국의 군사제도』, 도서출판 혜안, 2000, 55쪽, 89-99쪽, 118쪽 참조.

[10] 윤기섭은 1920년 상해 임시의정원으로 활동 시 '군사에 관한 건의안'을 의정원에 제시하였다. 핵심 내용은 임시정부 군무부를 만주로 이전하고, 만주에서 활동하고 있는 독립군을 재편성하여 독립전쟁을 전개하자는 것이었다. 한시준,「윤기섭의 대한민국 임시정부 참여와 활동」,『한국독립운동과 민주공화제』신민회 110주년 및 윤기섭 탄생 130주년 기념학술회의, 2017, 66쪽.

[11] 김광재,『대한민국임시정부의 혁명가 윤기섭』, 한국독립운동사연구소, 2009, 123쪽.

[12] 이 책은 1930년대 김원봉의 '조선혁명군사정치간부학교'와 김구가 설치한 중국군관학교 낙양분교의 '한인특별반' 학생들에게 교재로 사용되었을 것이다. 김광재, 위의 책, 116-124쪽.

[13] 분대장을 최하급 지휘관으로 칭하고 있음. 김원권(편역),『보병조전』대한제국 군사교범집 1, 1998, 116쪽.

[14] 이에 대해서는『보병조전초안』의 본문 제165항-제167항의 내용을 참조할 것.

는 지휘관을 중대장까지 추가하여 언급하고 있다는 점에서 중대급 전투가 당시에는 전투의 중심이 되고 있음을 알 수 있다. 또한『보병조전초안』에서는 분대장에 대해서도『보병조전』보다 좀 더 구체적으로 기술하고 있으며, 병사에 관한 내용은『보병조전』의 병사에 관한 내용을 주로 참작하고 있음을 알 수 있다.[15]

4.2『보병조전초안』과『신흥학우보』

신흥무관학교에 재직했던 교관 중에는 대한제국 무관학교 및 대한제국군 출신자들과 이청천, 김경천 등 일본군 무관 출신들이 있었다. 또한 신흥무관학교 출신 중 다수가 북로군정서 사관연성소의 교관으로 파견되어 군사교육을 담당하였다는 점에서 당시 신흥무관학교와 북로군정서 등 만주독립군의 군사교육 시 사용되었던 교범 및 교재의 내용을 통해서 항일무장독립군의 군사교육 및 훈련의 내용을 파악할 수 있을 것이다. 신흥무관학교의 군사교육과 관련해서는『신흥학우보』제2권 제2호와 제10호 자료를 통해서 신흥무관학교의 군사교육 내용을 확인할 수 있다. 당시 신흥무관학교의 군사교육 시 사용된 교재에 대해서는 '원병상의 수기'를 통해서도 이를 확인할 수 있다. 이에 따르면 신흥무관학교에서는 '보·기·포·공·치중병'의 각 조전과 내무령, 측도학, 축성학, 편제학, 훈련교범, 위수복무령, 육군징벌령, 육군형법, 구급의료, 총검술, 유술, 격검, 전술전략 등에 중점을 두고 가르쳤음을 확인할 수 있다. 또한 근대적 군사훈련 교범인 대한제국의『보병조전』이 교재로 활용되었을 것으로 추정된다.[16]

신흥학우보 제2권 제10호(1918년)의 내용인 '보병조전 대조 보병전투연구/제2부 전투 : 지휘관과 병졸'에서는 지휘관과 병사로 대별하여 설명하고 있지만, 윤기섭의『보병조전초안』에서는 '지휘관'을 보다 구체적으로 중대장, 소대장, 분대장, 관측하사로 구분하고 이들을 통칭하여 간부로 구분하여 그 책임과 역할을 구체적으로 기술하고 있다.[17]『신흥학

---

[15] 이처럼『보병조전초안』과『보병조전』의 내용 중 유사한 내용에 대한 사례에 대해서는 이 책의 부록에 수록한 논문(항일무장독립군 군사교범『步兵操典草案』의 현대적 해석과 군사사학적 함의 :『보병조전』과『보병조전초안』의 비교를 중심으로)의 〈표 7〉(『보병조전초안』과『보병조전』과의 유사 항목 및 내용 비교)을 참조할 것.

[16] 주동욱,『항일독립운동의 요람, 신흥무관학교』, 도서출판 삼인, 2013, 106-107쪽. 한시준은 윤기섭이 신흥무관학교에서 10년 가까이 군사훈련을 담당했다는 점과 신흥무관학교에서 보·기·포·공·치중병의 각 조전을 가르쳤다는 점을 들어 일본병서와 중국병서를 가지고 교재를 만들어 사용했을 것으로 보고 있다. 한시준, 앞의 글, 2017, 58쪽.

보』제2권 제10호에서 특이한 점은 이 내용의 출처를 '독일보병조전'으로 기재하고 있다는 점인데, 이것은 신흥무관학교와 북로군정서에 이청천, 김경천 등 일본육사 출신의 교관이 있었던 점과 대한제국 육군무관학교 교과목 중 외국어학이 40% 이상으로 다른 군사학 교과목보다 많은 비중을 두고 있었기 때문에 일본과 독일 등 외국군 군사 교리 및 교범의 내용을 반영했을 가능성[18]이 크다고 할 수 있다.

4.3 『보병조전초안』과 『독립군 간부훈련교본』

대한제국 육군무관학교에서 발간한 『보병조전』은 구한말 각종 부대가 훈련하는데 기본이 되는 교범이라고 할 수 있다. 이러한 『보병조전』 교범을 북로군정서 독립군이 사용했는가 하는 점에 대해서는 북로군정서 막료였던 이정(李楨)의 『진중일지』에서 다음과 같은 내용을 통해 군사훈련 교육과목을 확인할 수 있다.[19]

> 7월 26일(월요일) : 보병조전[20] · 군대 내무서 · 야외요무령 · 축성교범 · 육군형법 · 육군
> 징벌령 등 인쇄물 각 1부를 독군부 소대장에게 출급하다.

북로군정서의 요청에 따라 신흥무관학교에서는 교관 이범석과 졸업생 김훈, 박영희, 오상세, 최해, 이운강 등을 북로군정서에 파견하였고, 백종렬, 강화린, 이우석 등을 파견할 당시 군사학 서적 30여 권을 북로군정서로 운반했다.[21] 신흥무관학교에서 교관이 파견되

---

[17] 『보병조전초안』과 『신흥학우보』에 게재된 유사항목과 내용에 대해서는, 이 책의 부록에 수록한 논문(항일무장독립군 군사교범 『步兵操典草案』의 현대적 해석과 군사사학적 함의 : 『보병조전』과 『보병조전초안』의 비교를 중심으로)의 〈표 8〉(『보병조전초안』과 『신흥학우보』의 유사 항목 및 내용 비교)을 참조할 것.

[18] 대한제국의 『보병조전』이 발간 및 수정되는 시기에 발간된 『전술학교정』(1902년)의 참고서지를 보면 프랑스, 독일, 일본, 오스트리아 등 근대적 전술학을 인용하고 있다는 점에서 『보병조전』도 이와 같았을 것으로 유추할 수 있다. 이에 대해서는, 임재찬, 「구한말 군사교범-화기학을 중심으로」, 『3사관학교 논문집』 제26집, 1988, 3쪽 ; 차문섭, 「구한말 육군무관학교연구」, 『아세아연구』 제50호, 고려대 아세아문제연구소, 1973, 22-23쪽을 참조할 것.

[19] 조필군, 「항일무장독립전쟁의 군사사학적 연구 : 청산리전역을 중심으로」, 충남대학교 박사학위논문, 2011, 99-100쪽 ; 이정, 『진중일지』, 『독립운동사자료집』 제10집, 독립운동사편찬위원회 편, 1976, 50쪽.

[20] 이 『보병조전』은 대한제국군 시기(1898년)에 발간된 교범이 아닐까 생각된다. 이것은 최해의 『독립군간부훈련교본』의 내용이 대한제국의 『보병조전』과 유사점이 많다는 점에서도 유추할 수 있다. 『보병조전』에 수록된 기초적인 군사훈련과 전술훈련 내용은 이후 만주에서 활약한 독립군의 훈련에도 활용되었다. 최형국, 『병서, 조선을 말하다』, 인물과 사상사, 2018, 323쪽.

자 북로군정서에서는 왕청현 서대파 근거지에 '사관연성소'를 설립하였는데 당시 사관연성소에서 실시한 교육과 군사훈련과정은 신흥무관학교와 거의 같았다. 현존하는『신흥학우보』[22]의 게재 내용과『독립군간부훈련교본』[23] 자료는 당시 군사교육 교재의 일부에 해당되는 내용만이 남아 있는 상태로서 이 자료만으로 당시 독립군의 군사교육 내용을 파악하기에는 매우 제한적이다. 그러나『독립군간부훈련교본(1920년)』자료는『보병조전』및『신흥학우보』에 실린 독립군 군사교육 내용의 연관성뿐만 아니라『보병조전초안(1924년)』과의 상호 관련성을 구명할 수 있는 아주 귀중한 자료라고 할 수 있다.

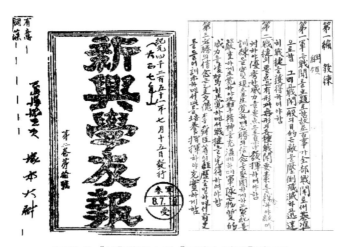

〈그림 2〉『신흥학우보』와『독립군 간부훈련교본』

자료의 극히 일부분만 보존되어 있어서 이 자료의 내용만으로는『보병조전』및『신흥학우보』와『보병조전초안』과의 연계성을 비교하는 데는 많은 제약이 있다. 하지만 최해(崔海, 1895-1948)의 독립군 활동 행적으로 볼 때 북로군정서의 독립군을 양성하기 위해 사용

---

21) 이 군사학 서적 30권에『독립군 간부훈련교본』도 포함되었을 것으로 추정된다.

22) 『신흥학우보』제2권 제2호(1917년)와『신흥학우보』제2권 제10호(1918년)임.

23) 『독립군간부훈련교본』은 현재 독립기념관에 소장되어 있는 자료(자료명은 "북로군정서 훈련교본(1-000558-000)")로서 12쪽의 일부 내용만 수록되어 있는 상태이다. 겉표지에 "崔海將軍 獨立軍 幹部 訓鍊敎本"이라고 수기(手記)로 기록한 제목이 있는데, 이것은 자료 보유자 혹은 기증자가 자필로 직접 쓴 것으로 추정되며 최해(崔海)와 관련된 후손이나 북로군정서 독립군의 후손이 보관해 오다가 기증된 것으로 생각된다. 이 자료는 민족사바로찾기국민회의,『독립군의 전투』독립운동총서 4 민문고, 1995의 사진 자료에도 '독립군 간부 훈련교본(1920)'으로 명시하여 수록하고 있다.

되었을 개연성이 매우 크다. 또한 최해는 신흥무관학교를 졸업한 후 신흥무관학교에서도 교관을 하였기 때문에 이 자료가 신흥무관학교의 군사교육 시 사용되었을 가능성이 매우 크다. 아울러 윤기섭도 1920년 이전까지 신흥무관학교에 재직하였기 때문에 임시정부 군무부에서 『보병조전초안』을 작성할 때에도 이 자료를 참작했을 것으로 추정된다.[24] 『독립군간부훈련교본』의 '강령' 및 '총칙'은 『보병조전초안』의 '강령' 및 '총칙'을 상호 비교해 볼 때 많은 부분에서 유사함을 확인할 수 있다. 또한 '각개교련'에 관한 내용도 『독립군간부훈련교본』 자료에는 도수교련 부분의 일부만이 수록되어 있어서 상호 대조하여 비교하기에는 불충분하다. 하지만 『보병조전초안』 내용의 많은 부분이 대한제국의 『보병조전』을 준용하여 작성된 점으로 비추어 볼 때, 시기적으로 보아 『독립군 간부훈련교본』도 이 『보병조전』을 토대로 작성되었을 것으로 추정된다. 이런 점들을 종합해 볼 때, 『보병조전초안』 발간 시 『보병조전』의 내용을 위주로 하여 『독립군 간부훈련교본』의 내용을 참작하고, 여기에 기타 외국교범 내용을 추가했을 것으로 생각된다.[25]

이상에서 살펴본 내용을 종합해 볼 때, 임시정부의 『보병조전초안』은 대한제국의 『보병조전』과 『신흥학우보』 그리고 『독립군 간부 훈련교본』과 많은 부분에서 관련성을 지니고 있는데 그 내용을 요약하면 다음과 같다. 첫째, 『신흥학우보』 제2권 제10호(1918년)의 내용 중 '보병조전 대조 보병전투연구, 제2부 전투 : 지휘관과 병졸'에서는 지휘관의 역할에 대해 기술하고 병사에 관한 사항이 누락되어 있지만, 윤기섭의 『보병조전초안』에서는 '지휘관'을 보다 구체적으로 중대장, 소대장, 분대장, 관측하사로 구분하고 이들을 통칭하여 간부로 구분하여 그 책임과 역할을 기술하고 있다. 둘째, 대한제국 『보병조전』에서는 지휘관의 행동에 대해 상급 및 각급지휘관과 하급지휘관으로 구분하고 있으며, 소대장과 분대장의 책임과 역할을 설명하고 있으나 중대장에 대해서는 언급하지 않고 있다. 이에 반해 윤기섭의 『보병조전초안』에서는 지휘관을 중대장까지 추가하여 언급하고 있는 점으로 보아 중대급 전투가 전투의 중심이 되고 있음을 알 수 있다. 셋째, 윤기섭의 『보병

---

[24] 『독립군간부훈련교본』의 원문자료의 해석에 대해서는 조필군, 「만주지역 독립군 군사교육 자료의 현대적 해석과 함의 : 『신흥학우보』와 『독립군간부훈련교본』을 중심으로」, 『한국군사학논총』 제6집 제2권, 2017, 142-148쪽 내용을 참조할 것.

[25] 『보병조전초안』과 『독립군간부훈련교본』의 유사 내용에 대해서는 이 책의 부록에 수록한 논문 「항일무장독립군 군사교범 『步兵操典草案』의 현대적 해석과 군사사학적 함의 : 『보병조전』과 『보병조전초안』의 비교를 중심으로」의 〈표 9〉(『보병조전초안』과 『독립군간부훈련교본』의 유사 항목 및 내용 비교)를 참조할 것.

조전초안』 내용 중 "간부와 병사의 책임" 항은 대한제국의 『보병조전』의 "전투간 지휘관과 병졸의 동작"[26]의 내용을 주로 참작하고 있다. 넷째, 윤기섭의 『보병조전초안』에서는 분대장에 대한 내용을 대한제국『보병조전』의 내용보다 좀 더 구체적으로 기술하고 있으며, 병사에 관한 내용은 주로 대한제국『보병조전』의 기술내용을 주로 참조하고 있다. 다섯째, 『보병조전초안』의 '강령' 및 '총칙'은 『독립군 간부 훈련교본』의 '강령' 및 '총칙'과 많은 부분에서 유사함을 확인할 수 있다.

4.4 『보병조전초안』과 『일본육군조전』 및 기타 군사교범과의 관련성

대한민국 육군의 군사교리는 해방과 더불어 한국에 소개된 미군의 군사교리와 교범을 기초로 하여 지금까지 발전되어 왔다. 해방 후 창군 초기에는 수많은 독립군 출신들이 국군에 포진하여 그 역할을 해왔으며, 독립을 위해 투쟁해 온 의병, 독립군 그리고 광복군들의 군사훈련을 위해 사용되었던 군사교범들이 있었다. 즉 대한제국 이전의 『일본육군조전』 그리고 대한제국기의 『보병조전』과 신흥무관학교의 군사교재인 『신흥학우보』, 박용만의 『군인수지』, 북로군정서의 『독립군간부훈련교본』 그리고 임시정부하 독립군의 훈련을 위해 만들어진 『보병조전초안』 등이 이에 해당되는 것들이다. 이러한 군사교범에 대해 시기별로 그 발간 경위와 취지 및 내용면에서 교범들 간 상호 비교연구를 통해 그 내용의 관련성뿐만 아니라 의의를 고찰해야 필요가 있다.

『日本陸軍操典』[27]은 조선의 조사시찰단(朝士視察團)의 일원이었던 이원회(李元會)[28]가 시찰기로 정리하여 고종에게 보고한 4책 6권으로 구성된 책자이다. 이 책은 보병, 기병, 포병, 공병, 치중병 등 5병의 병종별 단위부대 편성 방법과 신병훈련 방법, 병종별 전투대형과 전술 그리고 체조교련 등 일본의 근대적 부대편성과 훈련 및 전법에 관한 자료를

---

26) 1906년 발간한 『步兵操典』의 제267항~제275항의 내용을 참조할 것.

27) 이 책 『일본육군조전』은 홍영식의 『일본육군총제』와 함께 1881년 이후 추진한 일련의 근대적 군사조직과 군사정책 등 근대 군제사(軍制史) 연구에 매우 소중한 자료라고 할 수 있다. 따라서 이 책자는 한국군 군사교리의 발전과정을 연구하는 학술연구 자료로서 그 활용가치가 크다고 할 수 있다. 이 책의 번역본에 대해서는 조필군, 『일본육군조전』, 박영사, 2021을 참조할 것.

28) 이원회는 무관 출신으로 1864년부터 1868년까지 선전관·금위영천총, 승정원의 동부승지·좌부승지, 좌·우승지를 역임하였다. 1872년 전라우도수군절도사를 역임한 뒤 1881년 초 조선의 일본시찰단에 참획관으로 참가하였고, 동년 11월 통리기무아문의 군무사 당상경리사에 임명되어 조선 말기 근대식 군대의 기초를 마련하는 데 기여하였다.

〈그림 3〉『일본육군조전』과 『군인수지』

수행원과 일본 측 통역관들의 도움을 받아 한문으로 번역하여 작성하였다. 이 책자는 일
본육군 병학료가 1870년에 프랑스 군사교범을 번역하여 발간한 『陸軍日典』과 이 책을 기
초로 하여 프로이센과 네덜란드의 예를 참고하여 편찬한 『步兵內務書』(1872년), 그리고
육군성에서 발간한 『步兵敎範』 등을 참조하여 작성한 것으로 보이며, 이것은 근대 군제
에 대한 한국 최초의 조사연구서라고 할 수 있다. 이 책자는 필사본(筆寫本)으로 제1책에
제1·2권, 제2책에 제3·4권, 제3책에 제5권, 제4책에 제6권이 각각 실려 있고 현재 규장
각에 소장(소장번호 奎3710)되어 있다.

이 책의 목차는 제1권 군제총론(軍制總論), 제2권 보병조전 도설 및 도식(步兵操典圖說·
圖式), 제3권 기병조전(騎兵操典), 제4권 포병조전·공병조전·치중병편제(砲兵·工兵操
典·輜重兵編制), 제5권 보병생병조전(步兵生兵操典) 및 체조교련(體操敎練), 제6권 기병
생병 교련 및 포병생병 교련(騎兵·砲兵生兵敎練) 순으로 구성되어 있다. 제1책 제1권(군
제총론)에서는 근위국과 육관진대의 군제 및 삼비법식, 교도단·사관학교·유년학교·도
야마학교 등 규칙, 보병·기병·포병·공병·치중병 등의 편성규칙, 군악대 규칙, 군용전
신, 나팔 신호, 작은 피리 신호, 군기의 편성, 휘장, 기계, 개인 배낭 등을 수록하고 있다.
제1책 제2권(보병조전 도설 및 도식)에서는 보병 소대로부터 대대까지의 제대 편성과 훈
련에 대해 설명하고 있다. 제2책 제3권(기병조전)에서는 기병소대로부터 대대까지의 편
성과 훈련에 대해 설명하고 있으며, 제2책 제4권(포병조전·공병조전·치중병 편제)에서

는 포병소대를 중심으로 승마부대의 편성과 훈련에 대해 설명하고, 개인 참호로부터 갱도구축, 교량제작, 야전축성과 지뢰의 매설 및 운용, 토지측량 등 공병의 편성과 훈련에 대해서 설명한 후 치중병 편제는 간단히 소개하고 있다. 제3책 제5권(보병생병조전 및 체조교련)에서는 보병신병 훈련에 관한 사항에 비중을 두고 일반규칙과 산개시 교련의 요령과 체조교련을 소개하고 있다. 제4책 제6권(기병생병 및 포병생병교련)에서는 보병신병에 준한 기병·포병의 신병훈련을 소개하고 있다.[29]

지금으로부터 140년 전 조사시찰단의 일본 파견은 당시 일본의 정치·외교·군사 상황을 파악하고 이에 대응하고자 했던 조선정부의 입장을 이해할 수 있다는 점에서 우리나라 개화운동사에서 획기적 의미를 갖는 역사적 사건이라고 할 수 있다. 조사시찰단이 남긴 문헌 중 일본의 군제에 관한 자료들은 첫 번째로 이원회의 『일본육군조전』과 홍영식의 『일본육군총제』이고, 두 번째로 이원회의 수행원인 송헌빈(宋憲斌)이 포병공장, 탄환제조소 등 군사시설의 시찰을 통해 군사기술 관련 정보를 수집하여 작성한 『동경일기』이다. 『일본육군조전』은 군사 분야에 대해 가졌던 당시 조선정부의 상황을 파악하는데 중요한 사료적 가치를 지니고 있다. 이런 점에서 『일본육군조전』은 최초의 근대 군제와 군사기술에 관한 조사보고서라는 가치뿐만 아니라 근현대에 이르는 한국군 군제사 연구에 있어서 매우 중요한 사료적 가치를 지니고 있다고 할 수 있다.

또 박용만(1881-1928)이 독립군의 군사교육을 위해 1911년 발간한 교범인 『군인수지(軍人須知)』[30]는 제1편 육군군제로부터 제4편 군대예식에 이르기까지 280쪽 분량의 내용을 총 40개의 장으로 구분하여 설명하고 있다.[31] 이 교범의 특징적인 사항을 몇 가지 제시하면, 첫째, 『보병조전』을 비롯한 기존의 교범에서는 병종(兵種)을 보병, 기병, 포병, 공병 그리고 치중병 등 5종으로 설명하고 있지만 이 교범에서는 헌병(憲兵)을 추가하여 헌병, 보병,

---

29) 『일본육군조전』의 목차와 포함된 주요 항목에 대해서는 이 책의 부록에 수록한 논문 「항일무장독립군 군사교범 『步兵操典草案』의 현대적 해석과 군사사학적 함의 : 『보병조전』과 『보병조전초안』의 비교를 중심으로」의 〈표 10〉(『일본육군조전』 목차의 구성)을 참조할 것.

30) 『군인수지』는 박용만이 번역기술(譯述)하여 신서관(新書館)에서 발행(1911.7.4)하였으며, '대조선국민군단사관학교(1914.6.10 창설)'의 교재로 사용되었다. 김도훈, 『미 대륙의 항일무장투쟁론자 박용만』, 역사공간, 2010, 68쪽, 90쪽.

31) 『군인수지』 목차의 구성에 대해서는 이 책의 부록에 수록한 논문 「항일무장독립군 군사교범 『步兵操典草案』의 현대적 해석과 군사사학적 함의 : 『보병조전』과 『보병조전초안』의 비교를 중심으로」의 〈표 11〉(『군인수지』 목차의 구성)을 참조할 것.

기병, 포병, 공병, 치중병 순으로 설명하고 있다. 둘째, 군무의 부분에 대해서는 일본 군제를 주로 참작하였고, 독일과 미국 군제를 비교할 것을 제언하고 있으며, 군인의 계급에 대해서는 주로 일본 군제를 상고(詳考)하여 설명하고 있고, 복장에 대해서는 일본군과 미국군의 복장을 참고하여 기술하고 있다. 셋째, 내무 생활에 관한 사항 중 위생에 대한 것은 미국교범을 주로 참고하고, 연대장으로부터 중대장 등 지휘관과 각 제대 본부의 각관의 직무에 대해서는 러시아의 '내무생활' 교범을 번역하여 이를 참조했을 것으로 추정된다. 넷째, 군대예식 중 예포식에 대한 것은 일본 군제를 본 뜬 대한제국의 모든 것을 적용한다고 기술하고 있어서 대한제국의 교범을 참조하고 있음을 명시하고 있다.

5. 윤기섭 선생의 독립운동 발자취

규운(叫雲) 윤기섭(尹琦燮) 선생(1887.4.4~1959.2.27)은 경술국치 이후 서간도로 망명한 이래 해방으로 환국할 때까지 35년간 만주와 중국 관내를 넘나들면서 항일운동의 선두에서 독립전쟁을 주창하였던 독립운동가다. 1911년 독립운동기지 개척을 위해 서간도로 망명한 이후 신흥무관학교에서 10년 동안 수많은 군사적 인재를 양성하였다. 또한 1920년 이후 상해로 가서 임시정부의 군무부차장과 국무위원 및 임시의정원 의원으로 항일무장 투쟁의 실현을 위해 많은 노력을 기울였다. 1946년 귀국 후 선생은 1950년 제2대 국회의원 선거에 당선되었으며, 6·25전쟁 중에 남한의 주요인사와 함께 납북됐다. 한국전쟁 이후 북한 고위직에 있던 옛 동지 김원봉의 지원을 얻어 독자적인 정치세력 형성에 나섰지만 별다른 영향력을 발휘하지는 못했다. 이후 선생은 북한 정부의 강압에 항의하는 단식투쟁을 여러 차례 벌여 건강이 악화돼 1959년 2월 27일 평양에서 생을 마감하였다. 6·25전쟁 중 납북되었다는 이유로 독립운동가로 제대로 평가받지 못했던 선생은 뒤늦은 1989년이 되어서야 건국훈장 대통령장이 추서되었고, 국립묘지 애국열사 묘역에 위패가 봉안되었다. 이처럼 윤기섭 선생은 신흥무관학교에서 독립군을 양성하고, 임시정부의 군무부차장과 국무위원, 임시의정원 의원으로 활동하였지만 아직 선생에 관한 구체적인 행적에 관해서는 전문적인 연구가 미진하다.[32]

---

32) 이재호, 「윤기섭의 대한민국임시의정원 참여와 활동」, 『한국독립운동사연구』 제39집, 한국독립운동사연구소, 2011, 128쪽. 윤기섭 선생의 독립운동 행적에 대한 연구에 대해서는 다음의 연구 자료를

선생은 1920년 2월 말부터 개최된 제7회 의정원 회의에 서간도 대표로 참석하면서 의정활동을 시작하였다. 선생이 상해에 도착했을 때는 이미 제7회 임시의정원(1920.2.23~1920.3.30)이 열리고 있었다. 선생은 등원 후 임시정부의 군사 정책에 관한 대책을 집중적으로 제기하였다. 임시정부의 답변이 미진하자 윤기섭을 비롯하여 이진산·왕삼덕·이유필·김홍서 등 5명의 의원은 제7회 의정원 폐회일인 3월 30일 '군사에 관한 건의안'을 임시의정원에 제출하였다. 건의안의 주요 내용은 다음과 같다.[33]

① 금년 5월 상순 안으로 적당한 지점에 군사회의를 소집하고 군사계획을 절실히 확립하여 군무진행의 방침을 주도히 규정할 것
② 군무부 가운데 육군·군사·군수·군법의 4국(局)과 기타 모든 군사기관을 만주(중국 동삼성과 노령 연해·흑룡까지 포함)로 옮길 것
③ 금년 안에 적어도 만주에서 보병 10개 내지 20개 연대를 편성 훈련할 것
④ 금년 안에 적어도 사관과 준(準)사관 1천 명을 양성할 것
⑤ 금년 안에 전투를 개시하되 적어도 보병 10개 연대(聯隊)를 출동하도록 할 것

독립운동기지로서 만주의 중요성과 대일 혈전의 시급함을 강조한 위 건의안은 3명의 기권자를 제외하고 반대 없이 의정원을 통과하였다. 윤기섭이 제출한 '군사에 관한 제의'는 만주 지역의 독립전쟁 촉구 주장을 대변하는 것이었을 뿐만 아니라, 1920년을 독립전쟁의 원년으로 선포한 임시정부의 정책 방향과도 일치하는 것이었다.[34]

참고할 것, 김광재, 『대한민국 임시정부의 민족혁명가 윤기섭』, 역사공간, 2009 ; 이재호, 「윤기섭의 대한민국임시의정원 참여와 활동」, 『한국독립운동사연구』 제39집, 한국독립운동연구소, 2011, 127-169쪽 ; 이연복, 「대한민국임시정부의 군사활동」, 『한국독립운동사연구』 제3집, 한국독립운동사연구소, 1989, 485-519쪽 ; 양영석, 「대한민국 임시의정원 연구(1919-1925)」, 『한국독립운동사연구』 제1집, 한국독립운동사연구소, 1987, 201-223쪽.

[33] 『독립신문』(1920.4.3, 3면)의 기사 내용은 다음과 같다. "(一) 本年 五月 上旬 以內로 適當한 地點에 軍事會議를 召集하여 軍事計劃을 切實히 確立하며 軍務進行의 方針을 周到히 規定할 일, (二) 軍務部의 陸軍, 軍事, 軍需, 軍法의 四局과 其他 모도 軍事機關을 滿洲(中國 東三省과 俄領沿海黑龍兩州를 包含함)에 移置할 일, (三) 今年內에 少하여도 滿洲에서 步兵 十個 乃至 二十個 聯隊를 編成 訓鍊할 일, (四) 今年內에 少하여도 士官과 準士官 若一千人을 養成할 일, (五) 今年內에 戰鬪를 開始하되 少하여도 步兵 十個 聯隊를 出動하도록 할 일" "尹琦燮氏 等의 提出한 軍事에 關한 建議案이 一人의 反對가 無히 最終日의 議政院을 通過하다."

[34] 이재호, 「윤기섭의 대한민국임시의정원 참여와 활동」, 『한국독립운동사연구』 제39집, 한국독립운동사연구소, 2011, 131-135쪽 ; 이연복, 「대한민국임시정부의 군사활동」, 『한국독립운동사연구』 제3집, 한국독립운동사연구소, 1989, 489쪽.

윤기섭 선생이 임시의정원 활동 시 1920년 3월 30일에 "군사에 관한 건의안"을 제출한 내용을 통해서 무장독립전쟁을 위한 군사간부의 양성과 훈련의 필요성을 알 수 있으며, 이를 위해 필요한 군사훈련 교범인 『보병조전초안』을 발간(1924년)하였던 것이다. 이 책의 원문 저본(底本)이 최근에 발견되어 여러 경로를 거쳐 현재 대한민국 역사박물관에 소장되어 있다. 비록 임시정부수립 100주년이 지난 시점이지만 이제라도 이 사료 책자를 현대적 군사교리의 관점에서 해석을 하여 발간하게 된 것은 이 자료가 지니고 있는 독립운동사적 의미와 군사사적 의미를 고려할 때 매우 뜻깊은 일이 아닐 수 없다.

6. 『임시정부 보병조전초안의 현대적 해석』 발간의 학술적 의의

『보병조전초안』 원문 자료는 '향산기독교문화원'에서 소장하고 있다가 여러 경로를 거쳐 현재는 '대한민국역사박물관'에서 소장 중에 있으며, 이 자료에 대해 현대적으로 해석한 책은 아직까지 발간되지 않은 상태이다. 따라서 필자의 그동안 연구결과[35]를 토대로 『보병조전초안』의 원문자료 전체를 현대적으로 해석(解釋)[36]하여 책자로 발간하게 되었다. 이 책은 독립군·광복군의 군사교육을 고찰하는데 매우 중요한 역사적 자료이다. 또한 『보병조전초안』은 일본의 군사교범 및 대한제국의 군사교범으로부터 독립군·광복군이 사용한 군사교범과의 관련성을 고찰할 수 있을 뿐만 아니라 대한민국 창군 초기의 군사교범과의 관련성도 고찰할 수 있다고 생각된다.

---

[35] 필자는 『보병조전초안』 발간을 위해 몇 가지 관련 연구를 하였다. 본 해제 내용은 필자의 다음과 같은 연구논문과 번역서를 기초로 하였다. 조필군, 「만주지역 독립군 군사교육 자료의 현대적 해석과 함의 : 『신흥학우보』와 『독립군 간부 훈련교본』을 중심으로」, 『한국군사학논총』 제6집 제2권, 2017, 123-156쪽 ; 조필군, 「『신흥학우보』를 통해 본 신흥무관학교 군사교육 내용의 현대적 해석」, 『인문과학』 제18집, 2017, 189-217쪽 ; 조필군, 「항일무장독립군 군사교범 『보병조전초안』의 현대적 해석과 군사사학적 함의 : 『보병조전』과 『보병조전초안』의 비교를 중심으로」, 『한국군사학논총』 제7집 제2권 (통권 제14호), 2018, 185-215쪽 ; 조필군 역, 『日本陸軍操典』, 박영사, 2021.

[36] 해석(解釋)은 문장이나 사물의 뜻을 자신의 논리에 따라 이해하거나 이해한 것을 설명함 또는 그 내용을 말하고, 해석(解析)은 사물을 자세하게 풀어서 이론적으로 연구함을 의미하고, 해설(解說)은 문제나 사건의 내용 따위를 알기 쉽게 풀어서 설명함 또는 그런 글이나 책을 의미하는 점에서 군사교리 측면에서의 현대적 해석(解釋)이라고 할 수 있음.

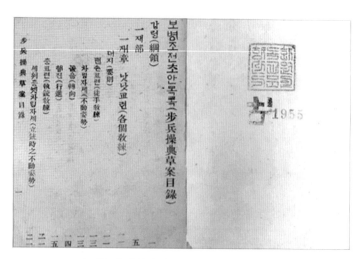

〈그림 4〉『향산기독교문화원』소장 근거

따라서 이 책『임시정부 보병조전초안의 현대적 해석』의 발간을 통해『日本陸軍操典』으로부터 대한제국의『보병조전』,『군인수지』,『신흥학우보』,『독립군간부훈련교본』그리고 창군 초기의『소총중대교범』으로부터『연대 전투교범』에 이르기까지 국군의 군사교범과의 관련성을 연구하는데 학술자료로서 활용될 수 있을 것으로 기대된다. 아울러 본 책자가 발간됨으로써 임시정부에서 발간했던『보병조전초안』의 사료적 가치와 의미가 좀 더 살아날 수 있을 것이라는 희망을 가져본다.

2021년 12월

조 필 군

보병조전초안

이 보병조전초안을 이제야 인쇄하여 시험적으로 사용하고자 하니 장교 여러분은 이 초안에 대하여 연구와 경험에 기초해 볼 때 실제운용상 미흡하다고 여겨지는 점이 있을 때에는 대한민국임시정부 군무부로 수시로 통보하여 뒷날에 완성된 책을 낼 때 참고하여 반영될 수 있기를 바란다.

대한민국 6년 5월 22일

대한민국 임시정부 군무부
편집위원장 윤기섭

강령(綱領)

1항) 전투(戰鬪)는 모든 병종(兵種)이 모두 하나같이 협동하여 각기 고유한 전투능력을 나타냄으로써 좋은 결과를 얻는다. 그런데 보병(步兵)은 전투의 주력이 되어 전장에서 늘 주요한 임무를 띠고 전투를 결정하는 것이므로 다른 병종의 협동동작(協同動作)은 보병이 그 임무를 달성할 수 있도록 행하는 것이 통칙이다. 보병의 근본적인 특징은 어떠한 지형과 시기를 막론하고 전투를 하는데 있다. 그러므로 보병은 비록 다른 병종의 협동이 없더라도 스스로 능히 전투를 준비하고 수행해야 한다.

2항) 보병전투(步兵戰鬪)의 주된 것은 사격으로 적을 제압하고 돌격하여 적을 격파하는데 있다. 그러므로 사격은 전투의 대부분을 차지하는 것으로 사격은 보병에게 긴요한 전투수단이며 또한 전두를 종결하는 것은 총에 착검(着劍)한 상태로 돌격하는 것이다.

3항) 군기(軍紀)는 군대의 생명이다. 전선이 몇 백리에 걸쳐 도처에 지형과 경우가 다르고 또한 여러 임무를 띤 몇 만의 군대로 능히 일정한 방침에 따라 일정한 전투 활동을 통해 소위 만 명의 마음이 한 명의 마음과 같게 하는 것이 바로 군기이다. 그러므로 군기는 위로는 장수부터 아래로 병사에 이르기까지 하나로 묶는 관계로 군기의 해이와 확립은 참으로 전투의 승패를 결정하고 군대의 운명에 관련된다고 할 수 있다.

4항) 공격정신(攻擊精神)의 견고함과 체력의 튼튼함 그리고 전투기술의 숙달은 보병이 반드시 갖추어야 할 필수 요소이다. 통상 보병전투는 강인함이 요구되는 것으로 보병은 담력이 강하고 인내가 많으며, 침착하고 용감해야 한다. 특히 승패가 좌우되며 전투가 지극히 참혹(慘酷)한 경우에는 더욱 그러하다. 이러한 경우에 처한 때에는 적도 또한 아군과 마찬가지이거나 아니면 그 이상 괴로울 경우에 있을 것이므로 능히 꿋꿋하게 견디어 힘차게 나가면 도리어 적으로 하여금 저항할 생각을 단념토록 할 수 있다. 공격정신은 나라에 충성하고 겨레를 사랑하는 지성(至誠)과 몸을 바쳐 나라를 위해 죽는 큰 절개로서 군인정신의 정수이다. 이로 말미암아 전투기술이 더욱 면밀해지고 이로 말미암아 교련이 더욱 빛이 나고 이로 말미암아 전투에서 승리를 얻게 되므로 통상 승패는 반드시 병력의 다소에 있지 않고 정신이 잘 단련된 군대라면 항상 적은 수로도 다수의 적을 격파할 수 있다.

5항) 군대의 지기(志氣)[1]는 늘 왕성하여야 하며 상황이 어려울 때에는 더욱 그러하다. 그런데 지휘관(指揮官)은 지기의 중심이다. 그러므로 늘 병사와 고락을 함께 하며 몸소 먼저 행하여 부하의 모범이 되어야 신뢰와 존경을 받으며, 전투상황이 지극히 참혹한 곳에서 용맹하고 침착하게 함으로써 부하들로 하여금 산악보다도 무겁게 여기는 덕량과 기개가 있어야 한다.

6항) 협동일치(協同一致)는 전투의 목적을 달성하는데 가장 중요한 것인데 명령으로 하는 것 외에 각 사람의 독단전행(獨斷專行)[2]을 믿는 것이다. 대개 어떤 병종을 막론하고 또 지휘관과 병사를 불문하고 각각 자기의 임무를 힘써 행하는 것이 곧 협동일치의 뜻에 맞는 것이며 전투상황의 변화에 응하는 임기응변의 수단은 한결같이 각 사람의 독단을 믿어야 한다. 그런데 독단전행은 반드시 군인정신을 근본으로 하는 공의심(公義心)[3]으로부터 나와서 경우에 따라서는 동료 병사를 대신하여 스스로 희생을 택하는 각오가 있어야 한다.

대체로 보아 독단전행은 그 정신적인 면에서 복종(服從)과 상호 다르지 않은 것이라

---

1) 지기(志氣)는 의지와 기개를 의미함.(필자 주)

2) 독단전행은 일본군 교리로서 독일군의 교리를 수용한 것이다. '독단전행'과 관련한 연구논문에 대해서는 심호섭, 「근대 일본육군의 '독단전행'과 만주사변」, 『만주연구』 12, 2011, 159-179쪽 ; 심호섭, 「근대 일본 육군의 '독단전행' 개념의 형성, 1871-1909 : 독단전행을 통해 본 근대 일본 육군의 지휘사상」, 『일본역사연구』 제38집, 185-211쪽, 장형익, 「독일군 군사사상과 제도가 일본 육군의 근대화에 미친 영향」, 『군사』 제137집, 2014, 423-444쪽을 참조할 것.

3) 공의(公義)란 공정한 도의(道義) 즉 사람이 마땅히 행해야 할 도덕상의 의리를 의미하므로 공의심이란 공적이고 바른 마음이다.(필자 주)

고 할 수 있으므로 늘 상급지휘관의 의도를 헤아려 반드시 그 범위 안에서 행해야 한다. 그러나 전장에서는 뜻밖에 변하는 상황에 닥쳐 그 범위를 넘어야 할 경우가 있을 수 있는데 이러한 경우에도 오히려 상급지휘관의 의도를 명찰(明察)하여 이에 맞도록 힘써야 하며 결코 임의대로 하지 말아야 한다.

7항) 전투에서는 온갖 일에 정통하고 숙련된 자가 능히 성공을 기약할 수 있으니 이 교범의 제1부는 진실로 이 뜻에 따라 몇 가지 간단한 제식과 주요한 전투규칙을 제시한다. 그러므로 이 교범의 제식과 전투규칙을 엄격하게 준수하여 이를 숙달하고 제2부 전투의 원칙에 비추어 능히 실제에 응용하는 것이 이 교범의 근본적인 취지이다. 그러므로 최대한 이 교범에서 정한 내용대로 실행해야 하고 임의대로 추가적인 세부규칙을 만들어 활용할 여지를 주어서는 안 된다.

제1부 교련(教鍊)[1]

▶ **총칙(總則)[2]**

1항) 교련의 목적은 지휘관과 병사를 훈련(訓鍊)[3]하여 모든 제식과 전투의 제반규칙을 연습(鍊習)[4]하도록 하고 동시에 군기가 엄정하고 정신이 굳건한 군대를 만들어서 전투의 모든 요구에 맞도록 하는 데 있다.[5]

2항) 중대장 이상의 모든 제대의 장은 교범에 의해 부하를 교육하여 교련의 목적을 달성할 책임이 있으므로 교육의 방법을 직접 선정하며, 상관은 항상 부하에 대한 교련의 실시실태를 감독하여 만일 교범의 요구수준에 맞지 않다고 생각될 때에는 즉시 바로 잡아야 한다.

3항) 전투의 기본적인 교련은 중대급(中隊級) 제대에서 이루어지며, 대대이상의 제대에서는 주로 모든 전투상황에 적합한 각 부대의 협동작전(協同作戰)을 훈련하고 타 병종과 연합하는 전투연습을 해야 한다.

---

[1] 제1부는 254개 항으로 구성되어 있다. 제1부의 내용은 주로 대한제국 『보병조전』의 내용을 참고하여 작성하였고, 여기에다 제2부와 제3부 내용을 추가하였음을 알 수 있다. 교련은 전투에 적응하도록 이론이나 기술 따위를 가르치는 기본훈련이나 학생에게 가르치는 군사훈련을 말하며 훈련하여 연습하게 하는 데 목적이 있음.(필자 주)

[2] 전체를 총괄하는 규칙이나 법칙을 뜻함.(필자 주)

[3] 무술이나 기술 따위를 가르치고 연습시켜 익히게 함.(필자 주)

[4] 단련하여 익힘.(필자 주)

[5] 제1항과 제2항은 대한제국 『보병조전』의 '총칙' 내용(제1항~제8항)을 참조하여 작성한 것으로 보인다.(필자 주)

4항) 교련은 정해진 절차에 따라 간단한 것에서부터 복잡한 것 순으로 실시하고 그 진행하는 속도를 서두르지 말아야 한다. 이러한 교련의 실시에 관해서 상하가 늘 최선을 다하여 비록 털끝만한 주의사항이라도 소홀히 하지 말아야 한다. 교련의 과목은 알맞게 섞거나 바꾸되 그 시간과 방법은 병사의 능력과 체력에 맞도록 정해야 한다. 그러나 실전(實戰)에서는 극열한 노동을 해야 할 뿐만 아니라 장시간 같은 동작을 지속할 수 있으므로 교련은 이러한 요구에도 맞도록 하는 것이 매우 필요하다. 또 과목을 너무 자주 바꾸어서 매사에 끈기가 없는 나쁜 습관이 생기지 않도록 한다.

5항) 교련을 할 때는 우선 요구되는 목표를 정하고 실시함으로써 이를 달성하도록 하며, 그 중 전투연습(戰鬪演習)[6]에서는 상황을 상정하여 그 동작(動作)[7]을 실제 전투와 같게 해야 한다. 상황의 상정은 아무쪼록 간단한 전투상황을 기본으로 삼고 특히 연합전투의 경우를 고려함이 필요하다. 그러므로 어느 경우에서든지 늘 같은 상황을 제시하는 것을 피하여 교련에 의해 정해진 형식에 빠지지 않도록 해야 한다.

6항) 전투연습 시 소수의 병력과 약간의 목표 깃발(標旗)이나 과녁으로 적과 아군의 선을 표시하고 또 가상의 적을 추가하여 후위부대의 위치와 부대이동을 표시하거나 실제의 부대를 대항군(對抗軍)으로 운용하게 한다. 소부대의 전투연습에서는 특히 적군의 전선을 실제상황에 가깝게 표시하여 사격지휘와 총의 사용법 등을 표적의 경황(景況)[8]에 맞게 한다.

7항) 전투연습을 함에 있어서 지역이 협소하여 전투 전체의 경과를 연습할 수 없을 경우에는 전투과정을 시기별로 구분하여 단계적으로 나누어 실시한다. 다만 주의를 기울여 시기의 구분과 경과의 변화를 적절히 해야 한다.

8항) 전투연습에서는 실전의 상황을 느낄 수 있도록 힘써야 하며, 연습의 진행속도를 너무 빨리 하거나 실전에서는 일어나지 않을 전술적 행동을 하게 해서는 안 된다. 이 때문에 심판관을 임명하여 적기에 피아의 사격효력을 알 수 있게 한다.

---

[6] 演習은 練習, 鍊習을 의미하거나 군대에서 실전상황을 상정해 놓고 하는 모의 군사행동을 의미함. (필자 주)
[7] 전술적 행동, 전투적 행동 등을 의미함.(필자 주)
[8] 정신적, 시간적 여유나 형편을 의미함.(필자 주)

9항) 보병은 특히 야간전투에 숙달되도록 해야 한다. 그러므로 여러 형태의 부대로 하여금 가끔 야간에 교련을 할 수 있게 하여 각급 지휘관이 적절한 계획과 부대편성 및 임무의 할당을 숙달시켜 부대가 어떠한 지형에서든지 질서가 있고 정숙을 유지한 가운데 사전에 약속한 목표지점에서의 전술적 행동을 실행하도록 숙달한다.

10항) 전시(戰時) 편제인원의 부대로 실시하는 교련은 큰 가치가 있으며 탄약보충의 연습도 또한 필요하다. 그러므로 기회가 있을 때마다 이를 실시해야 한다.

11항) 교련을 할 때 평시에 우려하던 점이 발생할 경우, 때에 따라서는 실제와 다른 처치와 동작을 하게 할 수도 있는데, 이러한 경우 지휘관은 필요시 부하에게 그 이유를 알려준다. 또 진지구축(陣地構築)을 할 수 없을 때라도 그 계획과 준비 작업은 힘써 실행해야 한다.

12항) 지휘관의 의도는 명령(命令)과 구령(口令)으로 전하는데, 구령은 능히 부하로 하여금 물불이라도 피하지 않게 하는 것이므로 군건한 결심과 엄숙한 태도와 명쾌한 음조로 해야 한다. 구령으로 그 뜻을 다할 수 없을 경우에는 명령을 쓰는데 명령은 간단하고 명확하여 전달이 빨라야하기 때문에 힘껏 구령을 하는 것이 좋다. 또한 상황에 따라 신호음(號音)이나 기호(記號)로 구령을 대신할 수 있다. 구령은 예령(豫令)과 동령(動令)으로 나누는 경우에 예령은 분명하고 길게, 동령은 왕성하고 짧게 하며 그 사이에 알맞은 간격을 둔다. 이 교범 내용에서 예령과 동령은 사이를 띄어 씨서 구분한다.[9] 기호는 행신 시에는 무기나 손을 들고 정지 시에는 들었다가 곧바로 내리는 것을 말한다. 또 장교는 사격을 중지시키거나 사격을 하지 않을 때에 국한하여 부하의 주의를 일으키기 위하여 호각(號角)을 쓰기도 한다. 다만 호각으로 사격을 중지시키는 것은 부득이한 경우에만 한다. 지휘관은 상황에 따라 하달할 명령과 구령의 전달에 대하여 늘 연마하여 숙달하는데 힘써야 한다.

13항) 지휘관은 교련에서도 실전에서 취할 자세와 위치에서 부하를 지휘하는데 익숙해야 한다. 교련에서 필요시 상급지휘관은 의도에 따라 자세와 위치를 선택할 수 있으며, 예하지휘관에게도 이러한 자유를 허락하기도 한다.

14항) 교련과 함께 여러 교범에서 규정한 보조의 모든 연습을 병행하여 병사로 하여금 전

---

[9] 이 부분은 대한제국 『보병조전』의 총칙 제7항의 내용을 차용하고 있음.(필자 주)

투기술과 그 밖의 모든 동작에 숙달이 되도록 하여 체력과 자신감을 증대시킨다.

15항) 검열 시에 상관은 오직 외적인 모습에만 집중하지 말고 깊은 속내를 살펴 교련의 결과가 과연 전투 목적에 잘 맞는지를 살펴야 한다. 이와 같은 의미로 실시한 검열은 군대의 발전에 큰 영향을 주게 된다.

제1장 낫낫교련(各個敎練)[10]

▶ 대지(大旨)[11]

16항) 각개교련(各個敎練)의 목적은 병사를 훈련하여 모든 제식을 숙달하게 하고 동시에 군인정신을 단련하여 군기를 숙달하며 부대교련(部隊敎鍊)의 확실한 기초를 함양하는 데 있다.

17항) 교관(敎官)이 특별히 태도와 복장을 바르게 하고 몸소 먼저 행하는 것은 병사에게 큰 영향과 감동을 주기 때문이다. 또 교관은 병사들이 항상 몸과 마음을 다해 교련에 따를 수 있도록 주지시켜야 한다. 교관은 설명 시 쉬운 말을 쓰도록 힘써야 한다.

18항) 교련을 실시함에 있어서 병사들이 교련의 목적과 정신을 알게 하여 교련을 실시하는 중에 그 효과가 나타날 수 있도록 하는 것이 필요하다. 그렇지 않으면 교련은 자칫하면 정해진 형식에 빠져 결국 실제 전투에 맞지 않을 수 있기 때문이다.

19항)[12] 각개교련에 물든 나쁜 습관은 늘 박혀 있어 이것을 없애기가 어려우며 각개교련에서 완전히 숙달하지 못한 것은 부대교련에서 보충하기도 또한 어렵다. 이 때문에 각개교련은 주도면밀하고 엄하게 하며, 필요하면 그 동작을 구분하여 분명하고

---

[10] 원문에서는 敎練과 敎鍊을 혼용하고 있는데, '각개교련'은 '敎練'으로 표기하고 '익힌다'는 의미에 비중을 두었다고 할 수 있고, 소대대 이상의 제대에서는 '敎鍊'으로 표기한 것은 '단련하다'는 의미에 비중을 두고 있다고 할 수 있다. 각개교련은 분대 이하의 개인 병사의 훈련에 중점을 두고 있으며, 소대 이상의 훈련은 부대교련인 중대교련에서 다루고 있음.(필자 주)

[11] 말이나 글의 대강의 내용이나 뜻.(필자 주)

[12] 19항은 대한제국의 『보병조전』의 내용에서 차용한 것으로 추정됨.(필자 주)

꼭 알게 하여 이를 숙지한 뒤에야 그 다음 동작을 시킨다.

20항) 각 병사의 능력과 체력에 따라 교육의 수단을 달리하는 것은 말할 필요가 없지만 그 핵심은 정교함에 있지 않고 숙달하는데 있다. 숙달은 교육의 필요성과 스스로 익히는 것을 싫어하지 않음으로써 달성할 수 있다. 그러므로 각개교련은 교육이 이루어질 때마다 항상 시켜야 하는 것이다.

21항) 야간에 보초를 서는 병사는 특히 귀와 눈을 사용하여 정숙하게 동작할 뿐만 아니라 임시로 정한 기호도 또한 확실하게 알고 움직여야하기 때문에 가끔 야간에 일일이 모든 동작을 가르쳐서 익숙하도록 해야 한다.

○ 맨손교련(徒手敎練)

− 차렷 자세(不動姿勢)

22항) 차렷 자세는 군인의 기본자세이다. 그러므로 늘 엄숙하고 단정해야 한다. 군인정신이 속에 차 있으면 겉모양도 저절로 엄정해진다. 차렷 자세를 시키려면 다음과 같이 구령을 내린다.

차리어(차렷)13)

두 발꿈치를 한 선 위에 모아 디디고, 두 발을 45도(°) 각도로 붙여 60도 각도까지 벌여 나란히 밖으로 향하게 한다. 두 무릎을 뻣뻣하게 하지 않으면서 꼿꼿이 펴고 엉덩이뼈를 바로 하어 허리를 꼿꼿이 편다. 상체는 바르게 허리 위에 세운 듯이 하고 조금은 앞으로 기울인다. 양 어깨는 조금 뒤로 당겨 가지런히 한다. 두 팔은 제대로 늘여서 손바닥을 서 있는 다리에다 붙이고 손가락은 살짝 편 상태로 모아서 가운데 긴 손가락(中指)을 바지의 솔기(裁縫線)에 댄다. 목은 꼿꼿하게 펴서 머리는 바로 하고 입은 다물며, 두 눈은 똑바로 뜨고 앞을 본다.

23항) 쉬게 하려면 다음과 같은 구령을 내린다.

쉬어(쉬어)

먼저 왼발을 내놓고 그 뒤에는 먼저 내놓았던 발을 그 전 자리에 두고 한 발씩 번갈아 쉬되 자세와 움직임에는 개의치 말고 그 자리에서 쉰다. 쉬는 중에는 불필요한 담화(談話)는 하지 않는다.

---

13) 이하 내용 중에서 괄호 표시 부분의 구령은 현대식 교리 용어표현임.(필자 주)

- 돌음(轉向)

24항) 오른편이나 반 오른편으로 향하게 하려면 다음과 같이 명령한다.

우로 돌아, 빗겨 우로 돌아

오른쪽 발꿈치와 왼쪽 발끝으로 90도(°)나 45도 각도 오른쪽으로 돌고 왼쪽 발꿈치를
오른쪽 발꿈치에 곧바로 갖다 붙여 동일 선상에 모은다.

왼편이나 반 왼편으로 향하게 하려면 다음과 같이 명령을 내린다.

좌로 돌아, 빗겨 좌로 돌아

왼쪽 발꿈치와 오른쪽 발끝으로 90도(°)나 45도 각도 왼쪽으로 돌고 오른쪽 발꿈치를
왼쪽 발꿈치에 곧바로 갖다 붙여 동일 선상에 모은다.

25항) 뒤로 향하게 하려면 다음과 같이 명령을 내린다.

뒤로 돌아

오른쪽 발꿈치와 왼쪽 발끝으로 180도(°) 오른쪽으로 돌고 왼쪽 발꿈치를 오른 발꿈치
에 곧바로 갖다 붙여 동일선상에 모은다.

- 행진(行進)

26항) 행진은 위엄이 있고 용맹스럽게 힘차게 나가는 기상을 나타내어야 한다. 본 걸음
(보통걸음, 平步)[14]은 한 걸음의 길이가 한 발꿈치에서 다른 발꿈치까지(步幅) 80센
티미터이고, 그 속도는 1분(分) 동안 120 걸음(步)이다. 본 걸음의 행진은 다음과 같
이 명령을 내린다.

앞으로 가(앞으로 가)

서있는 왼쪽 다리를 조금 들어서 다리를 앞으로 내밀되 발끝을 약간 밖으로 향하고
상체를 조금 앞으로 숙이며 오른발에서 80센티미터 되는 곳에 다리를 펴서 일부러 지
면을 구르지 말고 디딘다. 동시에 무릎을 지면 쪽으로 눌러 펴고 몸무게를 디딘 다리
에 옮긴다. 왼발을 디딤과 동시에 오른쪽 발꿈치를 땅에서 떼어 왼발에 대하여 설명한
요령대로 오른쪽 다리를 앞으로 내밀어서 80cm되는 곳을 디디며 이를 계속해서 반복

---

[14] 현 육군의 군사교리상의 걸음의 종류는 바른 걸음(보폭, 78-80cm), 큰 걸음(보폭, 81cm 이상), 뜀걸음
(보폭, 90cm 이상), 반걸음(보폭, 39-40cm), 옆(뒷)걸음(보폭, 30cm) 등으로 구분한다. 이때 보폭은 행
진하는 사람의 앞발 뒤꿈치에서 뒷발 뒤꿈치까지의 규정된 거리를 말하고, 옆걸음의 경우 좌우측 발
의 사이 공간의 거리를 말한다. 걸음의 형태에 따른 일정한 속도를 의미하는 보조(步調)는 통상 1분
간 행진하는 걸음수로 표시한다. 바른걸음과 큰 걸음의 보조는 120보/분, 뜀걸음의 보조는 180보/분,
옆(뒷)걸음의 보조는 60보/분이다. 육군본부, 『제식』(야전교범 참고-1-20), 2016, 1-7쪽.

해 나가면 된다.

두 다리를 꼬지 말고 무릎을 너무 높이 들지 말며, 어깨를 흔들지 말고 머리는 꼿꼿하게 하여 두 팔을 제대로 치듯이 앞뒤로 흔든다.

27항) 보통걸음 행진 중에 행진을 쉽게 하려면 다음과 같이 구령을 내린다.

쉽게 가(길 걸음으로 가)

정규(正規)의 걸음 법을 지키지 않고 본 걸음(보통걸음)의 길이(步幅, 80cm)와 속도(분당 120보)로 자세를 변경하지 않고 행진한다. 다시 정규의 걸음을 취하게 하려면 다음과 같이 명령을 내린다.

본 걸음으로 가(보통걸음으로 가)

28항) 병사를 서게 하려면 다음과 같이 명령을 내린다.

그만 서(제자리에 서)

뒤에 있는 발을 앞에 있는 발에 가져다 붙인다.

29항) 제 자리 걸음을 시키려면 다음과 같이 명령을 내린다.

멎거름 해(제 자리 걸음으로 가)

앞으로 나가지 않고 무릎을 조금 굽히며 두 발을 바꾸어 내딛되 정한 속도를 취하면 된다. 다시 행진을 시키려면 다음과 같이 구령하는데 동령은 보통 왼발이 땅에 닿으려 할 때에 내린다.

앞으로 가(앞으로 가)

왼발부터 내디디고 계속해서 나가면 된다.

30항) 행진 중에 오른편 방향으로 향해 가게 하려면 다음과 같이 구령하며, 동령은 보통 오른발이 땅에 닿으려 할 때 내린다.

우로 돌아 가(우향 앞으로 가)

왼발을 앞에 디디고 그 발끝으로 몸을 오른편으로 돌고 오른발부터 새로운 방향으로 나가면 된다.

행진 중에 왼편 방향으로 향해 가게 하려면 다음과 같이 구령하며, 동령은 보통 왼발이 땅에 닿으려 할 때 내린다.

좌로 돌아 가(좌향 앞으로 가)

오른발을 앞에 디디고 그 발끝으로 몸을 왼편으로 돌고 왼발부터 새로운 방향으로 나가면 된다.

31항) 빗겨 행진을 시키려면 다음과 같이 명령을 내린다.

우로 빗기어 가(우로 빗겨 가)

행진 중인 경우에는 동령은 보통 오른발이 땅에 닿으려 할 때 내린다. 행진 중에는 왼발을 앞에 디디고 그 발끝으로 몸을 반 오른쪽으로 돌고 오른발부터 새로운 방향으로 나가면 된다. 정지 중인 상태에서 곧바로 우로 빗겨 행진을 할 경우는 먼저 반 오른쪽으로 돌고 왼발부터 새로운 방향으로 나가면 된다.

좌로 빗기어 가(좌로 빗겨 가)

행진 중인 경우에는 동령은 보통 왼발이 땅에 닿으려 할 때 내린다. 행진 중에는 오른발을 앞에 디디고 그 발끝으로 몸을 반 왼쪽으로 돌고 왼발부터 새로운 방향으로 나가면 된다. 정지 중인 상태에서 곧바로 좌로 빗겨 행진을 할 경우는 먼저 반 왼쪽으로 돌고 오른발부터 새로운 방향으로 나가면 된다. 다시 바른 행진으로 바꾸려면 다음과 같이 구령을 하며, 빗겨 행진을 할 때와 같은 방법으로 하면 바른 행진을 하게 된다.

좌로 빗기어 가(좌로 빗겨 가)

혹은 우로 빗기어 가(우로 빗겨 가)

32항) 행진 중 뒤로 향하게 하려면 다음과 같이 구령하며, 동령은 보통 오른발이 땅에 닿으려 할 때에 내린다.

돌아 서(뒤로돌아 서)

혹은 뒤로돌아 가(뒤로돌아 가)

왼발을 앞에 디디고 그 발끝으로 뒤로 돌며 오른발을 왼발에 갖다 붙이고 그대로 서거나 다시 왼발부터 행진하면 된다.

33항) 뜀걸음(驅步)은 걸음의 길이가 90센티미터이고 그 속도는 1분 동안 170걸음을 표준으로 한다. 뜀걸음을 시키려면 다음과 같이 명령을 내린다.

닷거름으로 가(뛰어 가, 뜀걸음으로 가)

예령에 두 주먹을 쥐어 허리높이 만큼 올리고 두 팔꿈치를 뒤로 한다. 동령에 왼쪽 다리를 앞으로 내밀되 그 요령은 두 다리를 조금 굽혀 왼쪽 다리를 약간 들고 오른발에서 90센티미터 된 곳에 발끝부터 내려서 디딘다. 그 다음에는 왼발과 같은 방법으로 오른발을 내 딛는데 체중은 디딘 다리에 항상 옮겨놓고 두 팔꿈치를 제대로 계속 흔든다.

'그만 서(제자리에 서)' 구령에 두 걸음을 더 나간 뒤에 본 걸음(보통 걸음)과 같은 방법으로 서면서 손을 내리면 된다.

뜀걸음 행진에서 본 걸음 행진으로 바꾸려면 다음과 같이 명령을 내린다.

본 걸음으로 가(보통 걸음으로 가)

두 걸음을 더 나간 뒤에 본 걸음으로 바꾸면서 손을 내리고 이어 나간다.

34항) 뜀걸음 행진 중 모든 동작은 본 걸음 행진중의 요령을 견주어 한다. 다만 뒤로 돌 때에는 두 걸음을 더 나간 뒤에 한다. 또 제자리 걸음, 오른(왼) 방향 전환, 빗겨 행진을 할 때에는 본 걸음에서보다 통상 한 걸음 앞에서 동령을 내린다. 제자리 걸음을 하고 있을 때에 다시 뜀걸음 행진을 하려면 '앞으로 가' 구령을 내린다.[15]

o 집총교련(執銃敎練)

– 세워총 시 차렷 자세(立銃不動姿勢)

35항) 세워총 시 차렷 자세를 시키려면 다음과 같이 명령을 내린다.

차리어(차렷)

차렷 자세를 취하고 오른손으로 총을 잡는다. 그 요령은 손목을 제자리에 두고 총열(銃身)을 엄지손가락과 두 번째 손가락 사이에 두고 그 밖의 손가락들은 두 번째 손가락과 함께 살짝 굽혀 총열덮개(銃床)에 댄다. 총구(銃口)는 항상 오른팔에서 주먹 크기 정도를 이격하여 총열을 뒤로 하고 개머리판 뒤끝(床尾踵)은 오른쪽 발끝 옆에 놓아두되 총열을 똑바로 세운다.

36항) 세워총 자세에서 쉬어 자세는 23항(도수 각개 훈련 시 쉬어 자세)와 동일하게 한다. 다만 가늠쇠(照星)를 가리지 않도록 총을 잡는다.

– 돌음(轉向, 방향전환)

37항) 세워총을 하고 있을 때 오른(왼) 돌음, 빗겨 오른(왼) 돌음, 뒤로 돌음을 하려면 오른손으로 총을 조금 들어 새끼손가락을 총열 덮개(木皮) 위에 대고 허리부분에서 지탱하고 동작을 마치면 곧바로 총을 내리면 된다.

– 총다룸(操銃法)

38항) 메어총과 세워총은 팔과 손으로 확실하게 하며 그 동작은 보통걸음의 속도와 같다.[16]

---

15) 원문에는 '앞으로 가'로 기술하고 있지만, 이것은 '닫거름으로 가'로 해야 맞는 표현인 것 같다. '앞으로 가' 구령은 보통 걸음으로 갈 때 내리는 구령이기 때문이다.(필자 주)

39항) 세워총으로부터 메어총을 시키려면 다음과 같이 명령을 내린다.

메어총(어깨 메어총)

(제1동작) 오른손으로 총을 올려 주먹을 대개 어깨 높이로 하고 총열을 오른쪽으로 하여 똑바로 세움과 동시에 왼쪽 손으로 가늠자(照尺)의 아래를 잡고 팔꿈치를 내려서 몸에 가볍게 닿도록 한다.

(제2동작) 왼쪽 손으로 총을 조금 올리며 총열을 반쯤 앞으로 향하고 오른손을 펴서 두 번째 손가락과 중지 사이에 개머리판 뒤끝이 놓이도록 개머리를 잡는다.

(제3동작) 오른손으로 총을 오른쪽 어깨에 멘다. 이때 총열을 위로 하고 왼쪽 손을 밀대(遊底) 위에 두며 오른쪽 팔꿈치는 몸에 살짝 대고 개머리의 멜빵 고리를 몸에서 주먹 크기 정도 이격한다. 총은 윗저고리 단추 줄과 나란하도록 하고 밀대자루(槍杆, 장전손잡이)의 높이는 통상 첫 번째와 두 번째 단추의 중간 정도가 되게 한다.

(제4동작) 왼쪽 손을 내린다.

40항) 어깨 메어총에서 세워총을 시키려면 다음과 같이 명령을 내린다.

세우어 총(세워 총)

(제1동작) 오른쪽 팔을 펴서 총을 내리되 총열을 오른쪽으로 반쯤 돌려서 똑바로 세우고 왼쪽 손으로 가늠자 아래 부분을 잡고 팔꿈치를 내려서 몸에 가볍게 붙인다.

(제2동작) 왼쪽 손으로 총을 내리되 총열을 오른쪽으로 하여 오른손으로 총열 덮개 부분을 잡는데 이때 주먹의 위치는 대체로 어깨 높이가 된다.

(제3동작) 총열을 뒤로 하여 내리고 새끼손가락을 총열 덮개 위에 대고 이어서 허리 부근에서 지탱하면서 동시에 왼쪽 손을 내린다.

(제4동작) 총을 지면에 가만히 내려놓는다.

41항) 총검[17]은 정지와 행진 중 어떤 자세에서든지 끼우거나 뺄 수 있는데 이는 눈으로 보면서 한다.

42항) 총검을 끼우려면 다음과 같이 명령을 내린다.

창끼이어(꽂아 칼)

세워총을 하고 있을 때에는 오른손으로 총을 왼쪽으로 기울여 총열을 조금은 오른쪽으로 하여 총구는 몸 중앙 정도에 둔다. 왼쪽 손으로 총검자루를 거꾸로 잡아 빼어서 단단히 총구 부위에 끼운 다음 두 손으로 총을 세워서 세워총을 다시 하면 된다.

43항) 총검을 빼게 하려면 다음과 같이 명령을 내린다.

---

16) 문맥상으로 볼 때 이 부분은 내용을 잘못 기술한 것으로 생각된다.(필자 주)
17) 소총 끝에 꽂는 칼인 대검(帶劍)을 뜻함.(필자 주)

창빼어(빼어 칼)

세워총을 하고 있을 때에는 오른손으로 총을 왼쪽으로 기울여 왼쪽 손으로 총검자루를 잡는다. 오른손을 들어서 엄지손가락으로 물쇠의 끝(駐筍頭)[18]을 누르고 왼쪽 손으로 총검을 빼어서 오른편으로 기울여서 총검 끝을 아래로 하고 오른손의 두 번째 손가락과 중지와 엄지손가락으로 총검의 날을 잡는다. 그 밖의 손가락으로는 총을 지탱하고 왼쪽 손으로 총검자루를 잡아서 총검을 대검집에 단단히 꽂는다. 이어서 왼쪽 손으로 오른손 아래를 잡아서 두 손으로 총을 일으켜 세워서 세워총을 다시 한다.

– 탄알 장임과 뺌(彈丸 裝塡과 抽出)

44항) 탄알 장임(裝塡)은 보통 정지 중에 실시한다. 탄환장전은 수시로 교육하여 숙달해야 하며 이것은 병사가 어떤 자세와 상황에서도 탄환 장전을 확실하고 신속하게 해야 하기 때문이다.

45항) 탄환을 장전시키려면 다음과 같이 명령을 내린다.

탄알 장이어(탄알장전)[19]

세워총을 하고 있을 때에는 머리는 정면을 향하고 왼쪽 발끝과 오른발을 조금 들어서 왼쪽 발꿈치를 45도 각도 오른쪽으로 돌면서 오른발을 다시 오른편에 반걸음쯤 벌려 디딤과 동시에 오른손으로 총을 올리면서 앞으로 숙이고 왼쪽 손으로는 총의 중심 부위를 잡는다. 이 때 팔은 몸에 붙이고 손가락은 총의 세로방향 구멍에 두며, 총구는 눈높이만큼 위치하고 개머리판의 코 부분을 오른쪽 가슴보다 조금 낮게 내리고 개머리판을 몸에 댄다.

오른손으로 장전 손잡이를 제쳐 잡아 일으켜 뒤로 힘껏 당기고 탄알상자(彈丸匣) 뚜껑의 끈을 벗겨서 그 뚜껑을 열고 탄알을 세 손가락으로 꺼낸다. 탄두(彈頭)를 앞으로 향하게 하여 탄알장전 구멍에 끼워 넣고 엄지손가락 끝으로 탄알의 뒤를 힘껏 눌러서 약실 홈(彈倉)[20] 안에 넣는다. 그 다음에 장전 손잡이를 밀어서 닫고 오른손으로 멈춤쇠(安全裝置)를 닫아서 총이 격발되지 않도록 한다. 이때 시선은 전방을 향한 상태에서 탄알상자 뚜껑을 닫고 그 끈을 끼우며 총열 덮개를 잡고 처음 방향으로 향하면서 오른발을 왼발에 갖다 붙이면서 세워총을 한다.

---

18) 주순두(駐筍頭)에서 순(筍)은 꽂는 부분의 뜻을 가지고 있음.(필자 주)
19) 지금의 총은 연발사격 기능이 가능하도록 탄알집(彈倉)을 결합 또는 제거 하도록 하고 있으므로 단발 사격 기능의 총이었던 당시의 제식동작과는 다소 차이가 있음.(필자 주)
20) 보충용 탄약을 재어 두는 현재의 탄창(彈倉)이라는 용어의 의미와는 다르다. 여기에서 사용한 '彈倉'은 약실에서 총열의 강선이 시작되는 약실 홈을 의미한다.(필자 주)

46항) 탄알을 빼게(抽出) 하려면 다음과 같이 명령을 내린다.

탄알 빼어(탄알 제거, 탄창제거)

세워총을 하고 있을 때에는 탄알장전과 같은 자세를 취하고 오른손으로 탄알상자 뚜껑의 끈을 벗겨서 뚜껑을 연 상태에서 오른쪽 손으로 멈춤 쇠(安定裝置)를 연다. 총을 사격방향으로 하고 왼쪽 손을 총열의 뒤쪽 안(尾筒)으로 네 손가락을 펴서 그 입구에 닿도록 하고 천천히 장전 손잡이를 밀었다 당겨서 탄알을 빼내어 탄알상자(彈倉)에 넣는다. 탄알을 뺀 뒤에는 왼쪽 손의 중지와 약지로 송탄판(受筒板)을 누르며 장전손잡이를 밀어서 닫고 방아쇠(引鐵)를 당긴다. 이때 시선을 정면을 바라보고 탄알상자 뚜껑을 닫으며 상자의 끈을 끼우고 45항(탄환장전)에서와 같이 세워총을 한다.

－ **불질(射擊)**

47항) 사격자세를 시키려면 다음과 같이 명령을 내린다.

서서 불질 총(서서쏴)

꿇어 불질 총(무릎쏴)

엎드려 불질 총(엎드려쏴)

세워총 자세에서 서서쏴 자세를 취할 때에는 탄알장전과 같이 총을 준비하고 오른쪽 손으로 개머리 목을 잡는다(銃把).

세워총 자세에서 무릎쏴 자세를 취할 때에는 반 오른쪽으로 한 발 장전하는 것과 같이 왼쪽 발꿈치만으로 오른쪽으로 45도(°) 각도로 돌면서 오른쪽 발끝을 왼발의 발꿈치에서 반걸음 쯤 뒤에 디딘다. 왼쪽 손으로 대검집을 앞으로 내밀며 오른쪽 다리를 왼발 방향과 거의 직각이 되도록 지면에 평평하게 놓고 엉덩이를 오른발 위에 얹고 왼쪽 다리를 세움과 동시에 오른쪽 손으로 총을 앞으로 숙여서 왼쪽 손으로 서서쏴 자세에서와 같이 유지한다. 이때 팔뚝을 왼쪽 무릎 위에 두며 개머리판을 오른쪽 몸통 안에 대고 그 다음에 오른쪽 손으로 개머리 목을 잡으며 상체를 자연스럽게 곧게 편다.

세워총 자세에서 엎드려쏴 자세를 취할 때에는 왼쪽 손으로 약실을 왼쪽으로 밀면서 탄알장전을 할 때와 같이 왼쪽 발꿈치만으로 45도(°) 각도 오른쪽으로 돈다. 왼발을 앞으로 한 걸음쯤 내 놓으며 오른쪽 무릎을 땅에 대면서 총을 왼발과 나란히 오른쪽 무릎 앞에 세운다. 이어서 곧바로 왼쪽 손을 앞으로 내밀어 손 끝을 오른편으로 하여 땅을 짚고 상체를 사격방향을 향해 30도(°) 각도 쯤 되게 엎드린다. 총을 지면 가까이 숙여 왼쪽 손으로 총의 중간 부위[21]를 잡으면서 동시에 왼쪽 다리를 뒤로 뻗쳐서 오른

---

21) 무게의 중심점으로 중간 지점을 의미.(필자 주)

쪽 다리와 나란히 한다. 오른쪽 손으로 개머리판의 목을 잡고 개머리판을 뺨 앞에 가까이 하고 두 팔꿈치를 지면에 지탱한다.

만일 메어총을 한 경우에서 서서 쏴 자세를 취해야 할 경우에는 선 뒤에 총을 어깨로부터 곧바로 앞으로 숙인다. 또 메어총을 한 경우에서 무릎(엎드려) 쏴 자세를 취해야 할 경우에는 무릎을 꿇은 뒤에 총을 어깨로부터 곧바로 오른쪽 무릎 앞에 세운다. 어떤 자세에서든지 머리는 이전에 취했던 방향을 유지하고 총구는 눈높이만큼 하되 총이 사격 가능하도록 멈춤 쇠(안전장치)를 풀고 오른쪽 손 두 번째 손가락을 굼벙쇠(用心鐵) 안에 넣어서 편다. 만일 탄알을 장전하지 않았을 경우에는 사격자세를 취한 후 곧바로 장전하는 것이 좋다.

48항) 사격 동작은 어떠한 경우에서든지 확실하고 바르게 실시할 수 있도록 숙달할 것이며, 거총(据銃), 겨눔(照準), 띄우기(거총 바로), 가늠자 쓰는 법은 보병사격교범을 따르는데 조준점은 별도의 명령이 없을 경우 항상 표적의 아래쪽을 향한다.

49항) 사격을 중지시키려면 다음과 같이 명령을 내린다. 이때 사격 총을 한 상태에서 다음 발의 사격을 위해 집중한다.

불질 머물러(사격 중지)

50항) 사격을 마치게 하려면 다음과 같이 명령을 내린다.

불질 그치어(사격 끝)

총은 멈춤 쇠(안전장치)를 닫아서 격발되지 않도록 하고 탄알상자(彈藥匣) 뚜껑을 닫고 그 끈을 끼우며, 가늠자를 이전과 같이 눕힌 뒤에 서서쏴 자세의 경우에서는 탄알 장전 시와 동일하게 한다. 또 무릎쏴 자세의 경우에서는 오른쪽 손으로 종열 덮개 부위를 잡고 일어나서 조금 선 방향으로 향하면서 오른발을 왼발에 갖다 붙인다. 엎드려쏴 자세에서는 엎드려쏴 자세를 취할 때와는 반대의 순서로 일어나서 세워총을 하면 된다.

- 행진(行進)

51항) 총을 휴대한 상태로 본 걸음(보통 걸음) 행진을 할 때에는 '가' 라는 동령에 총을 메면서 앞으로 나가기 시작하고, 뜀걸음(驅步) 행진을 할 때에는 예령에 총을 메고 대검집을 잡는다. '서'라는 동령에 서고 세워총을 한다. 총을 메지 않고 행진을 할 경우에는 오른쪽 손으로 총을 조금 들고 새끼손가락을 총열 덮개 부위에 대고 허리에 지탱한다. 뜀걸음을 할 때는 대검집을 잡고 띠며 서게 되면 곧 세워총을 한다.

52항) 꿇어(엎드려) 자세를 하게 하려면 다음과 같이 명령을 내린다.

꿇어(무릎 꿇어)

엎디어(엎드려)

행진 중에 무릎 꿇어 자세를 하려면 왼발을 앞에 내디디며 왼쪽 손으로 대검집을 앞으로 내밀고 오른쪽 다리를 지면에 대고 엉덩이를 오른발 위에 얹는다. 세워총을 할 때와 같이 총을 내려서 오른쪽 무릎 앞에 세우는데 총열을 뒤로 하고 오른쪽 손으로 총열 덮개 부위를 잡으며, 왼쪽 팔뚝은 무릎쏴 자세와 같이 왼쪽 무릎 위에 위치한다. 엎드려 자세를 취하려면 '꿇어' 자세와 마찬가지로 '엎드려쏴' 자세처럼 엎드리고 총을 눕혀 총열 덮개 부위를 왼쪽 팔뚝 위에 얹는다. 이때 장전 손잡이가 위로 향하게 한다.

53항) 꿇고(엎드려) 있을 때 일어서게 하려면 다음과 같이 명령을 내린다.

일어나(일어서)

50항에 견주어 일어나고 세워총을 하면 된다. 곧바로 행진을 하려면 '앞으로' 혹은 '뜀걸음으로'라는 예령에 일어나서 51항과 같은 요령으로 행진을 하면 된다.

– 짓침(突擊)

54항) 돌격을 시키려면 총검을 낀 뒤에 다음과 같이 명령을 내린다.

짓치어 들어(돌격 앞으로)

예령(豫令)에 오른쪽 손으로 총열 덮개 부위를 잡아 총을 빗겨 들되 (만일 총을 멘 경우는 40항에서와 같이 총을 어깨에서 내려서) 개머리판을 땅에서 조금 이격하고 총구는 대체로 오른쪽 어깨 앞으로 위치시킨다. 왼쪽 손으로 대검 집을 잡고 동령(動令)에 뜀걸음과 같은 요령으로 전진하다가 '돌격 앞으로'라는 구령에 '악'하는 고함을 지르며 용맹스럽게 달려들어서 적을 공격한다. 연습에서는 맞짓치기(雙方突擊) 전에 '머물러(중지)' 구령을 내린다. 그런 경우에는 즉시 중지하고 서서쏴 자세를 취한다.

o 산병교련(散兵敎練)

– 요지(要旨)[22]

55항) 산병교련은 병사에게 산병선(散兵線)[23] 안의 한 사람으로서 하는 산병선 동작(動

---

22) 말이나 글의 핵심이 되는 중요한 내용.(필자 주)

作)을 숙달하는 것, 즉 지형을 이용하여 행진, 정지, 사격, 돌격하는 것을 숙달하게 하며 공격정신을 배양하는 것을 목적으로 한다.

56항) 산병(散兵)의 임무는 중요하다. 그러므로 신병이 총에 관한 기본조작훈련(銃敎鍊)을 대략 익히고 나면 산병교련을 시작하게 되는데, 처음에는 평이한 지형에서 몇 명의 고참(舊參)병사[24]를 산개시켜서 전투하는 요령을 알려주는 것이 좋다.

57항) 산병에게는 위치, 자세와 사격에 관하여 자유를 준다. 이것은 그 임무를 다하는데 편하게 하기 위한 것이다. 그러므로 산병으로 하여금 귀, 눈을 활용하여 적병과 지휘관에게 집중하며 지형지물의 이용과 화기의 사용에 익숙하고 또 신속한 판단으로 일을 처리를 할 수 있도록 해야 한다.

58항) 지형지물을 이용하는 핵심은 사격의 효력을 높이는 것이 주가 되고 그 다음에 몸을 은폐하는 것에 있다. 그러므로 병사들로 하여금 각종 상황에 따라서 빨리 보고 그 지형의 유·불리 점을 판단하여 이를 응용하는데 익숙하도록 한다. 은폐의 중요성을 알게 하려면 산병을 서로 마주보는 위치에서 교육하는 것이 좋다.

- 행진, 정지(行進, 停止)[25]

59항) 산병의 행진에는 통상 본 걸음(보통걸음, 平步)의 속도[26]를 사용한다. 산병은 항상 총을 안전하게 멈춤 쇠를 닫고 가늠자를 눕히며 탄알상자(彈藥匣)의 뚜껑[27]을 닫고 그 끈을 끼운다. 총구는 위로 하여 빗겨들고 알맞은 걸음으로 이동한다.

60항) 산병은 장애물을 넘거나 혹은 은폐(隱蔽)하에서 기동을 한다. 또 위치를 약간 치우치며 혹은 몸을 낮추어서 지형지물을 이용하는 것에 익숙해야 한다. 그러나 여러 경우에서 신속하게 전진하는 것이 유리하다. 이것은 신속하게 적에게 접근해야 자신의 사격을 유리하게 할 수 있고 적의 사격권 내에 들어가는 시간을 최소화할 수 있기 때문이다.

---

[23] 부대를 산개하여 형성한 전투대형. 즉 산개 전투대형을 말함.(필자 주)
[24] 선임(先任) 병사를 말함.(필자 주)
[25] 각개전투 시 지형지물의 이용 및 사격과 기동의 요령에 대해 설명하는 항으로서, 이하 내용은 현재의 군사교리 내용과 대동소이함.(필자 주)
[26] 1분에 120보의 속도임.(필자 주)
[27] 탄약함의 덮개(彈藥盒蓋).(필자 주)

61항) 산병이 정지할 때에는 총의 위력이 최대로 발휘될 수 있는 위치를 선정한 다음 몸을 은폐하는 것임을 유의해야 한다. 그러나 이러한 점 때문에 정지할 때를 머뭇거려서는 안 된다.

62항) 산병은 정지할 경우 반드시 지형지물에 따라 취할 자세를 선택하여야 한다. 그러나 만일 의지할 지형지물이 없을 경우에는 보통 엎드려 사격자세를 취하며, 멈춤 쇠(안전장치)를 풀고 사격할 수 있도록 준비한다. 만일 탄약을 장전하지 않았을 때는 신속히 장전을 실시한다.

63항) 전진을 시키려면 다음과 같이 명령을 내린다.

앞으로

퇴각을 시키려면 다음과 같이 명령을 내린다.

뒤로

빗겨 행진을 시키려면 다음과 같이 명령을 내린다.

우로 빗기어(우로 빗겨) 혹은 좌로 빗기어(좌로 빗겨)

곧바로 행진을 다시 원래대로 시키려면 다음과 같이 명령을 내린다.

좌로 빗기어(좌로 빗겨) 혹은 우로 빗기어(우로 빗겨)

빨리 전진을 시키려면 다음과 같이 명령을 내린다.

닷거름 앞으로(앞으로 뛰어, 뜀걸음 앞으로)

'닷거름(뜀걸음)'이라는 구령에 산병은 총을 안전하게 멈춤 쇠를 잠그고 가늠자를 눕히며, 약실 덮개를 닫고 끈을 끼우고 나서 앞으로 나갈 준비를 한다. '앞으로'라는 구령에 산병은 곧바로 뜀걸음으로 나가면 된다. 행진 중에 걸음의 속도를 빠르게 하거나 이전의 속도를 다시 취하게 하려면 '닷거름(뜀걸음)으로' 혹은 '본 거름(보통걸음)으로' 구령을 내린다.

산병을 정지시키려면 다음과 같이 명령을 내린다.

그치어(정지)

- 불질(射擊)

64항) 사격은 정지한 뒤에 하는 것이지만 어떤 사격자세를 취할 것인지는 각 병사의 체격, 지형, 표적의 종류 특히 전투의 상황에 따라 다르다. 사격의 효과는 보통 급하게 빨리 쏘는데 있지 않고 사격의 제반 규칙을 준수하는데 있으며, 조준을 더욱 정밀하게 하고 침착하게 사격해야만 얻을 수 있다. 가늠자의 지지대를 가까이 하고 신속하고 확실하게 총긋기(据銃)[28]를 하는 것이다. 특히 표적을 신속히 포착하고 육안으로 잘 보기 어려운 표적을 잘 조준하여 표적과의 거리를 잘 측량하는 것은 산병이 숙달해야 할 중요사항이다.

(65항) 총을 지형지물에 의탁하는 것은 사격의 효력을 높이기 위해 가치가 있는 것이다. 그러므로 작은 흙구덩이라도 이용하는데 소홀하지 말아야 한다. 나무의 뒤에서 서서쏴를 하던지 무릎쏴를 할 때는 왼쪽 팔뚝을 나무에 의탁하며, 가슴막이 방패(胸墻)를 지탱(雄據)[29]하고 쏠 때에는 몸의 왼편이나 가슴을 경사진 면의 안쪽(內斜面)에 대고 왼쪽 팔꿈치나 양쪽 팔꿈치를 팔뚝자리(臂坐)에 놓고 총을 가슴막이에 의탁한다. 이 경우에는 왼쪽 손으로 개머리를 잡되 엄지손가락은 안쪽 옆으로, 다른 손가락들은 바깥 옆으로 하여 총을 어깨에 가져다 대고 오른쪽 손으로 개머리의 목을 단단히 잡고 사격한다.

(66항) 무릎쏴 자세는 왼발 끝[30]을 세우고 엉덩이를 오른쪽 발꿈치 위에 얹거나 혹은 오른쪽 발꿈치보다 높이 든 자세를 취한다. 혹은 두 무릎을 벌리고 지면에 꿇거나 혹은 두 다리를 앞으로 뻗고 앉거나 한 자세에서 왼손 바닥을 방아쇠(굼벙쇠)에 대고 안으로 향하거나 혹은 왼쪽 팔꿈치를 무릎에서 이격하여 서서쏴 자세와 같이 할 수도 있다.

제2장 중대교련(中隊教鍊)

▶ 대지(要則)

(67항) 중대는 전투단위(戰鬪單位)이고 중대장을 중심으로 사기를 한데 모으는 곳으로서

---

[28] 거총(据銃)은 사격할 때 목표(표적)를 겨누기 위해 총의 개머리판을 어깨의 앞쪽 홈에 대는 동작을 의미함 또는 그 동작을 하도록 내리는 구령을 말함.(필자 주)
[29] 웅거(雄據)는 어떤 지역을 차지하고 굳세게 막아 지킨다는 뜻임.(필자 주)
[30] 원문에는 '오른쪽 발끝'으로 기술되어 있으나, 잘못 표기된 것으로 보인다.(필자 주)

중대교련은 곧 중대로 하여금 어떠한 경우에서든지 중대장의 구령이나 명령에 따라 행동거지가 마치 한 몸과 같이 확실하고 가지런하여 정해진 바대로 전투 활동을 실행할 수 있도록 하는 것을 위주로 한다. 이러한 취지를 근본으로 삼아 잘 훈련된 중대는 사전에 훈련되지 못한 것일지라도 중대장의 의도에 따라 규정된 격식과 방식(制式)[31]에 맞게 응용함으로써 목적을 달성하도록 해야 한다.

(68항) 중대교련을 준비하기 위하여 중대교련을 실시하기 전에 오(伍),[32] 분대, 소대 단위로 교련을 먼저 실시한다. 최초의 산개(散開)교련을 할 때에는 그 인원을 소수로 하고 차츰차츰 늘려나간다.

(69항) 밀집(密集) 교련을 할 때 소대장은 필요시 그 소대가 취할 동작을 작은 소리로 미리 알려주는 것도 무방하다.

(70항) 이 장에서 보인 모든 전투 활동은 정면 방향에 대하여 규정한 것이므로 뒤쪽(背面) 방향의 운동은 이를 견주어 하되 그 요령을 알려주는 것만으로 충분하다.

1. 소대교련(小隊敎鍊)

o 밀집(密集)

– 짜임(編成)[33]

(71항) 소대장은 병사의 키(伸長) 순서에 따라서 앞뒤 두 열로 벌린다. 이 때 앞뒤에 선 사람을 '오(伍)'[34]라 하며, 병사의 수가 짝이 맞지 않을 때는 왼쪽 측위(翼) 뒤 열을 빼

---

31) 현행 육군의 군사교리에서 제식(制式)은 개인 및 분대가 일상생활과 대열을 짓는 훈련에서 절도 있고 통일되게 취해야 하는 동작의 규정된 격식 및 방식이다. 개인제식은 개인이 맨손 또는 총기를 휴대한 상태에서 절도 있고 통일되게 취하는 동작의 일정한 격식 및 방식이다. 부대제식은 부대가 대열을 짓는 훈련에서 절도 있고 통일되게 취하는 동작의 일정한 격식 및 방식이다. 육군본부, 『제식』(야전교범 참고-1-20), 2016, 1-3쪽.

32) 오(伍)는 일본식 편제 개념으로 5명으로 편성한 일대(一隊).(필자 주)

33) 구성단위(構成單位)는 개인 또는 일정한 규모의 부대를 구성하는 각 부대를 말하는 것으로 개인·분대·반·소대·중대 혹은 그보다 큰 구성부대를 말한다. 육군본부, 『제식』(야전교범 참고-1-20), 2016, 1-3쪽.

는데 이를 '궐오(闕伍)'라 한다.

뒤 열의 병사는 앞 열 병사의 등이나 배낭(背囊)에서 가슴까지 80센티미터의 거리[35]를 둔다. 각 병사의 간격[36]은 왼손을 허리에 대고 팔꿈치를 옆으로 벌렸을 때 왼편 병사의 오른쪽 팔에 거의 닿을 정도로 한다.

소대의 각 오(伍)는 제1열에서 오른편으로부터 왼편으로 번호를 붙인다. 이것을 소대의 정면이라고 한다. 소대를 몇 개의 분대로 나누어 부(참)사(副, 參)로 분대장(分隊長)을 삼고, 소대의 우측 익(翼)에서부터 좌측으로 차례로 번호를 붙인다. 그 병사의 수는 4오에서 6오까지 한다. 소대의 좌우 측익(側翼)[37]에 각각 익(翼)분대장을 둔다. 분대장은 분대의 가운데 오의 뒤에 위치하고, 뒤 열에서 두 걸음 되는 곳에서 이를 반복하는데 이것을 '압오(押伍)'라고 한다. 하사(下士)가 모자랄 때는 일등병(一等兵)으로 대신 채운다.

– 번호

72항) 번호를 시키려면 다음과 같이 구령한다.

번호 세어(좌로 번호)

앞 열의 병사는 자세를 바꾸지 않고 오른편으로부터 왼편으로 차례로 번호를 붙이는데, 뒤 열의 병사는 각각 바로 앞 병사의 번호를 기억해야 한다.

---

[34] 사람이나 차량이 정렬했을 때 가로로 줄지어 정렬한 한 줄을 '오'라고 하며, 세로로 줄지어 정렬한 한 줄을 '열'이라 한다. 육군본부, 『제식』(야전교범 참고-1-20), 2016, 1-5쪽.

[35] 거리(距離)는 구성단위와 다른 구성단위가 앞뒤로 떨어진 공간을 말하며, 개인거리와 부대거리가 있다. 육군본부, 『제식』(야전교범 참고-1-20), 2016, 1-5쪽.

[36] 간격(間隔)은 구성단위와 다른 구성단위 간 측면으로 떨어진 공간을 말한다. 간격은 크게 개인간격과 부대간격으로 나눌 수 있으며, 개인간격에는 정식 간격, 좁은 간격, 양팔 간격이 있다. 육군본부, 『제식』(야전교범 참고-1-20), 2016, 1-3쪽, 1-5쪽.

[37] 횡대 또는 종대로 정렬한 대형의 왼쪽 끝 열 또는 오른쪽 끝 열을 말한다. 육군본부, 『제식』(야전교범 참고-1-20), 2016, 1-6쪽.

- 정돈(整頓)[38]

73항) 정돈이 완전할 때는 각 병사는 정돈 줄 위에서 자세를 바로 가지고 머리를 오른쪽
(왼쪽)으로 돌리면 오른(왼) 눈으로 오른(왼)쪽 옆 병사를 보고 다른 눈으로는 줄을
내다보게 된다. 병사가 정돈 줄로 나갈 때는 머리, 어깨, 상체를 앞뒤로 내밀지 말
고 자세를 바르게 하여야 한다. 만일 발의 위치가 비뚤어진 사람이 있으면 이로 인
해 양 어깨가 정돈 줄에 있지 않게 되어 그 피해가 자기에게만 그치지 않고 옆 병
사에게까지 미친다.

74항) 소대를 정돈시키려면 다음과 같이 구령한다.

향도 (몇) 걸음 앞으로

양쪽 측익 분대장은 총을 메지 않고 나선다. 소대장은 그 자리를 바로 잡고 그 다음에
다음과 같이 구령한다.

우로(좌로) 나란히, 바로

'나란히'라는 동령에 소대는 총을 메지 않고 나가되 맨 끝 한 걸음을 좁혀 정돈 줄 조
금 뒤에 정지한다. 그 다음에 머리를 오른(왼) 쪽으로 돌리며 무릎을 굽히지 않고 잰
걸음으로 조용히 정돈 줄에 나와서 총을 내려놓는다. 다만 뒤 열과 압오열(押伍列)에
있는 사람은 앞 병사에게 바로 반복하여 거리를 취하고 오른(왼) 편에 정돈한다.
정돈 익(翼)의 분대장은 신속하게 정돈할 지점을 정하기 위해 반대쪽 익(翼)의 분대장
을 목표로 삼아 먼저 자기에게 가까운 두 세 병사의 위치를 바로 잡고 필요하면 차례
로 정렬을 바로 잡는다. 반대 익의 분대장은 필요하면 자기에게 가까운 2~3명의 위치
를 바로잡아서 정렬을 돕는다.

- 돌음(轉向)

75항) 소대가 우로 돌 때에는 짝수(偶數) 병사는 홀수 병사의 오른편으로 나가서 오(伍)를
만들고 네 명의 병사가 나란히 하여 측면 방향을 하는데 짝수 병사가 홀수 병사의
오른편으로 나갈 때는 그 오른발을 디디면서 곧바로 왼발을 갖다 붙인다.
소대가 좌로 돌 때에는 홀수(奇數) 병사는 짝수 병사의 왼편으로 나가서 오(伍)를

---

[38] 정돈(整頓)은 현행 육군의 군사교리에서는 정열(整列)의 개념으로 생각된다. 정열은 부대규모에 따라
적합한 거리와 간격을 유지하면서 오와 열을 형성하는 행위 또는 상태를 말한다. 육군본부, 『제식』
(야전교범 참고-1-20), 2016, 1-7쪽.

만들고 네 명의 병사가 나란히 하여 측면 방향을 하는데 홀수 병사가 짝수 병사의 왼편으로 나갈 때는 그 왼발을 디디면서 곧바로 오른발을 갖다 붙인다. 익분대장과 압오열에 있는 사람은 각각 그 자리에서 우(좌)로 돈다. 측면 방향에서 좌(우)로 돌 때에는 오를 풀어서 정면 방향을 하고 각 병사는 우(좌)로 정돈한다.

76항) 소대가 뒤로 돌 때에는 익분대장과 궐오는 앞 열로 나간다.

– 총다룸, 창끼임과 뺌, 탄알 장임과 뺌(操銃法, 着劍, 脫劍, 裝塡과 抽出)

77항) 어깨 메어총, 세워총은 소대 전체가 다함께 실시하고 착검과 대검을 빼는 것은 각자가 신속하게 한다. 탄약을 장전할 때에 뒤 열 병사는 오른쪽 앞으로 한 걸음쯤 나가서 하고, 동작을 마치면 본래의 위치로 간다. 탄약을 뺄 때에도 이와 같이 한다. 이때 우측 익분대장은 반 정도 우측으로 돈다.

– 불질(射擊)

78항) 사격 시 사격 방향과 사격 목표, 사격자세와 가늠자 그리고 조준점을 미리 알려 준다. 정면은 목표에 대한 방향과 가급적 직각이 되는 것이 좋다. 그러므로 필요시에는 미리 사격방향을 변경한다.

서서 쏠 때에는 오른편 익분대장은 반 정도 우측으로 돌고, 왼편 익분대장과 압오열에 있는 사람은 동작하지 않는다. 무릎(엎드려) 쏴 할 때는 익분대장과 압오열에 있는 사람은 무릎(엎드려) 쏴 자세를 취하고 사격은 하지 않는다. 엎드려쏴는 보통 일열(一列)로 한다.

79항) '서서(무릎)쏴'의 예령에 뒤 열의 병사는 탄환장전에서와 같이 거리를 좁히고, 압오열이 만일 앞에 있을 경우는 뒤 열의 후방으로 간다.

80항) 사격은 일제사격과 개인별 사격으로 나눈다. 일제사격은 '쏴' 구령에 따라 발사하고, 개인별 사격은 느린 사격(緩射) 혹은 빠른 사격(速射) 구령에 따라 발사하는데 보통은 느린 사격을 사용한다. 일제사격 명령의 한 예는 다음과 같다.

① 소나무 옆의 밀집부대, 서서쏴(무릎쏴, 엎드려쏴) 거총

② 8백, (7백), (5백)

③ 겨누어(조준)

④ 쏴(발사)

'겨누어' 구령에 조준하고 '쏴' 구령에 발사하되, 발사 후에는 거총한 상태로 다음 발사에 집중한다. 연달아 쏘게 하려면 다음과 같이 구령한다.

① 겨누어(조준)

② 쏴(발사)

개인별 사격을 할 경우에는 다음과 같이 구령한다.

① 나무 숲 옆의 포병

② 서서쏴(무릎쏴, 엎드려쏴) 거총

③ 9백, (7백)

④ 느린(빠른) 사격

느린 사격(緩射)을 할 경우, 각 병사는 사격의 제반요령을 지키며 각자가 그 시기를 판단하여 발사해야 한다. 빠른 사격(速射)을 할 경우는 정밀한 조준을 방해받지 않는 한 가급적 빠르게 발사한다.

사격을 그쳤을 때는 오른쪽 익분대장과 뒤 열 병사는 원래의 위치로 복귀한다. 2가지 가늠자를 쓸 경우, 제1열 병사는 가까운 가늠자를 사용하고, 제2열의 병사는 먼 가늠자를 사용하는데 산개에서도 이를 준용한다.

– 행진, 정지, 운동(運動)

81항) 앞으로 곧바로 가는 행진은 오른편에 향도(嚮導)를 세운다. 만일 왼편으로 취할 때는 별도로 이를 제시한다. 소대장은 구령을 내리기 전에 보통 먼저 행진목표를 오른쪽 익분대장에게 제시한다. 소대는 일제히 행진을 시작하여 향도를 따라서 나가며, 향도는 열중의 병사와 무관하게 규정된 걸음걸이와 속도로 제시된 목표를 향해 (혹은 정면과 직각으로) 나아간다.

각 병사는 향도 쪽에 정돈하기 위해 머리를 돌리지 말고 항상 옆 병사를 눈여겨봐야 한다. 그러나 대개 정돈은 일정한 걸음걸이와 속도 그리고 간격을 유지함으로써 되는 것이다. 그런데 제2열의 병사는 앞 열의 병사와의 거리를 항상 확실하게 유지해야 한다. 행진 중 향도를 다른 익(翼)에 세워야 할 때에는 '향도 우로' 혹은 '향도 좌로' 구령을 내린다.

82항) 행진 중에 '우(좌)로 돌아'와 '뒤로 돌아'를 할 때는 75항, 76항과 같이 하며, 측면 방향으로부터 정면 방향으로 옮겨 계속 행진할 경우는 필요시 향도에게 제시한다.

83항) 측면 방향의 행진에서 각 병사는 항상 방금 전의 정면 방향으로 정돈하고, 향도 뒤에 있는 병사는 향도의 발자국을 밟으면서 행진한다. 그 밖의 병사는 열중에 있으면서 서로 반복하여 바로 앞에 있는 병사의 머리가 가려서 그 앞에 있는 병사의 머리가 보이지 않도록 행진한다. 이 행진에서 선두 4명의 병사가 정돈이 틀리면 그 피해가 각 열의 정돈에 미치게 된다.

84항) 빗겨 행진에서 각 병사의 올바른 위치는 그 어깨가 서로 평행하고 우로 빗겨 행진에서는 각 병사의 오른쪽 어깨가 그 오른쪽 옆 병사의 왼쪽 어깨 뒤에 있어야 한다. 좌로 빗겨 행진에서는 각 병사의 왼쪽 어깨가 그 왼쪽 옆 병사의 오른쪽 어깨 뒤에 있어야 한다. 각 병사는 빗겨 가는 쪽으로 항상 정돈한다. 앞으로 곧바로 가는 행진을 다시 시킬 때에 필요하면 '향도 우(좌)로'라는 구령을 내린다.

85항) 행진 중 각 병사가 지켜야 할 중요한 사항은 다음과 같다.

① 향도가 어느 쪽에 있던지 머리를 똑바로 할 것

② 정돈익(整頓翼)으로부터 밀려 올 때는 이를 따르되 그 반대편으로부터 밀려 올 때는 이를 버틸 것

③ 정돈 줄 보다 앞서거나 뒤떨어졌든지 또는 간격유지가 되지 않을 때는 차츰차츰 회복할 것

④ 만일 발이 틀렸을 때는 신속히 걸음을 바꾸어 정돈 편의 옆 병사와 발을 맞춘다. 이때 걸음을 바꿀 때에는 뒤에 있는 발을 앞에 있는 발에 갖다 붙이고 앞에 있는 발부터 나간다. 뜀걸음(驅步) 시에는 한 발로 두 걸음을 나가며, 제자리걸음에서는 뜀걸음에서와 같은 방법으로 한다.

86항) '쉽게 가'[39] 구령이 있을 경우 야외(野外)에서는 반듯이 걸음을 맞추지 않아도 된다.

87항) 소대를 정지시키려면 다음과 같이 구령한다.

그만 서(제자리에 서)

소대는 정지하고 병사는 각각 향도 편에 정돈하며, 측면방향에서는 움직이지 않는다.

88항) 측면방향으로 행진할 때에 이를 정지하고 곧 정면으로 향하게 하려면 다음과 같이 구령한다.

---

[39] '길 걸음으로 가'와 같다. 27항에 의하면, '쉽게 가'는 정규의 걸음 법을 지키지 않고 보통걸음의 길이(步幅, 80cm)와 속도(분당 120보)로 행진한다.(필자 주)

좌(우)로 서

소대는 정지하고 75항에 따라 정돈한다.

89항) '무릎꿇어'와 '엎드려'는 소대전체가 일제히 실시한다.

90항) 정지 중에서 가까운 거리로 움직이게 하려면 다음과 같이 구령한다.

(몇) 걸음 앞으로(뒤로) 가 혹은 몇 걸음 좌(우)로

앞으로 나갈 때는 규정된 걸음걸이(步法)로 나가고, 뒤로 갈 때에는 반걸음 정도로 뒷걸음질하여 지정한 위치에 이르면 정돈 익에 맞추어 정돈한다. 좌(우)로 갈 때에는 반걸음씩 옆걸음으로 지정한 위치까지 이동하여 선다.

– 방향 바꿈(變換方向)[40]

91항) 정지 상태에서 방향을 바꿀 때, 총을 메지 않은 상태에서는 보폭을 길게 하여 나가고 만일 뜀걸음을 해야 할 때는 예령을 한 다음에 '뜀걸음으로(뛰어 가)' 구령을 추가한다. 행진 중인 경우에는 '뛰어 가'로 구령한다. 그런데 뜀걸음을 할 경우는 예령을 내릴 때에 대검집을 잡는다.

92항) 횡대(橫隊)의 방향을 바꾸게 하려면 다음과 같이 구령한다.

우(좌)로 방향 바꾸어 가

소대의 중심(軸翼)에 있는 분대장은 우(좌)로 돌아서 정지 혹은 이어서 행진하고, 그 바깥의 인원은 모두 빗겨 우(좌)로 돌아 가장 짧은 거리(捷徑)로 돌아서 차례차례 새로운 줄에 이르면서 그 오른(왼)쪽 병사의 옆으로 정돈하거나 이어서 행진한다.

93항) 측면종대(側面縱隊)의 방향을 바꾸고자 하면 다음과 같이 구령한다.

우(좌)로 꺾어 가(줄줄이 우(좌)로 가)

선두의 오는 작은 부채꼴 모양(扇形)으로 걷되 정지 중에서는 앞으로 가는 동시에 이 동작을 한다. 도는 축에 있는 병사는 처음 두어 걸음을 좁히고 바깥의 부분(翼)에 있는 병사는 본 걸음(보통 걸음) 길이로 행진하되 항상 도는 축(軸) 쪽으로 정렬하면서 좌(우)로 방향을 바꾸어 계속 행진한다. 각 오는 그 앞의 오가 돌던 위치에 이르면 같은 요령으로 방향을 바꾼다.

94항) 방향을 조금 바꾸려면 사전에 새로운 목표방향을 제시한다.

---

[40] 이것은 '自然保護'를 '保護自然'이라고 쓰는 중국식 한자표기로서, 방향 바꿈(變換方向)은 방향 변환을, 대형 바꿈(變換隊形)은 대형 변환을 말함.(필자 주)

– 대형 바꿈(變換隊形)

95항) 다른 방향으로 횡대에서 측면종대를 만들거나 측면종대에서 횡대를 만들고자 할 때, 정지 중에서는 75항(돌음)과 같이 하고 행진 중에서는 '우(좌)로 서' 구령이나 '우(좌)로 돌아 가' 구령을 내리며 75항에서와 같이 정지하거나 혹은 계속 행진한다.

96항) 같은 방향으로 측면종대에서 횡대를 만들고자 하면 다음과 같이 구령한다.

좌(우)로 횡대 지어(좌(우)로 횡대)

선두에 있는 분대장은 움직이지 않거나 제자리걸음을 하고 각 병사는 오를 풀어서 가장 짧은 거리로 차례차례 새로운 줄로 나가서 오른(왼) 옆 병사에 정돈[41]하거나 혹은 이에 견주어서 제자리걸음을 한다. 행진 중에서는 그 다음에 '앞으로 가' 구령을 내린다.

97항) 행진 중 횡대에서 같은 방면에 측면종대를 만들려면 '우(좌)로 돌아 좌(우)로 꺾어 가' 구령을 내린다. 선두에 있는 분대장은 계속 행진을 하고 그 밖의 인원은 측면종대를 만든 뒤에 93항과 동일하게 행진을 한다.

– 짓침(突擊)

98항) 소대가 돌격을 할 때에는 54항(돌격)과 같은 요령으로 한다.

– 길 거름(散步)

99항) 행진 중에 길 걸음을 시키려면 다음과 같이 구령한다.

길 거름으로(길 걸음으로 가)

진중요무령(陣中要務令)의 규정을 따른다.

길 걸음 행진 중에 본 걸음(보통걸음), 닷걸음(뜀걸음)을 시키려면 다음과 같이 구령한다.

본 걸음으로 가(보통걸음으로 가), 닷걸음으로 가(뜀걸음으로 가)

– 총 거름과 가짐(叉銃, 解銃)

100항) 총 거름(걸어 총)과 총 가짐(풀어 총)은 눈으로 들여다보면서 한다.

---

41) 현재의 교리상 용어는 정렬임.(필자 주)

101항) 총을 걸게 하려면 대검을 낀 뒤에 다음과 같이 구령한다.

총 겨러(걸어 총)

홀수 오의 앞 열 병사는 왼손으로 멜빵 위 고리(上帶) 아랫부분을 잡고 총열을 앞으로 하면서 개머리 뒤축을 오른쪽 발끝에서 개머리판의 3배 만큼 앞으로 내놓고 오른손을 놓으며 총을 왼쪽으로 기울인다.

짝수 오의 앞 열 병사는 왼손으로 멜빵 위 고리(上帶) 아랫부분을 잡고 개머리 뒤축을 오른쪽 발끝에서 개머리판의 3배 만큼 앞으로 내놓고 총열을 뒤로 하면서 오른손을 놓고 총을 오른쪽으로 기울여서 오른쪽 옆 병사의 막쇠(방아쇠 울)에 건다.

홀수 오의 뒤 열 병사는 왼손으로 멜빵 아래 고리(下帶) 윗부분을 잡고 두 손으로 총을 올리고 오른발을 내딛으며 이미 걸은 앞 열 병사의 막쇠에 걸고 개머리 뒤축을 왼쪽 옆 병사와의 간격 중앙 앞에 둔다.

짝수 오의 뒤 열 병사는 왼손으로 멜빵 위 고리 아랫부분을 잡고 총열을 우로 빗겨 왼발을 내딛고 그 가늠쇠 아래를 이미 걸은 막쇠 왼편에 기댄다. 총은 홀수 오의 뒤 열 병사의 총과 나란히 한다. 왼쪽 익오(翼伍)가 홀수 일 때는 익분대장이나 압오열에 있는 사람과 함께 총을 건다. 부득이 할 경우 대검을 끼지 않고 나무자루(槊杖)[42]으로 걸기도 한다.

102항) 걸어총 상태를 풀 때는 다음과 구령한다.

총 가지어(풀어 총)

짝수 오의 뒤 열 병사는 왼발을 내딛고 오른손으로 그 총을 가져오며, 그 밖의 세 병사(홀수 오의 뒤 열 병사는 오른발을 내딛고)는 왼손으로는 멜빵 윗고리 아래 부분을 잡고, 오른손으로는 총열덮개를 잡은 후 총을 올려 곱게 풀어서 세워총을 한다.

— 헤짐, 모임(解散, 集合)

103항) 소대를 해산하게 하려면 다음과 같이 구령한다.

헤지어 가(헤쳐 가)

총을 걸고 있을 때는 각 병사는 총에 부딪치지 않도록 하면서 해산한다.

익분대장과 압오열에 있는 사람은 총을 열 병사의 걸은 총(叉銃)에 기대어 알맞게 세운다. 다만 하나의 걸어총(叉銃)에 5자루(柄)을 넘어서는 안 된다.

104항) 소대를 모이게 하려면 다음과 같이 구령한다.

모이어(모여)

익분대장은 신속히 소대장 앞 적당한 곳에 와서 서면 그 밖의 인원은 그 왼편에 번호

---

42) 삭(槊)은 나무 자루가 달린 창을 의미함. 삭(稍)과 同字. 삭장(槊杖)에 대해서는 이 책의 부록 4 '보병총에 관한 명칭'을 참조.(필자 주)

순서대로 차례로 두 열이 되게 정렬한다. 총을 걸어 놓고 해산한 때는 각 병사는 즉시 걸어총 한 장소에 위치하고 익분대장과 압오열에 있는 사람은 자기의 총을 휴대한다.

o 헐음(散開, 흩어짐)

- 요지(要旨)

105항) 산개교련은 먼저 소수의 병사나 또는 한 분대씩 시켜서 소대 안에서 취할 모든 동작을 숙달하게 한다. 이 교련은 산병으로서 오직 그 지휘자의 지휘를 따를 뿐만 아니라 정지와 행진 간에 인접 병사에게까지 주의를 기울이게 해야 한다.

106항) 산병이 반드시 숙달해야 할 것들은 곧 여러 가지 산개 형태(정지간 산개, 행진간 산개, 횡대 산개, 종대 산개, 좁은 간격 산개, 넓은 간격 산개, 방향전환 산개)와 모임(정지간 모임, 행진간 모임, 막모임(併集)), 그리고 운동(전진운동, 퇴각운동, 약진, 기어나감(抱腹), 빗겨 행진, 돌격)과 위치선정, 여러 자세에서의 탄알장전, 여러 형태의 엄호물(遮蔽物) 뒤에서 여러 가지 가늠자를 사용하는 총긋기(据銃), 여러 가지 사격, 명령의 전달 등이다.

- 전투대형(散兵線)의[43] 구성

107항) 산개는 질서를 유지하여 정숙하고 신속히 여러 방향으로 실시한다. 산개할 때에는 각 산병의 간격은 2보 정도로 정하나 필요시 이와 다른 간격을 취할 수도 있다.

108항) 정지 상태 혹은 행진하는 횡대를 그 전방에 산개시키려면 먼저 기준(基準)[44]을 제시하고 필요시 소대의 위치를 제시한 뒤에 다음과 같이 명령한다.

헐어(헤쳐)

기준 병사는 곧바로 전진하고 그 외의 병사는 뜀걸음으로 좌로 혹은 우로 빗겨 행진하여 간격을 유지하며, 뒤 열의 병사는 그 앞 열 병사의 왼쪽 옆으로 나가서 계속 전

---

43) 산병선(散兵線)이란 부대를 산개하여 형성한 '전투대형'을 말함.(필자 주)

44) 기준(基準)은 부대가 정렬하거나 대형을 갖출 때 표준이 되는 사람을 말한다. 요령은 맨손 또는 총기 휴대 시 구분 없이 왼손을 가볍게 말아 쥔 상태에서 왼팔을 수직으로 올리며, "기준"이라고 힘차게 외쳐 다른 부대원에게 알린 후 팔을 신속히 내려 최초 자세로 돌아온다. 단, 앞에총 자세에서는 세워 총 자세로 전환한 후 실시한다. 육군본부, 『제식』(야전교범 참고-1-20), 2016, 1-6쪽.

진하면 된다. 그 자리에서 산개시키려면 다음과 같이 구령한다.

거기서 헐어(거기서 헤쳐)

기준 병사는 그 자리에 위치하고 그 외의 병사는 왼쪽이나 오른쪽으로 향해 뜀걸음으로 간격을 취한다.

109항) 정지 상태 혹은 행진하는 종대(縱隊)를 그 전방에 산개시키려면 다음과 같이 명령한다.

좌(우)로 헐어(좌(우)로 헤쳐), 거기서 좌(우)로 헐어(거기서 좌(우)로 헤쳐)

혹은

좌우로 헐어(좌우로 헤쳐), 거기서 좌우로 헐어(거기서 좌우로 헤쳐)

선두 오의 좌측 끝에 있는 병사는 행진을 시작하거나 계속 행진하여 그 위치에 자리 잡고, 그 외의 병사들은 각각 오를 벗어나 뜀걸음으로 좌우로 빗겨 행진을 하여 최단거리로 산개하면서 새로운 줄에 나간다. 그런데 좌우로 산개할 때에는 선두 오의 좌측 끝에 있는 병사를 제외하고는 모두 오를 벗어나서 앞 열은 선두 오의 좌측 옆으로 나가며, 뒤 열은 선두 오의 우측 옆으로 나간다.

110항) 퇴각(退却) 중에 산개를 시키려면 먼저 적의 방향으로 향하게 한 후에 산개명령을 내린다.

111항) 규정에 없는 간격으로 산개시키려면 명령 전에 '몇 걸음으로'라는 예령을 내린다. 임의의 특정 방향으로 산개시키려면 명령 전에 목표와 방향을 제시한다.

– 산병선에서의 운동[45]

112항) 산병선에서의 전술적 이동(運動)은 질서와 연락을 유지하면서 신속하게 적에게 접근하는데 힘써야 한다.

113항) 산병은 반드시 정돈(정렬)과 간격을 꼭 지켜야 하는 것은 아니다. 이것은 지형을 최대한 이용하기 위한 것이지만 산병선의 각 부분은 운동 중 행진방향을 보존하고 또 정면이 확대되지 않도록 주의한다. 또 소수 병사의 은폐를 고려하여 부대 전체가 일치된 운동을 하는데 방해되지 않도록 해야 한다.

114항) 행진 방향을 보존하고 장거리 또는 어려운 지형에서 상호 연락을 유지하는 산병

---

[45] 이하 내용은 산병선에서의 전술적 이동에 관한 것으로 전진, 퇴각, 약진, 포복, 빗겨 행진, 돌격 등 전투행동에 대해 설명하고 있음.(필자 주)

선의 질서 있는 운동이 교련에서는 가장 필요한 것이다.

115항) 산병은 다만 그 지휘자(長)의 지휘를 따를 뿐만 아니라 정지와 행진 중에서 그 인접병사에 주의해야 한다.

116항) 적이 사격을 할 때 산병선을 옆으로 움직이는 것은 이롭지 못하다. 그러나 그 효력이 심하지 않을 때는 빗겨 행진으로 조금은 그 진행방향을 변경할 수도 있는데 이때는 신속하게 이동해야 한다.

117항) 산병선의 운동은 통상 보통걸음의 속도이지만 적의 효력사격하에서는 한 지점에서 다른 지점에 이동하려면 뜀걸음을 쓰고 그때의 상황에 따라 빠르게 구보를 해야 한다. 이때 먼 거리로 이동할 때에는 일정한 거리마다 정지했다가 다시 빠르게 이동하는 것이 좋다.

한 번에 뛰어갈 수 있는 거리인 경우에는 지면의 상태와 부대의 상황, 적 사격의 강약 정도에 따라서 달라지지만 가급적이면 너무 짧지 않도록 한다. 그러나 거리가 100미터가 넘을 때에는 종종 이동을 면밀하게 하는데 어려움이 있다.

전진이동이 더욱더 어려울 때는 적 사격의 상태를 살펴 산병선을 나누어 번갈아 빠르게 전진(梯隊躍進)하게 한다. 그러나 이 때문에 전진이 더욱더 더디고 또 지휘관의 지휘통일이 어렵게 되므로 비록 이를 행할 때 일지라도 소대의 차지 않는 병력으로 약진하는 것은 피해야 한다.[46]

118항) 적의 효력사격하에 한 곳에 지탱(雄據)[47]하고 있는 산병선은 자칫 잘못하면 그 곳에 고착(固着)되기 쉬워서 다시 이를 전진하게 하는 것이 어렵게 될 수 있는데 이런 점은 적과 가까울수록 더욱 심하게 된다. 그러므로 불필요하게 오래 머물게 하는 것을 피하고 중단함이 없이 쑥쑥 나가는 기세를 유지해야 한다. 더욱 유의할 것은 잘 숨어있는 적의 사격하에서 오래 정지하는 것은 오직 큰 손실과 피해를 받을 뿐이며, 퇴각은 스스로 멸망함에 빠지는 것이다.

119항) 분대장과 소대장은 보통 부하의 중앙 전방 적절한 거리에 위치하여 인도하며 산병은 분대장이 인도하는 위치에 정지해야 한다.

---

[46] '소대의 차지 않은 병력'이란 소대 편제인원보다 부족한 병력을 의미하는 것으로서 전진이 더디더라도 소대규모의 제대가 일제히 약진하는 것은 피해야 한다는 의미.(필자 주)
[47] 웅거(雄據)는 어떤 지역을 차지하고 굳세게 막아 지킨다는 뜻임.(필자 주)

120항) 정지 혹은 행진하는 산병선의 방향을 바꾸고자하면 새로운 목표를 제시하고 다음과 같이 명령한다.

우(좌)로 방향 바꿔

축익(軸翼)에 있는 분대장은 소수의 병사를 새로운 방향으로 정지하게 하고, 산병은 뜀걸음으로 새롭게 정한 산병선에 이르러 정지한다.

- 산병선에서 사격

121항) 산병선의 사격은 보통으로는 각 개인의 사격을 사용한다. 이것은 정밀하게 조준하고 양호한 시기를 기다렸다가 사격함으로써 가장 큰 효력을 얻고자하는 것이다.

122항) 완사(緩射)는 표적의 경황, 잔여 탄약의 발수, 기후의 관계, 사수의 정신과 기술에 따라 스스로 완급(緩急)이 생긴다. 지휘관은 그 완급이 적합하지 않다고 여겨질 때나 또는 그 사격 속도의 증감이 필요하다고 여길 때에는 '빠르게', '느리게'라는 주의를 준다.

속사(速射)는 어떠한 경우에서든지 반드시 효험을 얻을 만한 가까운 거리 내에서 제일 낮은 가늠자를 써서 실시한다. 그러나 중간 정도의 거리 내에서 특별히 이로운 표적에 대하여 순식간에 큰 효험을 얻을만한 경우에도 실시할 수 있다. 속사를 할 시기는 대개 돌격준비를 할 때, 적의 돌격을 격퇴할 때, 축성진지(堡壘)·마을·삼림전투에서 갑자기 적과 조우할 때, 적을 추격할 때 등이다.

123항) 일제사격은 적에게 효력이 있는 사격을 당하지 않았을 경우에만 응용하는 것이다. 대개 일제사격은 부대를 장악하고 표적의 탄착점을 알아보기 쉬운 이점이 있으나 전투가 소란스럽게 되어 밀집한 소대에게도 도리어 소리를 들리도록 하기는 어렵고 산개한 소대의 경우에는 더욱더 그러하다.

124항) 사격할 목표의 전체 정면에 탄약을 골고루 사용하게 하는 것은 요긴하다. 그러므로 개인사격에서는 식별된 표적 중 자기에게 향한 부분을 사격한다.

125항) 사격의 명령하달은 80항을 견주어 한다. 사격자세를 제시하지는 않으나 표적은 분명하게 제시하여서 잘못 알게 하지 말아야 한다.

126항) 사격의 효력은 사격기술, 부대의 상태, 사격발수, 거리의 원근 특히 사격지휘의 잘 잘못에 따라서 변화하는 것이다. 그 밖에 표적이 위치한 지형과 거리가 같을 때는 표적의 높이, 넓이, 소밀(疏密), 환하고 희미함과 관계가 있으며 또 기상도 영향을 미친다. 사격지휘에 아주 좋은 근본은 거리측정을 똑바로 잘 하는 것이다.

127항) 가까운 거리에서는 낮은 표적이라도 좋은 성과를 얻을 수 있으나 중간거리에서는 탄약을 다량으로 사용하지 않고는 충분한 효과를 얻기 어렵다. 높은 표적에 대해서는 중거리에서도 효력을 얻을 수 있으나 먼 거리에서는 효험이 적으므로 먼 거리에서는 특히 유리한 표적이 아니면 사격하지 않는다. 교차사격과 세로로 쏘는 사격(縱射)은 거리와 표적의 상황을 불문하고 정면으로 사격하는 것보다 유리하다.

128항) 하나의 목표에 대한 사격효력은 비록 같은 시기에서도 사격 시간이 좀 더 짧고 빠를수록 더욱더 적을 무섭게 한다. 그러나 이 목적을 달성하게 하는 것은 양호한 사격지휘와 엄정한 사격군기에 있다. 한낱 빨리 쏘기만 하면 오직 탄약을 낭비하는데 지나지 않는다.

129항) 사격개시는 반드시 충분한 효력을 얻을 수 있을 때나 혹은 사격하지 않으면 적에게 접근하는데 많은 희생이 요구되는 경우에 하는 것이다. 그러므로 잘 단련된 부대는 비록 적의 사격하에 있더라도 아군의 사격효력을 나타낼 수 없을 경우에도 침착하게 함부로 사격하지 않는다.

130항) 탄약을 적절하게 절약하여 요긴한 때에 효력을 얻는데 필요한 탄약이 부족하지 않게 하는 것이 특히 중요하다. 그러나 하나의 표적을 사격하기로 결정하였으면 그 목적을 이루기에 필요한 탄약을 사용한다. 대대 충분한 효력이 없는 사격은 아군의 예기(銳氣)가 꺾일 뿐만 아니라 적의 사기를 왕성하게하기 때문이다.

131항) 첫 번째 사격 표적은 아군에게 가장 피해를 주는 것이나 혹은 조기에 멸살시켜야 할 것과 같이 전술적 가치가 있는 것을 우선 선정한다. 흔한 경우에서는 대항하는 적의 보병을 선정한다. 그러나 포병을 사격하는 것 또한 가볍게 여기지 않는다. 표적 제시는 적의 정면 내에서 중대의 사격범위로 하는 것이 좋다. 특별한 경우 예를 들면, 방열하거나 또는 간격을 넓힌 좁은 정면의 밀집부대에 대해서는 소대나 약간의 분대별로 나누는 것이 필요할 때도 있다.

표적을 제시할 때 인접한 중대의 표적과의 사이에 사각지대가 발생하지 않도록 해야 한다. 이것은 적의 한 부분이라도 아군의 사격에 제압되도록 하는 것이 요긴하기 때문이다. 또한 표적의 제시는 상황이 허락하는 한 사격을 개시하기 이전에

미리 제시하는 것이 좋다. 표적의 제시가 어려울 때에는 그 근방에 있을 지형지물을 제시하여 그 보조를 삼는다. 또 보기 어려운 표적에 대해서는 그 표적과 같은 높이가 되는 그 전후에 있는 이를 테면 표적의 뒤에 있는 나무의 아래 부분과 같은 보조표적을 조준하게 할 수 있다. 표적은 특별한 경우가 아니면 바꾸지 말아야 한다. 이것은 표적을 바꿀 경우 종종 사격에 혼란을 줄 수 있기 때문이다.

132항) 가늠자를 정할 때에는 측정한 거리에서 기상으로 인해 증감될 거리를 감안하여 집중된 탄알(彈着群)의 중앙부가 표적에 인도될 수 있어야 한다. 거리를 정확히 알기 어려운 먼 거리에서는 100미터 마다 차이가 있는 2가지의 가늠자를 쓰는 것이 좋다. 표적에 대한 상하 수정은 가늠자를 변화시켜야 한다.

133항) 거리를 측량할 때는 눈대중(目測)으로 하는 경우가 많다. 그러나 거리측량 기계를 쓰거나 그 근방에서 사격하는 포병이나 보병에게 문의하거나 혹은 지도를 잘 참조(詳考)하여 목측을 보조해야 한다. 이미 사격하는 부대의 지휘관은 새로 전투에 참여한 지휘관에게 그 거리를 알려주어야 할 의무가 있다.

134항) 사격 효력의 관찰은 가장 필요한 것이므로 항상 탄착(彈着)을 자세히 주시하고 또 적의 상태를 잘 관찰해야만 사격지휘를 적절하게 잘 할 수 있다. 그러나 사격선에서 직접 관찰하기 어려울 때는 적당한 곳에 병력을 따로 보내서 그 일을 전적으로 맡긴다.

135항) 보통 사격군기 교육을 엄하게 잘 받은 병사는 적의 사격하에서 그 지휘자의 명령을 잘 지키며 사격간 모든 준칙의 실행과 지형지물의 이용과 사격시기를 집중한다. 자신의 지휘관과 적에게 늘 유의하여 표적이 없어지든지 사격중지의 명령이 있을 때는 곧바로 사격을 중지한다. 또 비록 모든 간부를 잃어서 사격지휘가 이루어지지 않는 경우에도 각각 자기의 생각과 판단으로 여전히 사격의 효력을 유지해야 한다.

- 모임, 아울러 모임(集合, 併集)[48]

136항) 산병선에 집합시키고자 하면 104항을 따른다. 산병선에 아울러 모이게 하려면 대

---

[48] 원문 목차에는 병집(併集)을 '막모임'으로 기술하고 있음.(필자 주)

형을 제시한 뒤에 다음과 같이 구령한다.

아울러 모이어(막모여, 헤쳐모여)

산병은 각각 자기가 정한 위치를 찾으려고 하지 말고 뜀걸음으로 그 소대장의 위치에
집합하여 제시한 대형을 취한다.

2. 중대교련(中隊教鍊)

o 밀집(密集)

– 짜임(編成)

137항) 중대는 3개 소대로 나누고, 부위(副尉) 혹은 참위(參尉)로 소대장을 삼는다. 병사
의 수를 3등분 할 수 없을 때는 제3소대에 한 사람을 줄이고 그 다음에는 제2소대
에서 한 사람을 줄인다. 중대 내 각 소대의 편성은 71항에 준한다. 장교의 수가 부
족할 경우는 특사(特士)나 고참(古參) 하사로 대신 채운다.

– 대형(隊形)

138항) 밀집대형(密集隊形)은 군내의 단결된 힘을 단단히 하며 또 지휘의 장악을 용이하
게 하는 것이므로 적의 사격효력이 심하지 않은 한 지점에서는 이 대형으로 정지
하거나 이동한다. 결전(決戰)을 하는 시점에서는 그 단결된 위력으로 전투선상에
서 이 밀집대형을 사용하기도 한다.

139항) 밀집대형은 정규와 응용으로 나누는데 정규대형(正規隊形)은 바르고 엄하게 훈련
하여 밀집대형의 본뜻을 발휘하는 것이며, 응용대형(應用隊形)은 민첩하게 실제의
지형에 맞게 사용하기 위한 것이다.

140항) 중대의 정규대형은 중대 종대(中隊縱隊)이다. 중대종대의 각 소대의 거리는 앞 소
대의 앞 열에서 뒤 소대의 앞 열까지 8보로 정한다. 그러나 그때 형편에 따라서
그 거리를 증감하고 또 소대의 차례를 상관하지 않고 거듭하거나 혹은 소대를 홑

열로 할 수도 있다. 특사, 정사(正士), 관측하사, 나팔병들은 제1소대와 함께 이동하며, 간호병들은 제3소대와 함께 이동한다.

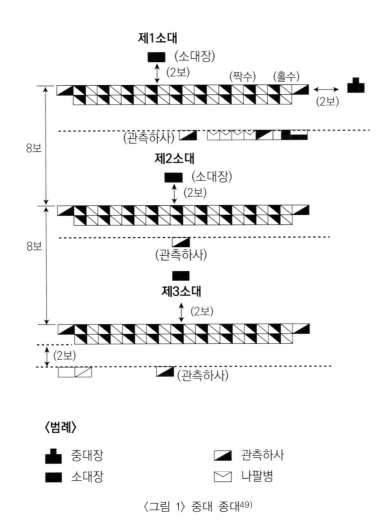

〈그림 1〉 중대 종대[49]

141항) 중대의 응용대형은 통상적으로 병대(併隊), 횡대, 측면종대이다. 병대는 중대종대를 옆면으로 향한 것이고 횡대는 3개 소대를 한 줄에 나란히 벌린 것이며, 측면종대는 옆면으로 향한 소대를 반복한 것이다. 소대장은 병대와 측면종대에서는 선두 분대장의 왼편에 위치하고, 횡대에서는 소대의 중앙 앞 두 걸음 되는 곳에 위치한다.

---

49) 원문 74-75쪽 사이의 요도임.(필자 주)

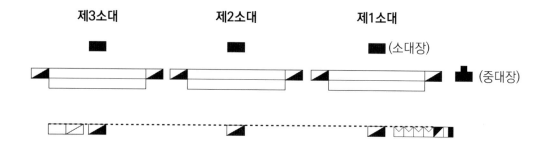

〈그림 2 〉중대 횡대

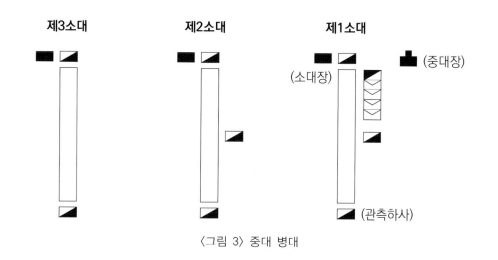

〈그림 3〉중대 병대

  – 정돈(整頓)[50]

142항) 중대종대를 정돈하는 방법은 73항, 74항(소대교련의 '정돈')을 준용 한다. 다만 뒤
    소대의 정돈익의 분대장들은 정해진 거리를 취하여 앞 소대의 정돈익의 분대장처
    럼 그대로 따라서 한다. 만일 중대종대를 정돈할 때에 각 분대장을 향도(기준)로
    삼고자 할 때는 다음과 같이 구령한다.

    향도(몇) 걸음 앞으로

    각 소대의 분대장들은 지정한 걸음을 나와서 곧 정돈한다. 중대장(中隊長)은 그 위치
    를 바로 잡고 다시 다음과 같이 구령한다.

---

50) 정돈(整頓)은 현행 육군의 군사교리에서 정열(整列)의 개념으로 생각된다.(필자 주) 정열은 부대규모
에 따라 적합한 거리와 간격을 유지하면서 오와 열을 형성하는 행위 또는 상태를 말한다. 육군본부,
『제식』(야전교범 참고-1-20), 2016, 1-7쪽.

우(좌)로 나란히, 바로

'나란히'라는 동령에 중대는 74항을 준해 동작을 한다. 다만 각 익분대장도 또한 자기에게 가까운 2~3명의 병사의 위치를 바로 잡아 정돈을 돕는다. '바로'라는 구령에 중대는 머리를 정면으로 돌린다.

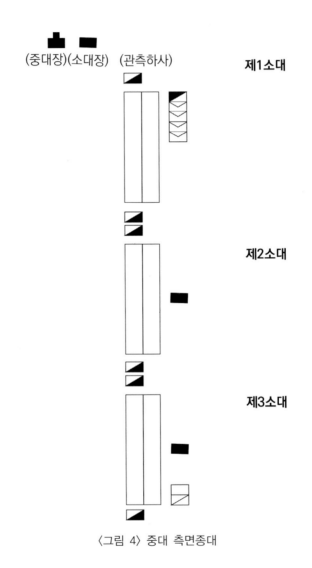

〈그림 4〉 중대 측면종대

- 돌음(轉向)

143항) 중대가 우(좌)로 돌거나, 뒤로 돌 때에는 75항, 76항(소대교련의 '돌음')을 따른다.

- 총 다룸, 꽂아 칼과 빼어 칼, 탄약장전과 추출

144항) 어깨 메어총, 세워총, 꽂아 칼, 빼어 칼, 탄약장전과 탄약추출 등은 77항을 따른다. 다만 어깨 메어총과 세워총은 중대가 일제히 다함께 실시한다.

- 사격

145항) 중대의 사격은 통상적으로 소대를 지정하여 실시하며, 필요시 그 위치를 제시하고 78항에서부터 80항(소대교련의 '사격')을 따른다.

- 행진, 정지, 운동

146항) 중대의 행진은 81항에서부터 86항을 따른다. 중대장은 명령을 내리기 전에 보통 행진목표 선두 소대의 좌(우)익 분대장에게 먼저 제시하며, 행진은 중대가 일제히 다함께 시작한다. 뒤 소대의 향도는 그 앞 소대 향도의 발자국을 따라서 항상 걸음걸이를 유지하며, 병대(倂隊)의 행진에서는 흔히 기준소대를 제시한다.

147항) 중대의 정지는 87항에서부터 89항을 따른다. 다만 '무릎꿇어'와 '엎드려'는 대개 중대가 일제히 실시하면 된다.

148항) 정지 중에 중대의 전후좌우 이동은 90항(소대교련의 '뒷걸음', '옆걸음')에 따른다.

- 방향 바꿈(變換方向)

149항) 정지 중에 방향을 바꿀 때에는 91항과 94항(소대교련의 '방향 바꿈')을 따른다.

150항) 중대종대의 방향을 바꾸려면 다음과 같이 구령한다.

우(좌)로 방향 바꾸어 가

정지(停止) 중에서는 선두 소대는 92항에 따라 방향을 바꾸고, 뒤 소대는 빗겨 우로(좌로) 돌아서 각각 자기가 정지할 위치에 이르러서 오른(왼) 편에 정렬하며, 행진 중에서는 선두 소대는 방향을 바꾸어 계속 행진을 하고 뒤 소대는 선두 소대가 방향전환을 한 위치에 이르러서 별도의 구령이 없는 상태에서 방향을 바꾸어 선두 소대를 따라서 행진한다. 중대장은 선두 소대의 방향전환이 종료될 즈음에 필요시 향도를 지정한다.

151항) 횡대(橫隊)의 방향을 바꾸게 하려면 앞 150항과 같이 구령을 하고 중대종대의 선두 소대와 같이 한다. 다만 행진 중인 경우 축익(軸翼)이 된 자는 제자리 걸음을 하고 그 외의 사람은 뜀걸음으로 차례차례 새로운 줄로 나가서 중대장의 구령을 기다려 전진한다.

측면종대(側面縱隊)의 방향을 바꿀 때는 93항에 따라 시행한다.

중대 병대(倂隊)의 방향을 바꾸려면 '우(좌)로 방향 바꾸어 가' 구령을 내리는데 이 구령에 정지(停止) 중에서는 축익에 있는 소대는 오(伍)마다 오른(왼) 편으로 방향을 바꾸어서 소대 길이만큼 새로운 방향으로 나가서 머물고, 다른 소대는 차례차례로 소대의 선두가 나란할 때에 이르러서 정지한다.

행진(行進) 중에서는 축익에 있는 소대는 앞에서와 같은 방법으로 방향을 바꾸고 계속 행진하고 그 밖의 소대는 소대의 선두가 나란할 때에 이르고 난 후 계속 앞으로 나아간다.

– 대형 바꿈(變換隊形)

152항) 대형을 바꾸게 하려면 앞에서 제시한 모든 제식을 따라서 실시하는 것 외에 91항 (소대교련의 '방향 바꿈')을 참고하여 다음의 요령을 따른다.

153항) 중대종대로 횡대를 만들고자 하면 '횡대 지어' 구령을 내린다. 소대장의 지시대로 선두 소대는 정지하거나 이어 행진하고 가운데 소대는 우로 빗겨 행진하며, 마지막 소대는 좌로 빗겨 행진하여 선두 소대의 줄까지 나가서 정렬한다. 어느 한 쪽으로 횡대를 만들고자 하면 '우로 횡대 지어' 또는 '좌로 횡대 지어' 구령을 내린다.

154항) 횡대로 중대종대를 만들려면 '종대 지어' 구령을 내린다. 소대장의 지시대로 가운데 소대는 정지하거나 혹은 이어 행진을 하고 우측 소대는 좌로, 좌측 소대는 우로 각각 135도를 돌아 최단 거리(捷徑)로 질러서 우측 소대는 가운데가 되고, 좌측 소대는 끝이 되어 중대종대의 지정 위치로 간다. 익소대를 기준삼아 중대종대를 만들려면 '우(좌)로 종대 지어' 구령을 내린다.

155항) 측면종대로부터 같은 방향으로 중대횡대를 만들려면 '좌(우)로 횡대 지어' 구령을 내리며 96항(소대교련의 '대형 바꿈')을 따른다. 측면종대로부터 같은 방향으로 중대종대를 만들려면 '종대 지어' 구령을 내린다. 소대장의 지시대로 앞항(154항)에

준하여 소대마다 횡대를 만들며 소대는 규정된 거리를 유지한다. 다만 앞으로 진행 중에는 제 자리 걸음을 하지 않는다.

측면종대로부터 같은 방향으로 중대병대(併隊)를 만들려면 '병대 지어' 구령을 내린다. 소대장의 지시대로 선두 소대는 정지하거나 혹은 이어 행진하고 가운데 소대는 빗겨 우로 돌아서 오른편으로 규정된 간격을 유지하며 나아가고, 끝 소대는 빗겨 좌로 돌아 왼편으로 규정된 간격을 유지하며 나아간다. 어느 한 쪽으로 중대병대를 만들려면 '우로 병대 지어' 또는 '좌로 병대 지어' 구령을 내린다.

― 짓침(突擊)

156항) 중대의 돌격은 54항(총교련의 '돌격')을 따르되 나팔 병은 돌격나팔을 분다. 적을 격퇴하자마자 곧바로 앞줄에 있는 소대는 가급적 신속하게 추격(追擊)사격을 시작하며, 뒤에 있는 소대는 지형이 가능할 때에는 옆으로 나가서 추격사격에 가담한다. 야간 돌격은 매우 가까운 거리에서 하되 나팔을 불지 않으며 고함(高喊)을 지르지 않는다.

― 길 걸음(散步)

157항) 길 걸음은 99항(소대교련의 '길 걸음')을 따른다.

― 걸어 총(叉銃)과 풀어 총(解銃)

158항) 걸어총과 풀어 총에 대해서는 100항으로부터 102항(소대교련의 '걸어 총'과 '풀어 총')을 따른다.

― 헤쳐(解散)와 모여(集合)

159항) 중대의 해산은 103항(소대교련의 '해산')을 따른다.

160항) 중대의 집합은 104항(소대교련의 '집합')을 따르되 우측 익분대장은 신속하게 중대장 앞으로 와서 중대종대의 지정된 위치에 서며 그 외의 인원은 정해진 규칙에 따라 정돈한다.

- 산개(散開)

161항) 산개대형은 보병전투의 중요한 제식(制式)[51]이므로 이 대형으로 사격전투(火戰)를 할 뿐만 아니라 여러 경우에서 돌격도 또한 이 대형으로 한다. 그러나 산개대형의 지휘는 어려워서 걸핏하면[52] 부대가 지휘관의 손에서 벗어나기 쉬우므로 산개의 시기가 너무 빠르지 않도록 해야 한다.

162항) 중대가 독립하여 전투하는 것은 예외의 경우일 뿐이고 통상은 대대 내에서 전투를 수행한다. 대대 내에 있는 중대는 그 맡은 정면에 운용할 만한 산병을 배치하고 다른 중대와 협동하여 전투를 수행한다. 그런데 중대장은 오로지 정면 앞의 상황을 주시해야 하지만 측면과 후면의 상황도 동시에 주시해야 한다. 독립하여 전투할 경우에는 오로지 혼자의 힘으로 싸우고 또 스스로 측면을 경계해야 하므로 장시간 동안 예비대(援隊)를 남겨두어야 한다.

163항) 중대가 이미 산개할 시기에 이르더라도 처음에는 가급적 병력을 절약해야 한다. 처음부터 중대의 대부분을 전개하게 되면 충분한 사격능력을 유지하기 위해 궁극적으로 타부대의 증원을 구하게 되어 여타 중대와 조기에 혼합되는 것을 피할 수 없게 되기 때문이다. 그러나 전투의 상황이 불가피하다면 처음부터 충분한 병력을 산개하는 것을 주저하지 말아야 한다.

164항) 진지를 점령할 때에는 그 배비(配備)를 지형에 맞게 하는 것이 중요하다. 그러므로 통상적으로는 운용할 소대에게 산개할 지점을 제시하고 나머지 소대는 후방에 잔류시켜야 한다. 이때 사격선에 진출하기 전까지는 은폐를 위주로 하고 감시병을 필요한 만큼 선발하여 경계를 실시한다. 어느 경우에서든지 전방과 측방에 척후병(斥候兵)을 내보내며 또한 필요시 한 지점의 거리를 측량하여 표시해야 한다.

---

[51] 대열을 짓는 훈련에서 규정된 격식과 방식을 뜻함.(필자 주)

[52] 원문에는 '걸풋하면'으로 기술하고 있는데, 이는 "조금이라도 일이 있기만 하면 곧"을 뜻하는 '걸핏하면'과 같은 의미임.(필자 주)

165항) 중대장(中隊長)은 상황에 따라 중대의 일부분이나 전체를 산개할 것인지, 혹은 전체를 전진시킬 것인지 아니면 일부분을 전진하게 할 것인지를 결정해야 한다. 사격목표를 제시하되 필요하면 이를 소대에게 분배 및 할당하며 거리를 측정하여 가늠자를 정하고 사격의 개시를 명령한다. '사격표적'을 유의 관찰하며 적정과 인접부대의 전투 활동에 주시하여 중대의 기동과 사격을 적절하게 해야 한다. 통상 전선의 선두 열에 있는 중대장은 지형과 적정에 따라 확보해야 할 유리점을 잘 볼 수가 있으므로 기회를 봐서 적을 격파하는 데 전력해야 한다.

166항) 전투 중에 중대장은 산병선에 근접하여 전반적인 전선을 내다보며 적정을 잘 관찰하고 또 중대를 지휘할 수 있는 최적의 위치에 있어야 한다. 또한 대대장과 확실히 연락을 보존하는 데 신경을 써야 한다. 이 때문에 중대장은 대대장과의 중간에 전령(傳令兵)을 차례로 배치한다. 그런데 전령은 잘 선발하여 운용해야 하는데 여러 사람을 거치다 보면 운용상에서 이따금씩 착오가 발생하는데 전령의 수가 많다보면 이러한 단점이 더욱 커진다.

167항) 대대장의 명령이나 기호는 전투 중 적시에 전달되기 어려운 경우가 허다하다. 그러므로 중대장은 부여 받은 임무를 실행하며 전투상황에 따라서 독단(獨斷)으로 처리하는데 익숙해야 한다. 중대장은 전선(戰線)의 상황을 적시에 대대장에게 보고하고 인접중대장과 부하 소대장에게 알리는 것이 필요하며, 소대장과 분대장도 또한 이와 같이 조치한다.

168항) 소대장(小隊長)은 전투지휘에 관해서는 중대장을 보좌하여 중대장의 의도를 자신의 소대에 확실하게 실시토록 하는 것을 주요한 임무로 삼는다. 소대장은 필요에 따라 중대장의 명령을 반복하여 명령을 하달하며 소대를 이끌고 사격하기에 유리한 위치로 나누어 배치하고 필요시 소대의 사격표적을 제시한다. 지휘하기에 유리한 위치를 선정하여 각 분대장은 정해진 위치에 있는지 그리고 병사들은 사격의 제반규칙을 잘 준수하고 있는지 등을 감시한다. 또한 적정을 잘 살피고 '사격표적'을 관찰하여 중대장에게 보고하며, 보유하고 있는 탄약을 고려하여 사격의 운용을 적절하게 하면서 인접 소대와 협동에 전력한다. 전투상황에 따라서는 소대장은 독단으로 사격을 지휘하며 산병선의 기동을 결정할 수도 있다.

169항) 분대장(分隊長)은 소대장을 보좌하여 명령이 전원에 골고루 미치게 하는 것을 주요한 임무로 삼는다. 그러므로 분대장은 필요에 의해 중대장과 소대장의 명령을 거듭하여 하달하며, 자신의 분대를 인솔하여 사격이 용이한 곳에 위치하게 한다. 분대장은 항상 적정에 주의하면서 부하 병사들이 지형지물을 제대로 이용하는지, 가늠자를 제대로 위치하였는지, 사격목표를 잘 선정하였는지, 정밀하게 조준하고 침착하게 사격하는지, 탄약을 낭비하고 있지는 않은지, 지휘주목을 잘하고 있는지 등을 감시한다. 또한 필요시에는 직접 사격선에서 사격에 가담한다. 분대장은 가끔 소대장을 대신하여 소대를 지휘하기도 하는데 특히 전투가 한창 진행 중일 때에는 비록 소대장이 현지에 있을지라도 종종 자기 분대의 사격지휘를 책임지고 해야 한다. 그러므로 지형의 이용과 목표의 판단, 사격표적의 관찰과 거리 측정 등에 익숙해야 한다. 관측하사(觀測下士)는 특히 목표의 식별, 거리의 측정, 사격 표적의 관측, 적정의 관찰 등에 대해 온 힘을 다해 중대장을 보좌한다.

170항) 무릇 간부는 어려움에 처할 때마다 더욱더 용기를 내어 부하의 사기를 항상 분발하고 고양시켜야 한다. 특히 돌격할 때는 온 몸의 용기를 내어 솔선하여 앞장서서 적진에 깊숙이 들어가서 용맹스럽게 싸워 승리하는데 전력을 다해야 한다.

171항) 전투 중에 명령, 통보, 보고를 위한 전령은 가장 빠르고 확실하게 해야 한다. 그러므로 그 방법과 숙달정도(鍊熟)는 특히 간부에게 중요한 것이다.

172항) 전투는 행군과 격무를 하고 또 결핍(缺乏)을 겪은 후에 개시되는 것이 보통이다. 그런데 전투는 여러 날에 걸쳐 이루어지는 것이 흔하므로 병사는 용맹하고 침착하여 자신감과 인내심을 가지고 보병전투의 비참한 감정을 극복함으로써 전투의 목적을 충족시킬 수 있어야 한다.

173항) 적의 화력이 맹렬하여 사상자가 아주 많더라도 병사는 종용(慫慂)[53]하여 태연하게 처리하고 결코 머뭇거리지 말아야 한다. 무릇 의심하고 무서워하여 물러서는 것은 멸망에 빠지는 것이며, 용맹하고 결단력 있게 하는 것이 승리를 얻게 한다는 사실을 항상 명심해야 한다.

---

53) 잘 설명하고 달래어 권함. 독려(督勵)의 의미.(필자 주)

174항) 병사는 방어 시에는 온 힘을 다해 자신의 위치를 굳게 지키고 결코 흔들려서는 안 된다. 적병사가 가까이 올수록 자신의 화기에 의한 살상력이 더욱 커진다는 사실을 확신하고 태연하게 역습(逆襲)의 시기를 기다려야 한다. 만일 탄약을 다 소모하였거나 혹은 적 병사에게 포위된 때에는 총검에 의지하여 최후의 승리를 얻기 위해 힘써야 한다.

175항) 부상을 당하여 전투를 할 수 없는 병사는 자신이 가진 탄약을 전우에게 인계하고 상관의 명령을 기다리고 서서히 전투선에서 물러난다.

176항) 두어 개 중대가 서로 혼재되고 아직 새로 구분되지 못하는 경우 병사는 제일 가까운 분대장의 지휘를 받아서 힘껏 전투하기를 마치 원 소속 분대장에게 하는 것과 다름없이 해야 한다. 분대장이상 되는 사람도 이와 같이 동일하게 해야 할 것이다.

177항) 군인은 허가 없이 자신의 소속 부대를 떠나지 못한다. 만일 임무를 띠지 않았거나 참을 수 있는 정도의 가벼운 부상임에도 불구하고 임의대로 전선을 떠나거나 또는 전투 중에 명령을 받지 않고 부상자를 간호하거나 옮기는 것과 같은 것은 용렬한 행위는 군인의 본분을 손상케 하는 것이다. 군인이 만일 자신의 소속부대 위치를 잃었을 경우에는 즉시 근방에서 전투하는 아군부대에 합류하여 그 부대의 장교에게 보고하고 그의 명령을 따른다. 그런데 전투가 종료되면 즉시 자신의 원래의 소속 부대로 복귀(復歸)해야 한다.

– 전투대형의 편성과 기동

178항) 산개에 대해서는 107항(소대교련의 '산병선의 구성')을 따른다.

179항) 중대장이 내린 산개명령에는 통상적으로 산병선과 예비대(援隊)를 명시하여 구분한다. 산개할 때에는 특사(特士), 정사(正士), 관측하사(觀測下士)와 나팔병 한 명은 중대장을 따르고, 나머지 나팔병은 각 소대에 나누어 배치한다.

180항) 정지 혹은 행진하는 중대를 전방으로 산개시키려면 우선 산개할 소대와 기준을 제시하고, 필요시 소대와 관련한 위치를 제시하며 산개와 관련한 사항은 108항(소대횡대의 산개)을 따른다.

181항) 측면종대로 정지 혹은 행진하는 중대를 자리에서 전방으로 산개시키려면 산개할 소대, 필요시 소대의 위치를 제시하고 산개와 관련한 사항은 109항(소대종대의 산개)을 따른다.

182항) 퇴각하는 중에 중대를 산개시키려면 110항을 따른다.

183항) 정규의 간격 이외로 산개시키고자 할 때는 111항을 따른다.

184항) 산병선에서의 전술적 이동은 112항으로부터 120항(산병선에서 소대의 전술적 이동)을 따른다. 산병선은 중대장의 명령에 따라서 중대장이 지시하는 목표를 향하여 전진한다. 산병은 분대장을, 분대장은 소대장을, 소대장은 중대장의 중앙을 기준으로 삼고 행진하며, 필요시 중대장은 기준 소대를 제시한다. 또한 산병선을 구분하여 각개 약진으로 전진시키고자 할 경우에는 사전에 전진할 제대를 구분하여 제시한다.

– 산병선의 사격

185항) 산병선의 사격은 중대장이 통제하여 지휘(統轄)한다. 이에 대해서는 121항부터 135항(소대교련의 '산병선에서의 사격')을 따른다.

– 원대(援隊)[54]

186항) 원대는 산병선을 더 늘이거나, 적이 엄습할 염려가 있는 측방을 엄호(掩護)하는 데 사용한다. 그러므로 원대의 위치는 이러한 취지에 맞도록 선정해야 한다.

187항) 산병선의 날개 쪽 부분을 인접 부대나 장애물에 의탁하지 못한 때에는 원대에서 척후병을 선발하여 본대 측방의 수색(搜索)을 위임한다.

188항) 원대와 산병선의 거리는 전투 상황과 지형에 따라 선정하는데 주요한 점은 시기를 잃지 않고 산병선을 지원할 수 있는가 하는 점이다. 따라서 거리를 짧게 해야 하지만 조기에 적으로부터 발각되지 않도록 하고, 적의 사격으로 인해 피해를 적게 받도록 하는 점을 고려해야 한다.

189항) 원대는 지형을 이용하여 밀집대형(密集隊形)을 유지하고 산병선의 운동을 따라야 하므로 적의 사격효력을 줄이기 위해 필요시에는 소대나 분대와 어느 정도 이격

---

[54] 내용상으로 볼 때, 예비대, 후속부대, 지원부대 등 증원부대를 의미하고 있음.(필자 주)

하거나 또는 잠시 동안 산개대형을 사용할 수 있다. 그런데 2개 소대를 통합한 때에는 선임소대장이 지휘한다.

190항) 원대의 장(長)은 명령에 따라 즉시 산병선을 돕기 위하여 적과 산병선의 상황에 맞도록 원대를 이끌어서 아무쪼록 중대장이 잘 보이는 곳에 위치한다. 만일 멀리 이격될 때에는 중간에 전령을 배치하는 것이 좋다.

191항) 산병선의 확장과 증원은 중대장의 명령으로 오(伍) 사이에 들어가든지 혹은 부대의 날개 옆으로 늘인다. 양쪽 날개를 의탁한 중대는 그 정면에 최대 2개 소대를 산개한다. 그러므로 산병을 증가할 때는 오 사이에 하는 것이 보통이다. 한 쪽 날개를 의탁한 중대 혹은 독립하여 전투하는 중대는 흔히 날개의 옆으로 증원한다. 추가 증원의 명령을 받은 부대는 그 장의 명령에 따라 산개하되 오 사이에 증원을 할 때에는 산병선 안의 간격에 들어가도록 하고, 익 옆으로 확장할 경우에는 산병선의 날개에 이어 닿도록 증원한다. 오 사이에 증원할 때에는 소대장과 분대장은 가능한 한 반드시 그 부하를 구분할 수 있도록 한다.

- 돌격, 추격, 퇴각

192항) 전투가 진행됨에 따라서 손실과 피해(損傷)를 보충하며, 산병을 증원하여 사격능력을 증대하고 점차적으로 적에 접근해 간다. 적절한 시기에 착검을 하고 마침내 적과 마주칠 때에는 중대장은 직접 선두에 서서 156항(중대교련의 '돌격')과 같은 요령으로 중대는 전력을 다해 맹렬하고 과감하게 적진 깊숙이 돌진한다. 이때 중대의 정신적 단결의 공고함이 이 순간에 발휘되어 나타난다.

193항) 만약 한 번의 돌격(突擊)으로 성공하지 못할 때에는 두 번, 세 번, 네 번을 연이어서 돌격하는데, 이때는 사력을 다하여 과감히 돌진하게 되면 아무리 강한 적일지라도 마침내 격파할 수 있다.

194항) 성공적으로 돌격이 이뤄진 후에는 쫓겨 가는 적을 향해 곧바로 추격(追擊)사격을 한다. 이때 각 병사는 침착하게 사격함으로써 효력을 발휘하면 적을 소멸시킬 수 있다. 적이 아군의 효력사격 구역을 벗어나려 할 때, 중대장은 즉시 중대를 이끌고 전진하며, 적진지를 탈취한 성공을 더욱 확대하기 위해서는 돌격에 힘겨운 병사의 체력을 애석하게 여겨 머뭇거려서는 안 된다.

195항) 퇴각(退却) 명령을 수령한 때에는 전 전선이 일시에 퇴각하는 것이 유리하나 간혹 산병선의 일부분으로 적을 견제(牽制)하여 다른 부대의 퇴각을 엄호하게 할 수 있으며, 오히려 원대가 있을 경우에는 가급적 측방의 후방지점을 점령하여 사격함으로써 전방 산병선의 퇴각을 용이하게 하는 것이 유리하다. 퇴각은 질서를 유지하고 질서정연하며 조용하게 하고 명령이 없는 한 뜀걸음을 하지 못하도록 한다. 이 시기에 간부는 특히 부하를 장악하는데 힘써야 한다.

- 모임(集合)과 막모임(倂集)

196항) 전투 중에 병력을 집합시키고자 할 때에는 '집합'이나 '병집'을 한다. 전투가 종결된 후에나 적의 추격을 받지 않을 시기에는 곧바로 중대를 집합시킨다. 산병선의 집합은 160항을 따라 실시한다. 산병선에서 병집을 하려면 대형을 제시한 뒤에 '막모이어(헤쳐모여)' 명령을 내린다. 소대장은 이를 다시 명령하고 산병은 각각 자기의 위치를 찾으려고 하지 말고 뛰어서 자신의 소대장 위치에 집합한다. 만일 소대의 구분이 되지 않을 때에는 근방에 있는 소대장의 위치에 막모임을 한다. 소대장은 제시한 대형을 취한다. 모임과 막모임은 필요시 소대 단위 혹은 분대 단위로 할 수도 있다.

제3장 대대교련(大隊敎鍊)

o 대지(要則)

197항) 대대는 전술단위(戰術單位)의 부대로서 4개 중대로 통일하고 적절하게 운용함으로써 전장(戰場) 일부분의 임무를 구성한다.

198항) 대대장은 대대를 지휘하기 위하여 구령이나 명령을 사용한다. 그런데 각 중대로 하여금 동시에 같은 동작을 시켜야 할 때에는 대대장은 동령(動令)[55]을 쓰며, 그렇지 않을 경우 각 중대장에게 자신의 중대에 적합한 구령이나 명령을 반복하여 재차 하달하게 한다.

ㅇ 밀집(密集)

- 대형

199항) 대대의 정규대형은 대대횡대(大隊橫隊)이며, 그때그때의 형편에 따라서 중대사이의 간격을 늘이거나 줄인다. 또한 중대의 건제(建制) 순서에 무관하게 배치할 수도 있다. 대대의 부관은 대대장을 수행하며, 대대본부에 소속된 하사는 선두 중대와 함께 이동한다. 대대의 기(旗)는 대대장이 선발한 하사로 하여금 임무를 받들게 하되 대대가 전개하게 되면 대대장이 지시하는 위치로 간다. 이동 간에 위생부원(衛生部員)과 치중대(行李)56)의 위치는 대대장이 적절하게 결정한다.

200항) 대대의 응용대형은 보통 대대종대(縱隊)와 대대복대(複隊)이다. 대대종대는 4개의 중대종대를 앞뒤로 반복한 것이고, 대대복대는 2개의 중대종대를 나란히 벌려서 앞뒤로 반복한 것이니 각 중대의 거리와 간격은 특별한 명령이 없는 한 8보(步)로 한다.

201항) 중대 간 거리와 간격은 각 중대 정돈익(整頓翼)의 분대장이 이를 유지한다. 정규대형의 교련은 정돈, 행진, 방향 바꿈 등으로 국한하며 그 밖의 동작은 대대장의 명령대로 실시할 정도면 충분하다.

---

55) 원문의 '동령'은 '(문서로 된)명령'으로 바꾸는 것이 적합한 표현이라고 본다.(필자 주)

56) 행리(行李)는 군대의 전투 또는 숙영에 필요한 물품을 실은 치중(輜重)을 말하며, 치중(輜重)은 군대의 여러 가지 군수 물품. 탄약·식량·장막(帳幕)·피복 따위 물건을 통틀어 이르는 말로서 여기서는 치중대(輜重隊)로 해석하였음.(필자 주)

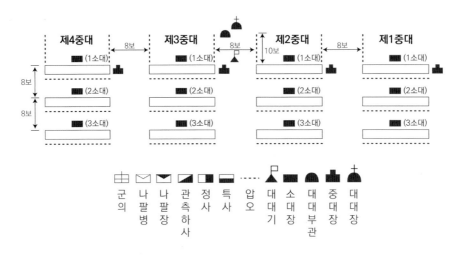

〈그림 5〉 대대 횡대도

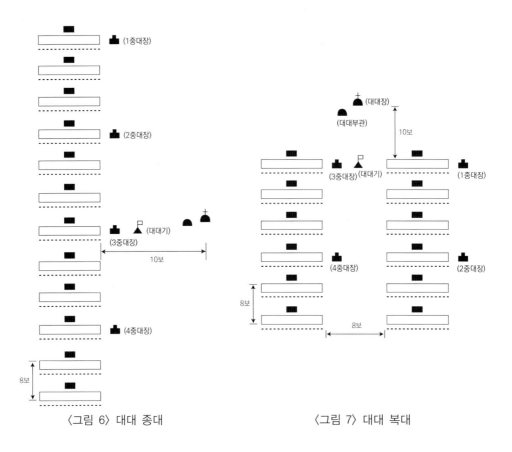

〈그림 6〉 대대 종대   〈그림 7〉 대대 복대

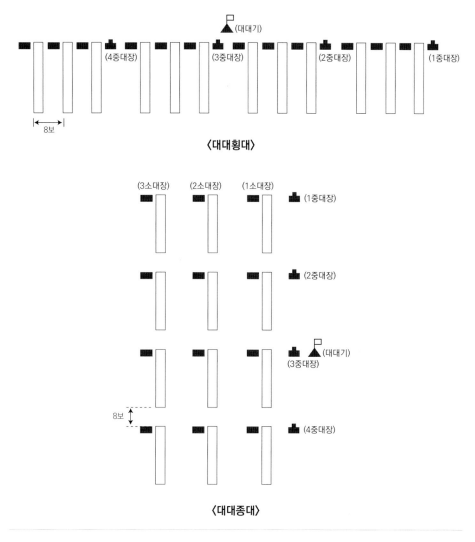

〈그림 8〉 병대의 대대횡대(위)와 대대종대(아래)

202항) 대대횡대로 정돈하게 하려면 다음과 같이 구령을 한다.

그 향도 (몇) 걸음 앞으로

기(旗)와 선두 소대 익분대장은 전진하여 기가 있는 쪽으로 정돈한다. 대대장이나 부관은 그 위치를 바로잡고 다음의 구령을 내린다.

가운데로 나란히, 바로

'나란히' 동령에 각 중대는 기가 있는 쪽으로 정돈한다.

‒ 행진과 정지

203항) 대대의 행진과 정지간에 각 중대는 대대횡대에서는 대대의 기가 서있는 쪽으로 나란히 하고, 그 밖의 대형에서는 기준 중대 쪽으로 나란히 한다. 그런데 동작을 정지시키려면 '그만서' 구령을 내린다.

‒ 방향 바꿈(變換方向)

204항) 정지 중에서나 행진 중에 방향을 바꾸려면 다음과 같이 구령한다.

우(좌)로 방향 바꾸어

축익(軸翼)에 있는 중대는 중대장의 구령으로 정지 중 혹은 행진 중의 방향 바꿈을 하고 그 밖의 중대도 또한 중대장의 구령에 차례로 방향을 바꾸되 각자 최단 거리로 빠르게 이동하여 새로운 줄 위에 도달하면 축익에 있는 중대 쪽으로 정돈을 한다. 행진 중인 경우 대대횡대는 보통 중대의 길이만큼 나가서 구령을 내린다. 병대의 각 대형에서는 151항(중대교련의 방향 바꿈)의 제3항에 따라서 하되 행진 중에서는 병대의 대대횡대는 소대의 길이만큼 새로운 방향으로 나가서 구령을 내린다. 만일 신속히 방향을 바꾸고자 할 때에는 다음과 같이 구령을 내린다.

함께 우(좌)로 방향 바꾸어 뜀걸음으로 가

각 중대는 '가' 동령에 뜀걸음으로 방향을 바꾸어 새로운 줄 위에 도달하면 축익에 있는 중대에 정돈한다. 만일 작은 각도로 방향을 바꾸게 하려면 먼저 새로운 목표와 방향을 제시한다.

‒ 대형 바꿈(變換隊形)

205항) 대대의 방향을 바꾸게 하려면 필요시 대대장은 기준중대의 위치를 중대장에게 제시한다.

206항) 대대횡대로부터 대대종대를 만들고자 하면 다음과 같이 구령한다.

우(좌)로 대대종대

기준중대는 움직이지 않거나 계속 행진하고 그 밖의 중대는 최단 거리로 이동하여 신속히 기준중대의 뒤에 연이어 정돈한다. 다만 마지막 중대는 기준이 되는 경우 외에는 항상 대대종대의 끝에 위치한다.

207항) 대대횡대로부터 대대복대를 만들고자 하면 다음과 같이 구령한다.

대대복대

기준이 되는 2개 중대(가운데의 2개 중대)는 움직이지 않거나 계속 행진하고 그 밖의 중대는 최단거리로 이동하여 신속히 기준이 되는 두 중대의 뒤에 정돈한다. 한편으로 대대복대를 만들고자 하면 '우(좌)로 대대복대' 구령을 내리는데 오른(왼) 편의 2개 중대는 기준중대가 된다.

208항) 대대종대로부터 대대횡대를 만들고자 하면 다음과 같이 구령한다.

우(좌)로 대대횡대

기준중대는 움직이지 않거나 계속 행진하고 그 밖의 중대는 최단거리로 이동하여 신속히 횡대 줄 위에 도달하여 기준중대에 정돈한다.

209항) 대대종대로부터 대대복대를 만들고자 하면 다음과 같이 구령한다.

우(좌)로 대대복대

기준이 되는 2개 중대(앞의 2개 중대)는 움직이지 않거나 계속 행진하고 그 밖의 중대는 최단거리로 이동하여 신속히 횡대 줄 위에 도달하여 기준이 되는 중대에 정돈한다.

210항) 대대복대로부터 대대횡대를 만들고자 하면 다음과 같이 구령한다.

대대횡대

기준이 되는 2개 중대(앞의 2개 중대)는 움직이지 않거나 계속 행진하고 뒤의 중대는 최단거리로 이동하여 신속히 앞 중대의 우측 익 또는 좌측 익에 도달하여 정돈한다. 한편으로 대대횡대를 만들고자 하면 '좌(우)로 대대횡대' 구령을 내린다.

211항) 대대복대로부터 대대종대를 만들고자 하면 다음과 같이 구령한다.

우(좌)로 대대종대

기준이 되는 2개 중대(우로 대대종대에서는 오른편 2개 중개, 좌로 대대종대에서는 왼편 2개 중대)는 움직이지 않거나 계속 행진하고 그 밖의 중대는 최단거리로 이동하여 신속히 기준이 되는 중대의 뒤에 도달하여 연이어 정돈한다.

212항) 병대로 된 여러 가지 대형의 바꿈은 지금까지 설명한 방법을 견주어 실시한다.

- 전개(展開)와 싸움(戰鬪)

213항) 대대장(大隊長)은 공격 시 각 중대장에게 대대의 공격목표(攻擊目標)를 제시하고, 최전방 중대로 하여금 목표를 향하여 협동동작(協同動作)을 하도록 하게 한다. 그러나 상황에 따라서는 중대별로 공격 목표를 제시할 수도 있다. 방어 시 보통 최전방 중대에게 방어점령구역과 전투전방지역을 할당하여 임무를 부여한다.

214항) 전투를 하기 위해 전진(前進)하는 대대는 지형을 이용하여 가급적 밀집대형(密集隊形)을 지속하여 유지하면서 적에게 접근해 갈 수 있도록 힘써야 한다. 그런데 적 포병의 효력 있는 사격을 받는 경우에 있어서는 중대 간의 간격과 거리를 넓히거나 또는 사다리꼴 형태(梯形)로 배치한 다음 전개를 하는 것이 보통이다. 상황에 따라서 대대는 최초부터 즉시 전개를 할 수도 있다. 대대장은 전방 혹은 필요시 측방에 척후병(斥候兵)을 배치하여 적정과 지형을 정찰하여야 한다.

215항) 전개와 집합을 할 때에는 보통 길 걸음(散步)으로 하며 만일 신속히 해야 할 경우에는 뜀걸음으로 한다.

216항) 전개 후 각 중대는 이동할 위치에 도달하면 그 지형에 따라 적절한 자세를 취한다. 전개할 시점에 각 중대장은 그 지형에 따라 전령 1~2명을 선발하여 대대장과 연락을 취하여 대대장의 명령을 받고 또한 다른 중대의 전투 활동을 살펴서 수시보고(隨時報告)를 하는데 편리하게 한다. 최전방 중대나 혹은 인접중대는 이따금씩 소수의 병사를 내보내어 행진할 지역을 수색하거나 경계하도록 한다.

217항) 전개한 후의 이동에 대해 대대장은 군도(軍刀)나 수신호로 정지나 행진을 제시한다.

218항) 전개한 후 행진목표를 변경하려면 우선 기준중대에게 새로운 목표를 향하여 방향을 바꾸게 하고 그 외의 중대는 협동하게 한다. 기준중대가 방향을 변경한 후에는 마땅히 정지하도록 하지만, 만일 기준중대를 계속 행진하게 하려면 나머지 중대는 뜀걸음으로 신속히 방향을 바꾸어야 한다.

219항) 부대를 전개할 때에 대대는 최전방의 접적중대와 예비대(豫備隊)로 나눈다. 그런데 최전방에 몇 개 중대를 내보낼지는 그때그때의 상황에 따라 결정해야 한다. 즉 대대가 독립하여 전투를 수행할 경우에는 측방에서의 불시 사태에 대비해야 하며, 또한 전투의 진행에 따라서 점차 전투정면을 견고하게 하기 위해서는 최초 최전방에 운용할 병력을 가급적 절약한다. 한편 대부대의 일부로 전투를 수행할 경우에는 측방에 대한 염려가 없으므로 여러 중대를 최전방에 전개할 수 있다. 그러나 대대전투의 임무를 달성하기 위해 최초에는 최소한 1개 중대를 예비대로 남겨두는 것이 필요하다.

각 중대의 전투정면(戰鬪正面)은 상황 특히 지형에 따라서 결정한다. 그러나 승리를 기약하는 공격정면에서는 산병선의 화력을 적절하게 유지하기 위해서는 전시

편제의 인원을 유지한 중대의 경우 약 150미터를 표준으로 하고 그 외의 경우에서는 이보다 넓은 정면을 확보하는 것이 흔하다.

220항) 대대를 전개할 경우, 대대장은 상황이 허락하는 한 각 중대장을 집결시켜서 당시의 상황을 제시하고 최전방에 나갈 중대와 예비대 그리고 각 중대의 위치와 필요하면 기준중대를 지정한다. 공격작전 시 아직 공격목표를 제시할 수 없을 경우에는 공동의 진행목표를 제시하거나 혹은 기준중대를 의지하여 전개한 대대의 이동을 규정하고 그 뒤에 적절한 시기에 공격목표를 제시한다.

221항) 전개는 행진 중이나 정지 상태인 경우를 불문하고 전개할 정면으로의 행진방향과 직각이 되게 하는 것이 편리하다.

222항) 대대가 전개한 최전방의 각 중대장은 대대장의 의도를 기초로 지형과 적의 사격효력을 대응할 수 있도록 적절한 제반 제식을 응용하여 대대의 공격목표를 향해 온 힘을 다해 적에게 접근하는데 전력해야 한다. 충분한 화력을 발휘하여 마침내 돌격한다. 여러 가지 전투상황에 대응하여 각 중대가 협동작전을 하고 지휘를 통일하는 것이 대대전투의 핵심이다.

223항) 예비대는 대대장이 직접 운용하는 것이므로 대대장은 예비대를 적절하게 운용함으로써 전투의 변화에 대응할 수 있어야 한다. 대대가 독립적으로 전투할 경우는 예비대로서 전투정면을 확장할 수 있으나, 큰 부대의 일부로 전투를 할 경우에는 전투정면에 제한이 있으므로 이때에는 통상 예비대를 최전방에 추진하여 운용한다. 대대가 한 쪽 측방에서 전투할 경우에는 의탁하지 못한 날개 쪽 옆에 예비대를 운용하는 것이 보통이다. 예비대의 장(長)은 대대장이 시기를 잃지 않고 예비대를 운용할 수 있도록 주의해야 한다. 이 때문에 전투상황과 지형을 항상 관찰하고, 의탁이 없는 측방을 경계하며 대대장과 확실하게 연락을 유지하면서 대대장의 의도에 따라 예비대의 위치와 이동을 결정한다. 어떤 경우에서든지 예비대가 조기에 적에게 발견되지 않도록 하고 적의 사격으로부터 손실을 최소화하도록 주의한다. 또한 적의 기병(騎兵)에 대해서도 경계가 필요한 경우도 종종 있다.

224항) 야간공격(夜間攻擊) 시 부대의 이동은 특히 정숙해야 하며, 연락을 유지하고 확실히 진행방향을 유지하면서 적에게 접근하는 것이 중요하다. 이 때문에 억지로 단순한 대형 예컨대 밀집대형으로 있는 중대를 나란히 또는 중복하여 운용하거나 위험한 측익을 경계하며 필요시 탄약을 장전하지 않도록 한다. 예비대도 본대를 따라 가까이 전진하게 하며, 화력전을 하지 말고 곧바로 돌격으로 전환하는 것이 좋다. 중대의 전진은 측면 방향으로 하는 대형을 사용하는 것이 편하며, 필요시 중대의 전방에 소수의 척후병을 배치한다. 그러나 돌격 시에는 정면으로 향하는 대형을 사용하는 것이 좋다. 간혹 밀집된 산병선의 인근에 증원부대를 후속하게 하는 것이 유리할 수도 있다. 어떤 경우에서든지 적의 바로 앞(直前)에서 대형을 변경하는 것은 피해야 한다. 이것은 적에게 발각되어 결국 혼란을 야기할 염려가 있기 때문이다.

225항) 야간에는 걸핏하면 방향을 잃기 쉽다. 그러므로 가능하면 주간에 미리 전방이나 후방에 기준을 표시한다. 주간에 이것을 실시할 수 없을 때에는 선발된 장교를 먼저 보내서 보일 듯 말 듯 한 등불(隱顯燈)[57]이나 식별이 용이한 빛을 내는 물건들로 전진방향을 지시하도록 하는 것이 좋다. 그런데 등불을 사용할 때에는 적에게 발각되지 않도록 주의해야 한다. 야간이동(夜間移動)에서는 다른 방향의 총소리나 고함소리에 그 진행 방향을 바꾸지 않도록 해야 하며, 또한 앞에 있는 인원은 특히 걸음의 속도와 연락에 주의하여 필요시 수시로 정지하여 연락과 질서를 회복하도록 한다. 행진 중 적으로부터 효력사격을 받을 경우나 혹은 적의 불빛이 비추어진 때에는 그 효력과 주의를 줄이기 위해 잠시 가만히 있는 것이 좋을 때가 있다. 그렇지만 이 때문에 전진이동이 가급적 지연되지 않도록 주의한다.

226항) 대대장은 자신의 임무를 다하기 위해 적절한 위치를 선정해야 한다. 즉 부대의 선두와 예비대와의 중간에서 전투상황을 살피며 대대를 지휘하는데 가장 편리한 곳에 위치하여야 한다. 또한 연대장과의 상호연락을 확실하게 유지하는 것이 필요하다.

227항) 돌격시기가 점점 다가오면 대대장은 선두에 가까이 위치하며, 적의 전체를 내다보며 부하 제대와 인접 부대의 전투상황을 자세히 살펴서 돌격의 기회를 포착해야 한다. 이때에 대대장의 용감한 동작은 부하의 용기를 분발시켜서 승리의 첫 걸음이 된다.

---

57) 혹은 은현등(隱現燈).(필자 주)

228항) 적 병사들이 동요의 빛이 있을 때는 대대장은 곧 이 기회를 틈타서 선두에 서서 대대의 온 힘을 다해 서슴없이 돌격을 감행한다. 그러나 선두에 있는 각 중대장은 좋은 기회를 틈타 자체적으로 서슴없이 돌격한다. 하나의 중대가 돌격해 갈 때에 다른 중대도 또한 돌격하여 한 걸음이라도 뒤떨어지지 않도록 한다.

적 방어선의 일부분이라도 아군의 맹렬한 돌격을 받으면 전체의 전선이 이 때문에 흔들리게 된다. 그러므로 대대장이 돌격해 들어가기 전에 용감하게 중대가 돌격을 실시할 경우, 이 기회를 잡아서 승리하는 것이 대대장의 책임이므로 만일 먼저 공격한 중대가 고립되고 후방지원이 없게 되면 대대전투의 궁극적인 의의가 어긋나게 된다.

229항) 완강한 적에 대해서는 한 번의 돌격으로 성공하지 못할 수 있으므로 이러한 경우는 적절한 위치에 정지하여 또다시 돌격의 기회를 만들고 백절불굴의 용기를 발휘하여 연속적으로 돌격을 실시한다.

230항) 돌격에 성공하면 선두의 각 부대는 곧바로 맹렬한 추격(追擊)사격을 하며, 사격에 참여하지 못하는 부대는 신속하게 대오를 정돈하여 전진할 준비를 한다. 적병이 아군의 효력 있는 사격구역을 벗어나자마자 대대장은 곧바로 대대를 이끌고 추격해서 적을 무너뜨려야 한다.

231항) 방어 정면에 있는 대대가 적의 돌격을 받을 때에는 매우 침착하게 사격하고, 적의 느슨함을 틈타 곧바로 역습(逆襲)을 감행하며 적병이 만일 아군의 진내에 깊이 들어오면 대대장이하 전원이 용기백배하여 적과 맞붙어 싸워서 이를 격퇴한다.

232항) 부득이하여 퇴각(退却)을 할 경우에 대대장은 특히 침착하게 조치사항을 결정하고, 각 부대는 태연하게 움직여야 한다. 퇴각할 때 예비대가 있을 경우에는 먼저 예비대로 하여금 수용(受容)할 진지를 인수하여 점령하게 한 후 선두 부대를 퇴각토록 하는 것이 좋다. 퇴각하는 부대가 진지를 수용한 예비대를 돕기 위해 함부로 적과 마주 대할(正面) 경우는 오히려 위태로움에 빠지게 되어 적으로부터 벗어나기가 어렵게 된다.

대대에 예비대가 없을 경우에는 가장 치열하게 전투하는 부대를 남겨서 적을 방어하도록 하고, 다른 부대부터 퇴각하게 한다. 적의 추격을 받지 않을 시점에 이르면 곧바로 집합하여 대대장의 위치로 간다.

233항) 대대를 집합시키려면 대대의 기(旗)를 세워 그 위치를 제시한다. 각 중대는 최단 거리로 대대횡대로 집합하며 필요시에는 대형과 각 중대의 위치를 제시한다.

234항) 탄약보충은 진중요무령(陣中要務令)의 규정을 따른다.

제4장 연대교련(聯隊敎鍊)

o 대지(要則)

235항) 연대(聯隊)는 교육의 통일성, 장교의 단결, 부대편성과 역사로 볼 때 독립적으로 한 방면의 전투임무를 수행하기에 특히 적합하다.

236항) 연대장은 연대를 지휘하기 위해 명령을 사용한다.

o 모임 대형(集合隊形)

237항) 연대의 집합대형은 대대횡대를 한 줄, 두 줄 또는 세 줄로 배치하는 것이 정해진 규칙이다. 그런데 두 줄로 배치하는 경우는 하나의 대대는 보통 다른 2개 대대 간 격 전방이나 뒤의 그 중앙에 위치한다. 대대간의 간격과 거리는 보통 20보로 하고 연대장은 연대의 선두 열의 중앙 앞 20보 정도에 위치하며, 연대부관은 연대장의 왼편에 위치한다. 연대본부에 부속된 하사는 제 1중대의 압오열의 대대본부에 부 속된 하사의 우측 날개 쪽에 위치한다.
연대의 기(旗)는 기관(旗官)[58]이 받들고 연대의 선두 열의 중앙 앞 15보에 위치한 다. 측면종대에서는 그 선두에 위치하며, 연대가 행진할 때는 행진의 기준이 되고 연대가 전개하면 연대장이 제시한 곳에 위치한다. 연대장은 이등병 5명을 선발하 여 군기위병(軍旗衛兵)을 편성하고, 이 군기를 지키는 병사는 총에 착검을 한 상 태로 2명은 기관의 좌우에 나란히 서고 나머지 3명은 뒤 열에 위치한다. 기관총대

---

[58] 기수(旗手).(필자 주)

(機關銃隊)와 각 대대의 위생병 그리고 치중대(輜重)의 위치는 연대장이 정한다.

238항) 집합 대형에 대한 교련은 행진에 국한하여 실시한다.

ㅇ 전개(展開)와 싸움(戰鬪)

239항) 연대장은 각 대대에게 대대가 분담할 임무를 명령하기 때문에 돌격에서는 보통 각 대대에게 연대의 공격목표와 대대의 전투구역을 제시한다. 또한 간혹 대대별로 공격목표를 제시할 수도 있고 방어에서는 대대가 점령해야 할 구역을 지정하는 것이 보통이다.

240항) 연대장은 부여 받은 임무를 잘 따져 보고 전투정면의 상황과 측방부대 등의 상황을 고려하여 최초로 부대를 전개(展開)할 때에는, 전방에 운용할 병력과 예비로 잔류시킬 병력을 고려하여 결정한다.

241항) 연대는 다른 부대로부터 지원받을 것을 고려하지 말고 연대 자체의 전투력으로 전투를 종결시켜야 하는 경우가 흔하기 때문에 선두에 운용할 최초의 병력을 절약하는데 힘써야 한다.

242항) 연대를 전개할 때, 연대장은 가급적 각 대대장을 집합시켜 그 시점의 상황을 전파하고 연대 전투의 목표를 제시하여 임무를 부여한다. 이미 연대를 전개하였다면 전투정면을 한편으로 치우치거나 혹은 변경하기가 매우 어려우므로 전개를 할 경우에 있어서는 가급적 정밀하게 전투정면을 결정해야 한다.

243항) 예비대(豫備隊)에 관해서는 대대에서 언급한 내용을 따른다. 그러나 연대장은 전투를 종료할 때까지 약간의 부대를 수중에 확보하고 있다가 군기(軍旗)와 함께 돌격해야 할 것이다.

244항) 기관총(機關銃)은 빠른 사격속도와 밀집탄도를 이용하는 것인데 기관총의 운용방법은 전투의 목적과 당시의 상황을 고려하여 결정한다. 그러나 보통 최초부터 선두에 운용하지 말고 멸살시킬 효력을 발휘하여야 할 시기에 사용하는 것이 필요하다. 그러나 방어에서는 간혹 일정한 임무를 부여하여 최초부터 진지에 배치할 수도 있다. 어떤 경우에서든지 기관총을 원거리 사격에 운용하거나 전투를 지탱할 목적으로 기관총 사격을 운용하는 것은 크게 잘못된 것이다.

245항) 연대장은 226항(대대장 위치 선정)에서 제시한 내용에 따라 그 위치를 선정한다.

246항) 연대장은 공격할 때에는 적의 추격을 종료한 때에 신속히 연대를 집합시키고, 퇴각할 때에는 적에게 급하게 쫓기지 않을 시점에서 신속하게 연대를 집합시킨다.

제5장 여단교련(旅團教鍊)

o 대지(要則)

247항) 여단(旅團)은 보병전투에서 가장 큰 단결을 이루는 것으로, 2개의 연대를 하나로 합쳐서 전략단위(戰略單位)의 중요한 임무를 책임진다. 또한 다른 병종과 연합하여 강력한 전투능력을 발휘한다.

248항) 여단장은 여단을 지휘하기 위하여 (서면으로) 명령을 사용한다.

o 모임 대형(集合隊形)

249항) 여단의 집합대형은 연대를 나란히 하거나 거듭하여 반복한다. 연대 간의 간격과 거리는 보통 30보로 하고 여단장은 여단의 선두열의 중앙 앞 30보 정도에 위치하고 여단부관은 여단장의 왼쪽 옆의 뒤에 위치한다.

o 전개(展開)와 싸움(戰鬪)

250항) 여단장은 2개 연대를 나란히 세우고 전투임무를 부여하여 서로 협동하며, 연대별로 전투를 하게 하는 것이 여단전투의 가장 적합한 예하부대 운용 방법이다. 그러나 상황이 여의치 않으면 우선 1개 연대를 전개한 후 다른 연대를 전개할 수 있다. 이러한 경우에도 전방의 연대는 다른 연대의 지원을 받을 수 있는 것이 아니기 때문에 연대 자체적으로 세로 길이 방향으로 일정한 구분을 하는 것이 중요하다. 그런데 제2연대는 최초 전개 시 보통 한쪽 날개 옆의 뒤쪽에 집합한다.

251항) 여단에 예비대를 운용할 것인지 또는 어느 연대에서 어느 규모의 부대를 차출할 것인지 여부는 상황에 따라서 결정한다.

252항) 여단장은 242항(연대전개)에 따라 전개에 관한 명령을 내린다.

253항) 여단장은 위치를 선정하는 것이 중요하다. 즉 일반의 전투상황을 살피며 여단전투를 지휘하고 적절한 시기에 모든 보고를 받기에 편리한 곳에 위치한다. 또한 전투의 마지막 시기에는 여단 전투력을 하나로 합쳐서 완전한 승리를 위하여 적절한 시기에 전선의 전방 가까운 곳에 위치해야 한다.

254항) 여단은 전투부대의 할당, 연대 지휘와 대대지휘가 그 목적과 의도를 달리하는 경우가 많고 흔하므로 여단의 전투는 본 장(章)에서 제시한 것 외에는 모두 제2부에서 제시하는 전투원칙(戰鬪原則)에 따라 여단장의 지휘운용 능력을 믿는 것이 보통이다.

제2부
싸움의 원칙(戰鬪原則)59)

제1장 싸움의 일반요령(戰鬪一般要領)

1항) 전투는 보통 전방에 있는 적의 기병과 조우로 인해 시작되고 그 다음에는 경계부
　　대와 같은 특별 임무를 띤 부대로 인해서 시작된다. 이러한 상황에 직면한 지휘관
　　(指揮官)은 신속하게 유용한 배비를 통해 적의 전진을 막고 적정과 지형을 정찰하
　　여 상급 지휘관(高級指揮官)의 결심과 처치에 필요한 자료와 시간을 제공하고 동
　　시에 적에 대해서는 아군의 전투활동을 은폐하는 데 노력한다. 이때 지휘관이 주
　　목할 것은 자신의 부대로 하여금 결전을 하지 않도록 해야 하나 전투에 필요한 지
　　점(地點)에 대해서는 용감히 동작하여 신속히 점령해야 한다. 상급지휘관은 포병
　　(砲兵) 지휘관과 필요한 지휘관을 대동하여 상황을 살피고, 특히 지형정찰을 통해
　　경계(警戒)부대들에게 동작의 경계활동의 기준(憑據)60)을 제시하여 적에 대해 아군
　　의 이익을 얻을 수 있게 할 것이며, 필요시 주력부대를 전개하여 앞으로 나아가게
　　해야 한다.

2항) 부대가 전개하여 앞으로 나갈 위치(位置)는 전투를 행할 부대에게는 큰 영향을 주
　　는 것이므로 차후의 전개를 고려하여 두어 곳 정도를 마련해야 한다. 전개지역의
　　구비조건은 적의 시야를 차단할 수 있으며 가급적 적 포병의 유효사거리 밖에 위
　　치하고 전방과 측방으로 전진하기에 용이한 곳이어야 한다. 전개할 부대는 보통

---

59) 제2부는 112개항으로 구성됨.(필자 주)
60) 빙거(憑據)는 어떤 사실을 입증할 만한 증거 혹은 사실의 증명이 될 만한 根據를 뜻함. 준거(遵據),
　　준거(準據), 기준(基準) 등.(필자 주)

밀집대형(密集隊形)으로 운용되나 지형에 따라 차후 전진을 고려하여 행군종대(行軍縱隊)로 하는 것이 유리할 수도 있다. 보병과 포병이 동시에 전개하여 나갈 경우에도 보병은 가급적 도로의 밖에서 행동하고, 도로는 포병에게 양보하며, 기동 간에 서로 중복을 피할 수 없을 경우에는 혼란을 예방할 수 있도록 노력해야 한다. 동일한 지역에 전개할 부대의 상급부대 선임지휘관은 전진을 위해 필요한 경계를 제공할 것이며, 이 시간을 이용하여 가급적 넓은 정면에 대해 적에게 은닉상태로 전방과 측방으로 전진할 수 있는 여러 통로를 사전에 정찰해 두어야 한다.

3항) 상급지휘관은 제반 정보와 진내(陣內) 정찰을 통해 전투의 전반에 관해 결심을 해야 할 것이다. 즉 어떤 공격방법과 어떤 방어방법 또는 지구전(持久戰)을 실시할 것인지 등에 대해 주도면밀한 생각과 신속한 결단을 해야 한다. 전투의 효과는 모두 이러한 것들의 적절성에 의해 좌우된다.

4항) 보통 전투에 관한 각급 지휘관의 결심은 임무와 지형 및 적정의 판단을 고려하여야 하지만 임무는 결심의 근본이므로 지형의 불리함과 적정의 불명확으로 인해서 머뭇거려서는 안 된다. 지휘관의 결심은 확고해야 하며 결심이 흔들리면 지휘가 저절로 어지러워져서 부하 또한 망설이게 된다.

5항) 상급지휘관은 전투에 관한 결심을 하는 즉시 명령을 하달한다. 명령은 간단명료하고 확실하게 하여 예하 지휘관에게 자신의 의도(意圖)와 피아의 상황을 알려 주어 전투 전반에서 자신의 부대와 인접부대의 임무를 알 수 있도록 해야 한다.

6항) 명령하달 시 편리하고 확실한 방법은 예하 지휘관과 명령수령자를 미리 한 장소에 집결시켜 각 부대에게 합동으로 명령을 내리는 것이다. 그러나 상황에 따라서는 각각 하달하거나 혹은 먼저 간단한 명령(斷片命令)으로 신속히 부대를 전개 위치로 이동시킨 다음에 자세한 명령을 하달하는 것이 유리할 때도 있다. 다만 전투 중에 있거나 이동 중에 있는 부대의 지휘관을 먼 곳까지 불러서 명령을 하달하는 것은 어떤 경우에도 이를 피해야 한다.

7항) 명령을 수령한 즉시 보병(步兵)은 적을 공격하기 위해 이동을 개시하거나 혹은 지정된 위치를 점령하거나 혹은 이동의 시기를 기다리기 위해 한 장소로 집결하거나 각각 그 임무에 따라서 즉각 실행에 착수해야 한다. 포병(砲兵)은 그 특성을 발휘하여 화력으로 보병을 지원하며, 특히 야전 중포병(重砲兵)은 견고한 엄폐물을 격파하거나 원거리 사격을 통해 전투의 진행에 좋은 영향을 주게 된다. 적진(敵陣)에 명중하거나 명중하지 못하는 것과 지휘관의 잘잘못은 전투결과에 크게 관련된다. 그러므로 상급지휘관은 전투부대를 할당하고 결정함에 있어서 전투 전반의 목적을 기초로 해서 자신의 의사를 지시하고 포병진지의 대체적인 위치를 제시함으로써 포병지휘관으로 하여금 그 포병사격 지원범위 안에서 조치하도록 한다. 기병(騎兵)은 적의 상황을 수색(搜索)하여 시기를 잃지 않게 보고하며, 아군의 측방과 후방을 엄호(掩護)하여 보병과 포병이 자신의 측방과 후방을 걱정하지 않고 전투에 전념하도록 노력한다. 대규모 기병부대는 전투 전반을 유리하게 하기 위해 좋은 기회를 봐서 적의 측방과 후방을 위협하는 것이 필요하다.

8항) 부대 전개 시 각 지휘관은 임무, 지형, 병력 및 적정을 기초로 하여 전투 정면(正面)과 종심(縱深)을 구분하여 결정한다. 전투 수행에 중대한 영향을 주거나 불시의 사태에 대응하기 위해 예비병력을 운용한다. 이것은 곧 아군이 원하는 지점에서 결전할 수 있도록 필요한 지점에 증원부대를 보내 전선의 전진을 촉구하고 그 흔들림을 막는 것 등이 모두 이 예비대(預備隊)를 잘 운용하는 것에 달려 있다.

9항) 예비대는 통상 보병과 공병으로 구성하며 가급적 건제(建制)[61]된 부대에서 병력을 차출(差出)하는 것은 피해야 한다.

10항) 예비대의 위치는 상황에 따라 정하지만 특히 지형을 고려하여 결정하며, 보통의 경우 결전을 미리 기약하는 진선의 후방에 배치한다. 하지만 만일 전투를 개시할 때에 예비대를 전선의 후방지역 중앙에 두어야 할 경우에는 차후 예비대가 측방으로 이동할 때 적의 관측과 사격에 노출되지 않도록 주의해야 한다. 예비대의 대형은 장악하기에 편하고 지형의 적합성과 전진의 용이성 등을 식별하여 선택하며, 적의 사격으로 인한 병력의 피해를 최소화 하는 점 등도 고려해야 한다.

11항) 차후 전투의 경과는 각 부대가 각자 힘써 싸우는 것과 타 부대와의 협동동작에 의해 진행된다. 그러나 각급 지휘관은 결코 타 부대의 지원을 의지하지 말고 온 힘으로 다해 임무를 달성하고자 전력한다. 이렇게 상황변화가 있더라도 오로지 명령만 기다리지 말고 각각 그 맡은 구역을 시기에 맞도록 처치하는 것을 지체하지 말아

---

[61] 군대에서 편제표에 정해진 조직을 유지함을 뜻함.(필자 주)

야 한다. 특히 각급 지휘관은 부분 전투의 승리를 전체로 전과확대(戰果擴大)를 할 수 있는 용기가 있어야 하며, 이와 더불어 일부의 전투에서 발생한 피해를 기타 지역에 미치지 않도록 직접 나서서 그 책임을 다해야 한다.

12항) 전투의 상황변화에 맞게 적절한 전투활동을 하게 하려면 상황의 변화와 이를 위해 조치해야 할 사항을 항상 예하 지휘관에게 전달한다. 또한 예하 지휘관은 파악된 적정과 지형 및 자신의 행동 등 전투에 영향을 미치는 사항을 신속히 상급 지휘관에게 보고해야 한다.

13항) 전투상황을 비관하여 적정을 과장되게 보고를 해서는 안 되며, 자신이 위급한 상황에 처한 경우는 타 부대도 또한 같은 상황임을 생각하여 함부로 증원부대를 요청하지 말아야 한다.

14항) 인접부대나 동일한 목적을 위해 전투하는 부대의 지휘관은 상호 연락을 잘 유지하는 것이 필요하지만 오직 연락에만 신경을 쓰고 자신의 임무 수행을 지체해서는 안 된다.

15항) 전선에 있는 보병 지휘관은 적의 배치, 적의 이동과 이에 대응하는 아군의 포병화력의 효과 등을 적절한 시기에 포병 지휘관에게 통보해야 한다. 이렇게 할 때 포병화력의 효과를 한층 더 크게 할 수 있으며, 추후 상황 조치할 것에 관하여 기병 지휘관에게 통보하게 되면 기병은 그 임무를 달성하는데 크게 편리하다. 보병은 근방에 있는 포병이 위급한 상황에 처할 때에는 항상 지원하여 구원할 의무가 있다.

16항) 전투가 진행되는 중에 각급 지휘관의 위치는 적 상황을 관찰하며 부하를 지휘하는 것에 주안을 두고 결정해야 하며, 그 외에 인접부대를 고려하여 명령과 통보 및 보고가 신속히 전달되는 등에 대해서도 고려해야 한다. 지휘관이 필요시 위치를 변경할 때에는 명령, 통보 및 보고가 새로운 위치에 지체 없이 도달할 수 있는 방법을 정해 두어야 한다.

17항) 명령, 통보 및 보고를 전달하기 위해 전령을 준비하고 신호를 정하며, 기호를 만드는 등 제반 수단을 강구한다. 만일 전보, 전화, 수기(手旗) 신호를 쓰면 매우 편리하다.

18항) 전투 중에 각급 지휘관은 항상 지형의 이용에 주의하여 부대의 행동을 이에 적합하도록 힘써야 한다. 하지만 이 때문에 공격정신을 둔하게 하거나 전투행동을 느리게 하는 등 지시한 행동의 범위를 벗어나는 일이 있어서는 안 된다.

19항) 지형의 이용을 위해 기구의 사용은 방어에서 매우 중요하다. 그러나 상황의 변화에 따라 이미 구축한 진지가 쓸모없게 되었을 경우는 즉시 진지의 사용을 포기한다. 공격 시에는 전진로를 개척하고 이미 점령한 지점을 유지하기 위하여 지탱할 지형 지물이 없는 경우에는 기구를 쓴다. 어떤 경우에서든지 보병은 공병(工兵)의 지원을 기다리지 말고 사용할 진지공사를 해야 한다. 그러나 공병은 보병의 진지공사를 지도하고 지원해야 한다.

20항) 전투 중에 부족한 병력을 축차적으로 투입하는 것은 큰 잘못이다. 이와 같이 하게 되면 소수의 병력으로 다수의 적과 전투를 하게 되어 스스로 선제(先制)적 이점을 버리고 오직 손해만 입게 될 뿐만 아니라 결국 부대의 전투 의지마저 꺾이게 된다.

21항) 전투가 진행됨에 따라 보병은 사격의 위력을 한층 발휘하여 최종적으로 돌격하고, 보병이 돌격을 시작하기 전에 포병은 타격지점에 사격을 집중한다. 기관총은 삽시간에 최대로 화력을 발휘하고, 공병은 필요시 돌격부대를 위한 전진로를 개척하며, 기병은 적의 측방과 후방을 위협하는 등 모든 병종이 협동하는 실력을 발휘하여 승리하도록 힘써야 한다.

22항) 승리가 예상되면 각급 지휘관은 시기를 놓치지 말고 추격할 준비를 해야 하며 이 때 각급 지휘관은 반드시 선두에서 진두지휘해야 한다.

23항) 승리한 부대는 그 효과를 완전하게 하기 위해 맹렬하고 용감하게 추격을 하여 적을 모조리 멸살한다.

24항) 퇴각은 쫓겨 달아나는 데 빠지기 쉬워서 걸핏하면 수습하기가 어렵게 된다. 그러므로 지휘관은 비록 전투상황이 이롭지 못한 경우에라도 오히려 여러 수단을 다해 전투형세를 최대한 회복하도록 도모한다. 이 때 보병은 화력을 증강하여 필요시 돌격하고, 포병과 기관총은 아군에게 가장 피해를 주는 적에 대해 집중사격을 실시하며, 기병은 적의 측방에 대해 위협을 시도하는 등 모든 병종이 협동하여 최후의 승리를 쟁취할 수 있도록 해야 한다.

제2장 치기(攻擊)

o 요령(要領)

25항) 대체적으로 공격(攻擊)은 전투를 승리하기 위한 유일한 수단이다. 그러므로 지휘관은 상황이 부득이한 경우를 제외하고 공격하고자 힘써야 한다. 공격하는 요령은 굳은 의지와 사기로 적을 향해 온 마음을 다해 용맹스럽게 나가는데 있다.

26항) 공격할 지점에 대해 우세한 병력을 투입하는 것은 공격 시 부대의 할당과 부대 운용의 핵심적 방법이다. 그러므로 이 시점에 일부분의 병력으로 하여금 적 전방의 다른 부대를 공격하게 함으로써 아군의 주력부대가 공격하는 것을 용이하게 하는 것이 아주 중요하다. 공격할 지점은 상황, 특히 지형을 판단하여 적진지의 약점이나 적에게 가장 위험한 방향을 선정한다.

27항) 공격은 포위(包圍)가 유리하지만 포위 시에는 2~3개 종대가 나란히 전진하거나 후속하는 부대가 참여하는 것과 무관하게 전개할 시점에 대해 만반의 준비를 해야 한다. 이미 전개한 부대를 이동하여 포위하고자 할 때에는 지형이 특히 유리하거나 적의 시야를 가릴 수 있는 경우에 국한하여 실시해야 한다.

포위는 적의 정면과 측면을 동시에 공격하는 것이므로 두 익을 일시에 포위할 때는 적보다 훨씬 우세한 병력을 투입하지 않으면 정면이 아주 약하여 위태로움에 빠질 수 있다. 포위는 원래 고급지휘관의 전술에서 병력을 운용하는 법에 속하는 것인바 직접 적과 싸우는 각 부대는 자신에게 부여된 부분에서 항상 적의 정면을 향해 공격하는 것이다.

28항) 지휘관은 공격할 부대를 결정하였으면 공격명령을 하달하여 각 부대의 임무, 전개할 구역과 이동시기 등을 제시한다. 또한 상황에 따라서는 먼저 부대를 전개하도록 한 뒤에 전진할 시기를 제시할 수도 있다.

29항) 전개는 질서와 연락을 유지하면서 실시하고, 각 부대는 각각 필요한 경계를 함으로써 불시의 사태에 대비한다. 기병과 경계부대는 전방에 있는 적절한 지점을 점령하여 보병의 전개를 엄호하며, 포병은 필요시 적의 포병에 대해 사격을 실시하여 아군 보병의 전개를 용이하게 한다. 그러나 적에 대해 가급적 아군의 기동을 은닉하고자 하면 보병의 전진상태를 기다렸다가 사격을 시작하는 것이 좋다.

30항) 전개한 각 부대는 적정과 전방의 지형을 정찰하여 이후의 전투를 용이하도록 도모
한다. 이 때문에 간혹 적의 경계부대를 격퇴해야 하는 경우도 있으나 부대 전체의
전개가 진행될 때까지 가급적이면 조기에 전투가 갑작스럽게 발생(勃發)되지 않도
록 한다.

31항) 후방에 있는 후속부대는 운용하기 편하고 전개하기에 편하도록 그 위치를 선정해
야 한다. 후속부대가 취해야 할 거리는 상황 특히 지형에 따라 달라진다. 개활지
(開豁地)에서는 전투 초기에 종심을 크게 하고 차츰 그 거리를 좁혀간다. 하지만
보병의 집중사격이나 혹은 유산탄(留散彈)에 의해 일시에 세로 방향의 두 제대가
피해를 받지 않도록 주의해야 한다. 이에 필요한 거리는 3백 미터이다. 이미 승패
를 결정할 시기가 다가오면 후속 부대는 피해를 무릅쓰고라도 전투전방 지역에 가
까이 도달해야 한다. 이것은 전투의 결정적 시간은 대개 짧아서 아직 운용하지 않
고 있는 부대를 변통하여 운용하는데 아주 짧은 시간만이 가용하기 때문이다. 은
폐된 지역에서는 가끔 전방부대를 지원할 필요가 있으므로 종심을 짧게 유지해야
할 경우가 많다.

32항) 후방에 위치한 후속부대는 지형에 맞도록 기동이 쉬운 대형을 선택하여 가급적 집
결상태로 있어야 한다. 그러나 적의 효력 있는 사격하에 눈에 띠게 노출될 우려가
있으면 가로로 넓게 산개대형을 취한다. 또한 각 부대의 간격을 넓게 하는 것이 좋
으나 이 때문에 지휘관은 자신의 부하가 지휘 장악 범위에서 벗어나지 않도록 주
의해야 한다.

33항) 전개한 각 부대는 공격을 개시하여 전력을 다해 적에게 접근해야 한다. 포병은 포
병사격으로 적을 제압하여 보병의 진격을 용이하게 해야 한다. 그러나 지형을 이용
하거나 진지가 구축된 적에 대해서는 적시에 포병의 화력효과를 얻기가 어렵기 때
문에 보병은 포병 화력전투 결과만을 기다리지 말고 피아의 포병전이 진행되는 가
운데 앞으로 나아가야 한다.

34항) 전선의 선두에 있는 각 부대는 가급적 오랫동안 밀집대형으로 전진하고, 아군의 포
병사격효력이 발생되는 지점의 직전에 이르러 산개대형으로 바꾼다. 이것은 적 사
격의 효력을 줄이기 위해서도 필요하다. 은폐한 상태로 적에게 접근이 가능한 때에

는 최초에서부터 다수의 산병을 배치하는 것이 좋지만, 이와 반대로 장시간 적의 사격이 지속되는 동안에 노출된 상태로 전진을 해야 할 경우에는 산병선의 병력을 점차적으로 증가시키는 것이 유리하다.

35항) 사격효력은 적에게 접근할수록 더욱 커지므로 각급 지휘관은 전투하는 부대를 항상 전진시킬 수 있도록 힘써야 하며, 적의 저항력을 제압시켜 아군의 전진을 용이하게 하려면 화력의 증강과 유지가 필수적이다. 지형과 적의 사격 정도에 따라 산병선의 각 부분이 한결같지 않기 때문에 어떤 부대는 다른 부대보다 쉽게 전진할 수도 있으므로 이와 같은 경우는 즉시 그 기회와 유리점을 확보하는데 주력해야 한다. 어떤 부대로 하여금 적절한 지점, 예를 들어 산병선 중앙이나 또는 그 뒤에 있는 높은 위치를 점령토록 하여 그 부대로 하여금 사격지원을 하도록 하여 아군 산병선의 전진을 용이하게 할 때가 종종 있다.

36항) 보병전투가 절정에 달하면, 포병은 비록 적에게 심대한 피해를 받을지라도 이에 무관하게 포병의 화력을 적 보병과 결전하는 방향에 집중하고 또한 적 기관총의 위치를 찾아 격파하는데 전력하여 보병의 공격을 지원한다. 이 시점에서 보병의 용맹한 전진은 적으로 하여금 자신의 부대를 노출케 되고, 아군의 보병과 포병이 협동하는 사격으로 인해 적이 재기하지 못하게 한다.

37항) 한 번 점령한 지역은 한 치라도 적에게 내어주어서는 안 된다. 공격하는 쪽은 이 때문에 필요시 기구를 사용하기도 하지만 구축해 놓은 엄호물에 안주하여 공격의 시기를 놓쳐서는 안 된다. 의지가 강인하고 생각이 주도면밀한 보병은 적의 사격 때문에 전진이 매우 어려운 경우에서도 기구를 사용하면서 전진을 계속한다.

38항) 적은 단지 사격의 효력으로만 격퇴할 수 없으므로 공격자는 항상 돌격하여 최후의 승리를 거둘 수 있어야 한다. 포병은 보병이 적진에 깊숙이 진입하기 직전까지 돌격지점을 향하여 맹렬한 화력을 집중해야한다. 이때 특히 포병의 일부 부대는 가장 효력 있는 거리까지 보병을 따르게 하는 것이 유리하다. 기관총은 승패를 결정할 시기가 되면 위험을 무릅쓰고 전력을 다해 전진하여 적에게 맹렬히 사격을 한다. 기관총의 효험은 이때가 가장 크다. 공병은 통상 보병을 위해 전진로를 개척하며 장애물을 제거하고 또한 탈취한 지역을 견고하게 할 책임이 있다.

39항) 선두에 있는 지휘관은 사격효과와 그 외의 적에 대해 획득할 수 있는 이익을 가장 잘 포착할 수 있으므로 기회를 놓치지 말고 즉시 돌격(突擊)해야 한다. 이때 후방의 후속부대는 곧바로 선두를 뒤따라 돌격효과를 완성하는데 전력한다. 그러나 상급지휘관은 선두에 위치하여 직접 호기를 포착하여 돌격을 명령하거나 또는 후속부대를 선두에 가세하여 돌격의 기회를 만들어내야 한다. 인접부대가 돌격을 개시하면 각 부대는 협동하여 돌격을 실시한다. 돌격해 들어갈 때 적은 모든 수단을 다하여 방어하거나 혹은 역습을 시도할 수도 있으므로 지휘관과 병사는 전력을 다하여 끝까지 싸워서 돌격의 효과를 완전하게 달성해야 한다.

40항) 돌격부대에는 필요에 따라서 파괴도구와 수류탄 등을 휴대하게 할 것이며, 필요시에 공병도 배속하고 수류탄을 사용할 때에는 적이 뜻하지 않는 때에 투척하고 투척한 후에는 즉각적으로 시기를 틈타 돌격한다. 대개 적과의 수류탄 전투를 한 연후에 돌격을 실시할 경우는 오히려 기습의 기세가 꺾이게 된다.

41항) 돌격부대는 적의 진지를 탈취하는데 만족하지 말고 적을 격멸시키기 위해 추격사격을 할 수 있는 지점까지 연속적인 공격을 한다. 이때 추격사격에 참여하지 못하는 부대는 신속히 대오를 정돈하고 필요한 경계를 하며, 적의 역습에 대비한다. 또한 이후의 추격기동을 준비해야 한다.

포병과 기관총은 일부라도 신속하게 사격하기에 편리한 위치로 전진하여 추격사격을 한다. 다만 많은 부대인원을 밀집시키거나 또는 뚜렷한 목표가 노출될 때에는 순식간에 적진의 다른 부대 특히 적의 포병에 의해 피해를 당할 수 있는 점에 주의해야 한다.

42항) 돌격하다가 퇴각을 적에게 강요당할 경우, 밀집부대가 있는 경우는 다시 두세 번 연속적으로 돌격할 것이며, 비록 후속증원부대가 없을 때라도 간부와 병사는 용기를 내어 가까운 곳에 멈추어 맹렬히 사격하여 기세를 회복하고 여러 번에 걸쳐 다시 돌격함으로써 마침내 그 목적을 이루어야 한다.

o 닥침 싸움(遭遇戰)

43항) 적과 아군이 우연히 마주쳐 발생하는 조우전(遭遇戰)에서는 특히 먼저 주의를 기울여 살펴서 유리점을 확보하는 것이 중요하다. 이러한 이유 때문에 과단성 있는 결심을 통해 신속하게 부대를 소단위로 분할해서 운영해야 한다. 지형을 자세히 정찰하거나 혹은 시시각각 변하는 적정에 관한 여러 보고를 수집한 다음에 처치를 하려고 하다보면 대체로 실패에 빠지지 쉽다. 그러므로 지휘관은 전력을 다해 선두에 위치하여 자신이 직접 살펴 본 점과 이미 수집된 보고를 토대로 해서 전반적인 상황을 잘 판단하여 자신의 의지를 확고하게 결정하고 신속하게 예하 부대의 모든 부대의 지휘관에게 지시해야 한다. 특히 우선적으로 전방에 위치한 지휘관에게 지시하여 전투 활동에 대해 근거를 제공하고, 본대의 각 부대로 하여금 가급적 신속하게 전장에 도달하도록 정해 놓는다.

조우전보다 각급 지휘관의 독단전행(獨斷專行)이 절실하게 요구되는 것은 없으므로 모든 수단을 동원하여 상급 지휘관의 의도를 만족시킬 수 있도록 전투 활동을 하는 것이 필요하다.[62]

44항) 전방의 지휘관은 상급 지휘관의 지시에 따라 혹은 필요시 독단으로 전방의 부대를 분할하여 배치하며 시기를 놓치지 않고 부여된 임무를 달성하도록 힘쓴다. 전투를 지탱할 요충지는 비록 전투를 유발시키거나 전투정면이 확대될 염려가 있더라도 이를 점령하는데 망설이지 말아야 하며, 전방 부대 내의 모든 지휘관 역시 이 요령에 준하여 행동한다.

45항) 조우전에서는 적보다 먼저 전개를 마치는 것이 중요하기 때문에 지휘관은 각 부대로 하여금 행군종대에서 즉각 전개하도록 하는 것이 유리하다. 전개하기 위해서는 행군종대로부터 각각 분진(分進)하는 각 부대는 각자 경계를 실시하고 차츰 전개하는 데 편리하도록 그 길이를 줄인다.

46항) 지휘관은 모든 부대를 한 군데로 합쳐서 전투에 참여하게 하는데 주력해야 한다. 그러나 시기를 놓치지 않고 전방의 부대가 획득한 이익을 확실하게 유지하거나 확대하려는 경우는 후속하는 본대의 각 부대로 하여금 곧바로 전투에 참여토록 하는 것이 필요하다.

47항) 적이 만일 아군보다 먼저 전개를 마칠 염려가 있을 때는 적절하게 적과 이격하여 전투준비를 함으로써 적으로부터 포위되는 것을 예방한다. 또한 시종일관 우세한

---

[62] 조우전에서는 특히 지휘관(자)의 독단활용이 요구된다.(필자 주)

적과 전투하는 불리함을 벗어나기 위해 아군의 병력이 충분히 전개하기 전까지는 본격적인 전투를 피해야 한다.

o 대듦 싸움(趨戰)

48항) 방어진지를 점령한 적에 대해 추전(趨戰)[63]을 실시하는 자는 보통 적정과 지형을 정찰하고 공격시기와 공격방향과 방법을 선택할 시간적인 여유가 있다. 그러므로 지휘관은 사전에 주도면밀한 계획을 수립하고 또한 충분히 준비를 해야 한다.
적진지의 가치는 공격을 계획하는데 지대한 영향을 주는 것이므로 정찰(偵察)은 오직 기병과 전위들의 보고에만 의지하지 말고 지휘관은 모든 수단을 다해서 직접 정찰을 실시해야 한다.

49항) 지휘관은 명령을 하달하여 우선 부대를 전개하여 전진하도록 한다. 이 시기에 전위는 전투가 유발되지 않도록 하면서 적이 공세(攻勢)로 전환되는 것을 막을 준비에 힘써야 한다. 대개 동작이 빠른 방자(防者)는 공자(攻者)의 머리가 드러나는 시점에 공격하는 태세로 전환되기 때문이다.

50항) 상급지휘관은 공격계획을 수립한 후 각 지휘관을 집합시켜 적시에 명령을 하달함으로써 각급 부대가 공격준비의 위치로 이동하게 한다. 이 공격준비의 위치는 가급적이면 적에게 가깝게 해야 하지만 적 포병으로부터 피해를 당하지 않을 지점을 선택하여야 한다. 부대를 공격준비 위치로 가게 하려면 각 부대에게 그 부대가 전개할 지역과 공격 목표를 제시한다. 각 부대는 각각 적절하게 자체적으로 경계를 실시하고 공격준비 지점으로 이동한다. 그런데 선두가 될 대대는 집결해 있을지 혹은 전개할지는 상황에 따라서 결정해야 한다.

51항) 각 부대가 공격준비를 할 위치로 이동한 뒤에 포병의 사격개시와 보병의 공격개시는 상급지휘관이 명령을 한다.

52항) 아군포병의 화력효과가 제대로 발휘되지 못하거나 주간에 힘써 공격할 것이 없을 경우는 야간을 이용하여 적에게 근접하는 것이 오히려 유리한 점이 많다.

---

[63] 적 방어진지에 대한 공격으로, 추전은 공격전투 형태의 하나이고, 추격은 공격작전의 성공 후 실시하는 전투형태임.(필자 주)

53항) 매우 견고한 방어진지를 공격할 경우는 부득이 차츰차츰 공격진지를 만들면서 적에게 접근하게 된다. 그러나 이 때문에 시간만 허비하고 적으로 하여금 방어를 더욱 튼튼하게 하는 불리점이 있다. 이와 같은 공격에서는 포병 특히 야전 중포병(重砲兵)의 효력이 가장 크므로 보통 집단포병의 통합화력을 발휘해야 한다.

제3장 막기(防禦)

54항) 방어는 걸핏하면 아주 끌려 다니는 처지에 빠져서 아군의 행동에 자유를 잃기가 쉽다. 그러므로 시기가 포착되면 지체하지 말고 공세로 전환해야 한다. 대체로 방어에서는 반드시 적의 기도를 잘 살펴 인지할 필요가 있으므로 기병은 제반 수단을 다해 이러한 요구를 충분히 충족시켜야 한다.

55항) 결전에서 승리를 얻고자 하면 방어에서 반드시 공세행동을 병행해야 한다. 다만 방어만을 목적으로 할 때에는 전력을 다해 그 방어진지를 굳게 지키는 것으로 충분하다.

56항) 진지를 점령하는 부대는 특히 화기의 효력을 제대로 발휘하는 것이 중요하다. 그러므로 지휘관은 이 목적에 기초하여 특히 포병의 용도를 고려하여 진지를 선정해야 한다. 그런데 진지는 항상 공세로 전환할 만한 지대가 있어야 한다. 방어진지는 병력에 적합해야 하는데 고지나 마을, 나무 숲 등을 이용하는 것이 좋다. 그러나 이 때문에 공세로 전환하는 것이 방해되어서는 안 된다. 진지 전방의 지형이 환히 트여 원거리까지 사계가 확보되고 또한 진지 내뿐만 아니라 진지 후방과의 교통이 자신의 뜻대로 원활하며 적에게 은폐되고 그 측익을 튼튼한 지탱점에 의탁할 수 있으면 매우 유리하다.

57항) 진지를 점령하고자 할 때에는 보통 그 전에 1개 부대를 선발 운용하여 아군의 진지 점령을 엄호하게 하며, 적에게 가까울 때에는 이를 위하여 약간의 보병부대로 하여금 한동안 맞서 대항토록 한다. 엄호대(掩護隊)는 적절한 시기에 퇴각하는데 그러한 때에는 진지를 점령한 아군부대의 사격에 방해가 되지 않도록 주의한다.

58항) 진지는 방어의 목적에 따라서 지형과 지휘관의 편리함과 불편함을 고려하여 몇 개의 지역으로 나누고, 각 지역에는 이에 적합한 건제부대를 배치하며 지역마다 각각 예비대를 준비한다. 지역의 수와 이에 구비해야 할 병력은 상황에 따라서 동일하지 않다. 예를 들어 공세를 취하려는 방면이나 또는 사계(射界)가 좋지 않은 지역에는 병력을 증대하거나 진지내의 교통이 어려울 때에 지역의 수를 늘리는 것과 같은 경우이다.

59항) 진지의 각 부대는 모두 원하는 대로 충분하게 되는 경우가 드물다. 그러므로 적절한 병력의 배분과 진지공사로서 그 부족함을 보충해야 한다.

60항) 보병의 전투선은 보통 포병진지의 전방에 정하여 적의 보병에 대하여 아군의 보병과 포병의 화력을 발휘하는 동시에 아군의 포병을 엄호할 수 있도록 은폐해야 한다. 그런데 그 거리는 지형에 따라 다르지만 평탄한 지대에서는 500미터 정도가 적당하다. 포병과 기관총은 예상되는 적의 공격방향에 대하여 화력을 잘 발휘할 수 있어야 하고 또 공세로 전환할 때에도 매우 효력 있는 사격을 할 수 있어야 한다.

61항) 방어할 진지는 시간이 가용한 대로 견고하게 공사를 실시해야 한다. 그런데 진지공사는 보통 지역을 맡은 부대가 행하는 것이며, 전체의 목적에 맞도록 통일하는 것은 상급지휘관의 임무이다. 적에게 안전한 지점을 제공하지 않기 위해 상급지휘관은 전방을 지역마다 나누어 맡기고 각 지역 앞의 사각(死角)은 인접 지역이 서로 횡으로 방어할 수 있게 해야 한다. 진지공사는 비록 그 필요성이 적너라도 소홀해서는 안 되며, 또 상황의 변화에 따라서는 이미 해놓은 진지공사를 폐기하는 것도 아끼지 말아야 한다.

62항) 방어진지의 공사는 축차적으로 막을 수 있도록 두어 줄로 하지 말고 오직 하나의 진지를 매우 튼튼하게 하며, 사격선을 연하도록 하지 말고 2~3개의 무더기(區域)로 나눈다. 지역의 병력이 많을 때에는 보통 대대마다 집결하게 하는 것이 좋다. 그런데 각 구역 진지공사의 간격과 그 전방은 인접부대에서 효력 있게 쓸 만하도록 해야 하기 때문에 기관총을 사용할 수 있으면 가장 편리하다. 공병은 공사를 지시하거나 지원해줄 뿐만 아니라 진지 중에서 특별히 중요한 부분의 공사를 책임진다.

63항) 진지 특히 방어진지의 공사는 가급적 적에 대해 오래토록 은폐해야하기 때문에 여러 수단을 사용할 뿐만 아니라 각 지역에서 전방에 척후를 내보내거나 감시부대를 배치하여 적의 수색을 방해해야 한다. 적으로 하여금 아군의 병력과 배치를 잘못 알도록 간혹 모의(模擬)진지를 만들기도 한다.

64항) 방어부대를 진지에 너무 일찍 배치하는 것은 적해 대해 아군의 진지를 환하게 노출시킬 뿐만 아니라 적정에 대응하여 배비를 변경하는 것도 어려워서 결국에는 배비가 지연될 염려가 있다. 반면에 만일 시기가 늦을 때에는 적으로 인한 손해가 없다고 하더라도 적이 아군에게 접근하게 되어 이롭지 않다. 이처럼 배치의 적절한 시기는 모든 진지가 동일하지 않으므로 적절한 시기에 방어부대를 배치하는 것은 각 지역에 위치한 지휘관의 책임이다.

65항) 각 지역의 예비대는 적기에 전선의 선두를 구원할 수 있도록 지형을 이용하여 가급적 전방 가까이에 위치해야 한다. 이 때문에 필요하면 엄체(掩體)[64]를 만들어서 전진하기에 편할 만큼 진지공사를 한다.

66항) 총예비대(總豫備隊)의 위치는 예비대의 병력, 전투상황, 지형에 따라 양호한 기회를 틈타 공세전환이 용이한 지점을 선정해야 한다. 예비대는 통상적으로 진지의 날개 옆의 후방에 위치할 때 공자의 바깥 날개 또는 옆을 포위하기에 편리하다.

67항) 각 부대 간의 교통연락을 위하여 전화선을 연결하고 전령을 배치하며 교통로를 만드는 것은 방어에서 더욱 중요하다. 예하 각급 지휘관은 적절한 시기에 각기 그 방면의 상황을 상세히 보고해야 한다. 이것은 상급지휘관이 양호한 기회를 놓치지 않고 즉각 공세로 전환하기 위해 가장 필요한 조건이다.

68항) 진지의 위장과 진지공사의 실시, 교통망의 설비와 부대의 배치 등이 모두 알맞게 진행되면, 방어에 운용할 병력을 더욱 조절하고 공세이전으로 전환할 때 운용할 총예비대가 더욱 많게 되어 승리의 기초를 확실히 할 수 있다.

69항) 사격을 개시하는 시기는 전투의 목적과 준비한 탄약의 수량에 따라서 다를 수 있으나 사격은 적병이 아군의 효력사 지대 내에 도달할 때까지 기다렸다가 시작한다. 탄약을 많이 준비하는 것은 방어에서 더욱 중요하다.

70항) 방어전투의 경과가 더디고 빠르게 됨은 적의 전진 속도에 달려 있지만, 방어진지에 있는 병사는 적이 가까이 옴에 따라서 더욱 더 침착하게 화력을 최대한 발휘하여

---

64) 적의 사격이나 포격으로부터 인원과 장비를 보호하는 설비를 뜻함.(필자 주)

적을 격멸시키고자 힘써야 한다.

71항) 방어부대의 사격으로 적의 공격을 갑자기 약하게 한 경우 혹은 적의 약점을 발견했을 때, 상급 지휘관은 즉시 총예비대를 운용하여 공세이전으로 전환한다. 또한 필요하다면 공세이전과 동시에 진지에 있는 부대의 전체나 일부 부대로서 공격해 나가게 할 수도 있다. 이 시기에 진지에 남아 있는 부대는 사격의 효력을 최대한 발휘하여 정면에 있는 적으로 하여금 다른 곳으로 돌아볼 겨를이 없도록 고착견제(固着牽制)를 해야 한다.

72항) 전투가 진행되는 중에 끝까지 공세이전을 할 기회가 없고 적이 벌써 가까운 거리까지 온 경우에는 보유하고 있는 화력을 최대한 사용하여 적이 벌벌 떨게 하고 전 전선을 이끌고 힘차게 나아간다. 이 시점에 포병과 기관총은 비록 아주 환하게 노출될지라도 조금도 개의치 말고 가장 편한 위치로 나아가 맹렬한 사격을 결전방면으로 집중한다.

73항) 적이 만일 아군 진지에 깊숙이 들어오면 진지를 방어하는 병사는 끝까지 의기양양하게 싸운다. 이 시점에 만일 뒤에 밀집부대가 있을 때에는 그 혼란함을 틈타 용감하게 공격하여 진지를 탈환하기 위해 힘써야 한다.

제4장 추격(追擊) 및 퇴각(退却)

74항) 대체로 전투에서 승리한 직후의 일반적인 상태는 자칫하면 눈앞의 상황에 현혹되어 작은 승리에 만족하고 용감히 추격(追擊)하는 것을 망설이면 완전한 승리의 기회를 순식간에 놓치는 경우가 많다.[65] 그러므로 각급 지휘관은 적이 퇴각하면 곧

---

[65] 원문에는 "한 삼태 흙에 공(功)을 이지러트림이 많다"고 기술하고 있다. 한 삼태기의 흙만 더하면 산이 완성되는데 그렇게 하지 않아서 마무리가 되지 않음을 비유적으로 표현하고 있다. 즉 성공적인 전투가 달성되었을지라도 추격을 실시하지 않으면 전과를 확대하지 못해 완전한 승리를 달성할 수 없음을 강조하고 있다. 추격의 중요성을 한 삼태기의 흙에 관련한 문구를 인용하여 비유적으로 설명하고 있다. 원문의 내용은 『書經』의 〈여오편(旅獒篇)〉에 나오는 '위산구인 공휴일궤(爲山九仞 功虧一簣)' 문구로부터 비롯한 것이다.(필자 주)

바로 맹렬한 추격을 시작하여 끝까지 쫓아가 적을 멸살함으로써 승리의 결과를 전과확대 하도록 힘써야 한다. 적이 퇴각하려 할 때에는 의도적으로 한 부대로 하여금 아군을 향해 역습하고 그 기회를 틈타서 전장에서 이탈하고자 기도하는 경우가 있는데, 야간 혹은 안개 낀 시기에 더욱 그러하다. 이러한 경우에서는 역습에 유인되어 추격의 호기를 놓치지 않도록 해야 한다.

75항) 적의 진지를 돌격한 각 부대는 추격사격을 하되 적이 효력이 있는 아군의 사격범위를 벗어나게 되면 곧바로 기동하기 시작하여 맹렬하고 과감하게 적을 추격한다. 이때 기병의 기민한 동작은 적을 혼란에 빠뜨려서 추격의 결과에 큰 영향을 주게 된다. 상급 지휘관은 비교적 결집하기에 편리한 부대로 하여금 신속히 추격대를 편성하여 추격임무를 부여하고, 이미 추격 중에 있는 각 부대는 질서를 정돈하고 다시 전진할 준비를 하게 한다.

76항) 전투 후에는 승자도 힘에 겨움이 많지만 패자는 체력과 기력이 쇠퇴하여 힘겨움이 극에 달한다. 그러므로 승자는 온 마음을 다해 추격을 지속하여 최후의 승리를 달성한다. 이때 각급 지휘관은 부하에 대해 몹시 힘겨운 전투활동 시키기를 피하지 말아야 한다.

77항) 전투의 경과가 이롭지 못할 때는 결전을 통해 이를 회복할 것인지 아니면 전투를 단념할 것인지에 대해서 상급지휘관이 적절한 시기에 결정해야 한다. 부대가 오히려 세로길이 방향으로 배치되어 있을 때는 적절하게 퇴각(退却) 부대를 나눌 수 있다. 그러나 승리하기 위해 예비대를 쓰지 않고 퇴각 시의 엄호를 위하여 예비대를 남겨 두는 것은 큰 잘못이다.

78항) 퇴각하는 전투를 지휘하는 요령은 신속하게 적으로부터 이탈하는 데 있다. 이 때문에 상급 지휘관은 가급적 두어 종대가 되어 나갈 만큼 처치하고 또한 행진 목표, 수용(受容)부대,[66] 수용진지 등을 분명하게 제시하고 퇴각을 시작한 뒤에는 적절한 위치로 먼저 가서 퇴각해 오는 부대를 기다려서 다시 그 후의 상황조치(處置)를 할 것이며, 그 밖의 일은 모두 예하 지휘관에게 위임한다.

각 부대의 지휘관도 위에서 언급한 것처럼 퇴각하는 전투를 지휘한다. 차후 집결진

---

[66] 진지를 인수하는 부대.(필자 주)

지는 전체의 상황을 고려하여 선정함으로써 퇴각하는 부대가 차후 진지의 엄호하에서 집결하거나 출발할 수 있도록 해야 한다. 차후진지의 부대에는 가급적 잘 훈련된 병력을 운용하며, 특히 포병과 기관총을 배속한다. 이 차후진지의 부대가 곧바로 후위(後衛)가 되면 큰 이점이 있다.

79항) 전선에 있는 각 부대 또한 필요하면 세로 길이 방향으로 있는 자기 병력으로 하여금 선두부대를 수용할 것이며, 그 진지는 가능한 한 퇴각로 옆에 가리어 그 화력으로 적의 추격을 방해함으로써 선두부대가 무너지지 않도록 해야 한다.

80항) 이미 후방부대가 없든지 혹은 후방부대가 적에게 격퇴된 경우, 보병은 오직 그 당시의 대형대로 정면과 직각되는 방향, 즉 측방으로 퇴각하는 수밖에 없다. 이때 포병과 기관총은 피해를 무릅쓰고 적의 보병을 사격함으로써 아군의 보병이 적으로부터 이탈할 수 있도록 힘쓴다. 기병은 주로 측방과 후방의 경계를 맡아서 퇴각하는 보병을 위해 불시의 위험을 예방하고 전투상황에 따라 아군을 위태로운 장소에서 벗어날 수 있도록 용감하게 활동을 해야 한다.

81항) 전장을 이탈하고자 하면 적의 공격이 가장 치열한 위치에서 가장 오래도록 저항하는 것이 원칙이며, 상황이 허락되면 어두운 밤을 이용하여 퇴각하는 것이 좋다. 또 아군의 기도를 숨기기 위하여 간혹 하나의 부대로 하여금 맹렬하고 용감히 역습케 하고 그 기회를 이용하여 적으로부터 이탈할 수 있도록 힘쓴다.

제5장 밤 싸움(夜戰)

82항) 야간에는 병력과 기도를 숨겨 손해를 피하고 적에게 가까이 갈 수 있는 이점이 있다. 그러나 전방 관측이 어렵고 기동이 불편하여 부대의 협동동작과 지휘의 통일이 어려워서 자칫하면 잘못이 발생하기 쉽다. 대부대에서는 야간을 이용하여 적에게 가까이 이동하며, 소부대에서는 야간을 이용하여 적을 기습적으로 공격하는 경우가 종종 있다. 또한 견고한 진지에 대하여는 대부대에서도 야간을 이용하여 공격하지 않을 수가 없다.

83항) 야간 전투에서 지휘관은 온갖 수단을 다하여 정밀한 계획을 수립하고, 가급적 주간에는 각 부대장을 집결시켜 명령을 내려서 모든 준비를 하도록 한다. 명령에는 특히 각 부대의 기동목표와 기동로, 상호 연락 및 식별방법 그리고 필요시 도착 장소 등을 명시하고, 임무 종료 후 우선 조치해야 할 것을 미리 제시하면 어둠이 주는 유리점도 있다.

84항) 견고한 진지에 대하여 야간공격을 실시하는 경우, 부대가 예정한 지점에 도달하면 즉시 진지를 구축하여야 한다. 지면이 단단하여 파기가 어렵거나 땅 파는 소리가 적에게 들리지 않도록 할 경우에는 모래주머니를 사용하는 것이 좋다. 진지구축에 가담하는 인원은 즉각 전투에 임할 수 있는 준비태세를 갖추어야 하며, 경계는 척후병에게 임무를 부여하고 특별히 엄호부대를 배치하는 것은 지양한다. 포병 특히 야전중포병은 주간부터 적 포병과 적의 방어 진지에 대해 사격을 실시하며, 필요시 야간에도 사격을 지속한다. 그런데 보병이 최후 방어진지를 점령하기까지는 야간을 이용하여 적절하게 포병진지를 확보하여 보병의 돌격을 지원하는데 부족하지 않도록 한다. 공병은 보병과 협동하여 장애물을 제거하고 또 적이 진지를 재구축하는 것을 방해한다. 최후의 공격 시 진지에 돌격할 때에는 통상 적의 진지에 깊숙이 진입하며, 장차 추격을 하고자 할 때에 날이 밝도록 하는 것이 좋다. 이와 같이 하면 추격을 할 때에 기병과 포병으로 하여금 각각 그 특성을 최대한 발휘할 수 있는 유리점이 있다. 만일 적정(敵情)을 분명하게 알 수 없는 경우에는 야간에 즉시 돌격하기도 한다.

85항) 야간 기습(奇襲)은 거의 보병이 주로 하는 임무로서, 기습의 성공을 위한 핵심요소는 갑작스럽게 적을 압박하여 총검으로 단숨에 결전하는 데 있다. 야간의 기습은 화력을 제대로 발휘할 수 없을 뿐만 아니라 이 때문에 아군의 의도가 노출되거나 기동을 지체시키는 불리점도 있기 때문이다. 야간에 기습을 하는 부대는 최초부터 결전에 필요한 병력을 제일선에 배치하고, 기습하는 각 부대로 하여금 힘써 집결하도록 하는 것이 필요하다. 또한 예비대는 가급적 제일선 가까이 후속하게 할 것이지만 너무 일찍 전투지대에 투입되지 않도록 주의해야 한다.

86항) 야간 돌격(突擊)은 매우 가까운 거리에서 시작하되 각급 지휘관은 될 수 있는 대로

부하를 장악하고 적진의 한 부분을 맹렬하게 무찌른다. 그런데 돌격에 성공하게 되면 각 부대는 신속하게 질서를 정돈하고 경계를 엄하게 하며, 적의 역습에 대비하고 신속히 적을 추격한다.

87항) 야간 방어(防禦)는 매우 어렵기 때문에 방자는 방어선 전방에 경계병을 내보내며, 진지 전방을 조명하는 등 여러 가지 수단을 다하여 적의 접근을 경계한다. 또한 진지를 방어하는 병사는 적의 공격방향에 대하여 미리 야간사격의 준비를 한다. 특히 적의 예상 접근로(接近路)에 세로 방향으로 사격할 만한 지점에는 기관총을 설치해야 하며, 적이 아군의 진지에 가까이 와서 진지를 구축하는 것을 알게 되면 소부대로 공격을 하여 이를 방해하는 것이 유리할 때가 종종 있다.

88항) 야간에 적의 공격을 받을 시점에서 새롭게 부대배치를 조정하는 것은 종종 혼란을 줄 뿐이다. 그러므로 적의 야간공격이 미리 예상될 때에는 필요한 만큼의 병력만을 방어 사격선에 운용하고 후속부대를 가깝게 배치하여 신속하게 전방부대를 구원할 수 있게 조치해야 한다.

89항) 야간 방어 시 적기에 인접부대의 협조와 후방부대의 지원을 받기 어려우므로 각 부대는 굳건한 결심으로 각각 그 위치를 방어하고 매우 가까운 거리에서 화력을 최대한 발휘하여 적을 격멸하는 데 힘써야 한다. 순식간에 적이 가까운 거리에 올 때는 적에 대해 맹렬히 사격하거나 수류탄을 던지고 삽시간에 총검으로 서슴없이 역습을 한다.

제6장 버팀 싸움(持久戰)

90항) 지구전(持久戰)은 결전을 피하고 시간적 여유를 얻고자 할 목적으로 실시한다. 엄호의 임무를 띤 부대가 전투를 피할 수 없을 때 통상 지구전을 하며, 정면의 부대로 포위하거나 우회하는 부대가 양호한 시기를 틈타 그 임무를 실행하기 위해 지구전을 하게 할 수 있다.

91항) 지구전에서는 가급적 적을 원거리에서 꼼짝 못하게 하는 것이 좋다. 이 때 다수의 포병을 운용하면 특히 유리하다.

92항) 지구전에서 부대의 할당 및 배치는 목적, 시간, 지형에 따라 큰 차이가 있다. 그런데 지휘관의 차후 결심을 기초로 하여 부대를 재편성할 경우에는 다수의 병력을 후방에 남겨두어야 한다. 어떤 경우에서든지 제일선의 부대는 통상 병력에 비해서 넓은 정면에 전개한다.

93항) 지구전 임무를 부여 받은 부대는 그 목적을 달성하기 위하여 기만(欺瞞)적인 공격을 할 수 있다.

제7장 산 싸움(山地戰), 강내 싸움(河川戰)

94항) 산지(山地)는 그 폭과 고저 등에 따라 전술적 가치가 다르다. 그러나 통상 전개할 지역이 좁아서 상호 소통이 불편하고 기동이 용이하지 않아 대부대의 지휘를 어렵게 한다. 그러나 병력과 기동을 적에게 은폐할 수 있으며, 소수의 병력으로 다수의 적을 방어할 수 있다. 대체로 전투에서는 인접부대의 협동작전을 반드시 기대할 수 없고 예하 각급 지휘관의 독단을 기대하는 경우가 많다.

95항) 산지에서는 공격과 방어가 공히 감제고지(瞰制高地)를 차지하고 포병 특히 산포병(山砲兵)과 기관총을 이용하여 도로와 계곡, 비탈 등을 쓸어 쏘게 해야 하며, 또한 교통망의 설비를 완전하게 하여 전투 활동을 쉽게 하도록 힘써야 한다. 그러므로 하나의 부대라도 만일 제일 높은 지점을 확보하게 되면 적의 활동을 관찰하기가 용이하고 적의 기세를 꺾을 수 있는 유리함이 있다. 산지에서는 중첩사격(重疊射擊)[67]을 할 기회가 많다.

96항) 산지 전투에서 공자(攻者)는 적 방향으로 통하는 도로, 계곡, 능선 등을 이용하여 전진한 후 적을 포위하거나 멀리 우회하여 적의 후방을 위협하며 그 퇴로를 차단

---

[67] 원문에는 중층사격(重層射擊)으로 기술하고 있음.(필자 주)

하는 것이 필요하다. 공격할 때 각 부대는 가급적 사각을 이용하여 적진지의 지탱점과 중요한 산자락[68]의 목진지를 탈취하는 데 힘써야 한다. 이때 한 부대로 하여금 산 위에서 적의 진지로 사격하여 아군 부대의 전진을 용이하게 한다. 돌격하는 부대가 경사지에 올라갈 때 적은 간혹 역습을 하므로 후속하는 부대는 전선의 선두부대 가까이에 위치하는 것이 필요하다. 적에게 큰 피해를 줄 만한 시기는 통상적을 산 정상에서부터 내려쫓는 짧은 시간에 있다. 그러므로 이때에는 맹렬한 추격사격이 특히 중요하기 때문에 포병과 기관총의 일부 부대는 어려움이 있을지라도 신속하게 추격사격에 동참해야 한다.

97항) 산지의 방어에서는 적으로 통하는 모든 통로, 즉 적의 예상 접근로를 단단히 지켜야 한다. 만일 상호 소통이 어려운 때는 각 지역에서 방어할 병력을 줄이고 다수의 병력을 총예비대로 편성하여 전진하기에 용이한 위치에 남긴다. 이것은 적이 분리될 때를 틈타 신속한 공세로 전환하기 위한 것이다. 교통이 불편한 때는 총예비대를 두어 지점에 분산해 두는 것이 옳다. 또한 처음부터 각 지역의 병력을 증강하여 지역마다 독립적으로 전투를 하게 하는 것이 좋을 수도 있다. 이 경우에 전선의 확장을 피할 수 없으나 산지에서는 한 부대의 승패가 전체에 미치는 영향이 비교적 적으므로 각 지역 마다 의기양양하게 싸우면 최후의 승리를 할 수 있다.

98항) 산지전투에서 방자(防者)는 중요한 산자락의 목진지를 점령하고 산 정상에서 계곡과 비탈에 대해 하향사격을 하도록 부대를 배치하며, 특히 어느 각도에서도 보이지 않게 방어 설비를 한다. 포병과 기관총을 적절하게 운용하면 산지 방어에 크게 효과적이다.

산 정상과 산 중턱에 구축한 방어진지는 적의 특정한 사격표적이 되기가 쉬워서 온갖 수단을 강구하여 은폐 및 엄폐하도록 힘써야 한다. 적이 공격해 오면 방자는 사격으로 적을 어지럽게 하여 피해를 가하고, 비탈길을 올라오느라 혼란하고 힘겨움을 틈타서 맹렬하고도 용감하게 역습하여 적을 격멸하는 데 힘써야 한다. 공격을 받지 않는 지역이나 적을 격퇴한 지역을 방어하는 부대는 인접 지역을 공격하는 적의 측방이나 후방으로 진출하여 공격한다. 다만 소수의 방어 병력은 진지에 잔류시킨다.

---

[68] 밋밋하게 비탈져 나간 산의 밑 부분을 뜻함.(필자 주)

99항) 하천전(河川戰)의 경우 적의 전방에서 하천을 건너기는 매우 어렵다. 그러므로 공자는 늘 적이 예상하지 못하는 시기에 전진하거나 허위 기동을 실시하여 적을 기만하고 신속하게 도하를 실시한다. 또한 교량이나 선박, 뗏목 등을 은밀하게 미리 정돈하여 둔다. 교량의 설치는 가급적 야간에 시작하여 동트기 전에 마친다. 이때 통상 보병의 한 부대로 하여금 먼저 선박과 뗏목 등을 이용하여 도하(渡河)하여 전방지역 언덕의 주요 지점을 확보한 후 교량설치 간 엄호를 하게 한다. 필요시 약간의 기병과 포병을 배속하기도 한다. 포병은 필요시 후방 언덕에 진지를 확보하여 도하를 방해하는 적에 대해 집중적으로 사격할 수 있도록 준비한다.

100항) 하천방어(河川防禦)의 핵심은 적이 중간 정도를 건널 시점에서 공세로 전환하는데 있다. 이 때문에 예상되는 각 도하지점에 소수의 경계부대를 배치하고 주력은 적이 어느 곳으로 오더라도 즉각 대응할 만한 지점에 위치한다. 직접 하천을 따라서 병력을 배치하여 방어하는 것은 지형이 특별히 유리하던지 혹은 지구전의 목적으로 할 때로 국한된다. 하천방어에서는 적의 허위기동에 기만당하지 않도록 주의하며, 실제로 적이 도하하는 경우에는 신속하게 이에 대응해야 한다. 이 때문에 멀리까지 기병을 전방 언덕으로 내보내어 적정을 수색하게 하는 것이 필요하다. 또한 교통연락의 설비를 완전하게 하도록 힘써야 한다. 적이 이용할 것으로 예상되는 교량은 미리 파괴하거나 파괴할 준비를 해 두어야 하며, 그 외에 예상되는 도하지점을 정찰하고 필요시 적의 도하를 어렵게 하기 위해 사용할 진지도 사전에 구축 공사를 해야 한다.

제8장 숲 싸움(森林戰), 마을 싸움(住民地戰)

101항) 전장에서 소산되어 있는 나무숲(森林)과 마을(住民地)은 가끔 전투 집결지가 된다. 방자는 이를 점령하여 견고한 지탱점(支撑點)으로 삼고, 공자는 이를 이용하여 거점(據點)으로 삼는다. 그러나 나무숲과 마을은 일반적으로 이동과 관측이 불편하여 지휘가 어렵기 때문에 지휘관은 특히 부하를 지휘권에서 벗어나지 않도록 잘 장악하는 것이 중요하다. 나무숲이나 마을을 공격할 때, 가급적이면 넓은 곳에서 결전을 하도록 힘쓴다. 방어에서는 한정된 장소(局地)는 적의 집중사격의 표적이 되는 경우가 많기 때문에 포병과 예비대는 통상 이 국지의 바깥 넓은 곳인 개활지에 배치한다.

102항) 삼림(森林) 내부를 통행하여 적을 공격할 때, 그 숲속에 들어간 부대는 적을 놓치지 말고 계속 전진하되 신속히 대오를 정돈하고 연락통신과 행진 방향을 유지하며, 숲속의 전방 끝까지 도달하도록 힘쓴다. 다만 삼림이 우거지지 않고 적을 경우에는 그 전방 끝까지 연속적으로 돌격한다.

103항) 삼림 내부를 통행할 때에는 특히 방향을 잃지 않도록 주의하며, 항상 적과의 접전(接戰)에 대비해야 한다. 이 때문에 선두의 부대는 가급적 집결된 상태를 유지하고 정면 전방이나 측방에 약간의 산병이나 척후병을 배치한다.

104항) 삼림을 점령할 때는 식별하기 쉬운 수풀의 주변을 피하고, 나무 때문에 사격이 방해되지 않을 정도의 수풀 후방에 사격선을 선정하는 것이 좋다. 숲이 우거지지 않았을 경우는 특히 그러하며 만일 숲이 빽빽이 우거진 때에는 사격선을 전방에 만들고 나무숲은 오로지 후방부대를 은폐하는데 사용하는 것이 유리할 때도 있다. 적이 수풀가에 진입해 오면, 그 혼란한 틈을 이용하여 역습으로 적을 격퇴하는데 힘쓴다.

105항) 집을 벽돌이나 돌로 짓고, 튼튼한 담장이나 울타리 등이 있는 마을은 적의 사격으로부터 양호한 엄호가 제공되고 그 마을 주위는 보통 전투의 근원이지만 마을 안에 다수의 부대병력을 진입시키는 것은 피해야 한다. 목조 건축의 집들로 된 마을은 적의 사격으로 인해 화재가 발생하기 쉬우므로 차라리 그 앞에 사격선을 만들고 마을은 다만 후방부대를 은폐하게 하는 것이 옳다. 부대를 분할하여 집 건물 내에 진입시키는 것은 필요한 경우에 국한한다. 이런 경우는 진지공사를 하여 연락을 편리하게 해야 한다.

106항) 마을을 공격(攻擊)할 때, 포병 특히 야전중포병은 돌격할 지점을 향해 화력을 집중하여 마을을 파괴하거나 화재를 발생시킬 수 있도록 힘쓴다. 공병은 폭발탄으로 담장이나 울타리 등을 붕괴시키는 등 협동하여 보병의 공격을 용이하게 한다.

마을에 진입한 부대는 적을 추격하여 적의 직전에 이르기까지 연속적으로 돌격한다. 이때 오히려 적이 확보하고 있는 집이 있으면 한 부대를 잔류시켜 그쪽으로 향하게 한다.

107항) 마을의 방어(防禦)에서는 담장, 울타리, 집 등의 경황에 따라서 각 부대의 방어구역을 정하여 지키게 하되 비록 적이 그 한 구역에 진입해 오더라도 다른 구역에 미치지 않도록 준비하는 것이 필요하다. 마을에서는 오직 그 주위만 방어할 뿐만 아니라 안에서도 길을 막으며 튼튼한 집을 점령하는 등의 설비를 한다. 또는 화재를 막으며 소화할 준비를 해야 한다. 적병이 마을 안에 진입해 오면 역습으로 적을 격퇴하는 데 힘쓴다. 집이 튼튼한 마을은 적당하게 방어하면 비록 적에게 포위된 경우에서도 오히려 방어 상태를 유지할 수 있다.

제9장 다른 병종에 대한 보병의 동작[69]

108항) 침착하게 사격하는 보병은 어떠한 대형으로든지 우세한 적 기병(騎兵)의 기습을 무력하게 할 수 있다. 전투 중에 있는 보병이 만일 적의 기병에게 유인되어 이 때문에 대형을 바꾸거나 혹은 기동을 지체하게 되면 이미 적에게 한 수를 진 것이다. 그러므로 적의 기습을 받을 경우에는 직접 응전해야 할 부대를 제외하고는 그대로 자기의 임무를 수행하고, 이에 유인되어 전투를 하지 말아야 한다.

109항) 보행중인 기병에 대해서는 비교적 작은 보병을 가지고도 성공할 수 있으니 이때는 특히 사람이 타고 있지 않은 말에 대해 사격을 집중한다.

110항) 적 포병(砲兵)과의 전투는 원거리에서는 포병의 화력이 보병보다 낫고 1,000미터 정도의 거리에서는 그 효력이 거의 대등하며, 이보다 근거리에서는 보병이 포병보다 더 낫다. 보병은 적의 포병이 이동하거나 포를 방열할 때나 혹은 차에 연결 중이거나 짐을 올리고 내릴 때 사격을 한다. 또는 진지에 있는 포병에 대하여 빗

---

69) 적 보병 이외의 기병이나 포병부대에 대한 아군의 보병전투에 대한 내용임.(필자 주)

겨 쏘거나 세로 사격(縱射)할 수 있을 때에는 원거리일지라도 오히려 유리하다.

111항) 보병이 적의 포병 사격을 받을 때에는 신속하게 기동하여 대형을 변경하고 지형을 이용하거나 보행속도를 빠르게 하는 등 온갖 수단을 통해 적 포병화력의 효과가 최소화 되도록 힘쓴다. 즉 원거리에서 사격을 받을 때에는 정면을 좁혀서 적의 조준을 어렵게 하고, 이미 적 포병사격권 내에 있을 경우에는 넓은 간격의 대형을 취해 신속히 그 사격구역을 벗어나야 한다. 대체로 군기가 엄하고 침착한 보병은 비록 적 포병의 맹렬한 사격을 받을 때에도 사격이 잠시 멈추는 사이에 계속해서 전진기동을 한다.

112항) 기관총은 우세한 적 기병의 기습을 격퇴할 수 있다. 그런데 이때에는 화력을 전 전선에 걸쳐 골고루 실시하는 것이 좋다. 또 먼 거리에서 포병과 화력을 다투는 것을 자기의 임무라고 생각하지 말아야 한다. 그러나 적에게 접근이 용이할 때나 혹은 빗겨 쏘거나 세로로 사격을 할 수 있을 때에는 포병에 대해 승리할 기회를 가진다.

제3부
경례와 관병의 법식, 군도와 나팔의 다룸[70]

o 대지(要則)

1항) 경례와 관병의 법식은 항상 군대가 연습해 두어야 하며, 가장 엄정하게 해야 한다.

2항) 받들어총의 동작에 대해서는 제1부에서 보인 '총다룸'에 의거하여 모든 요령을 따른다.

3항) 행진중의 경례와 분열(分列)에는 규정된 보행요령을 적용한다.

o 받들어 총(捧銃)

4항) '세워총'으로부터 '받들어총'을 시키려면 다음과 같이 구령한다.

받들어 총
- 제1동작 : 오른손으로 총을 올려 몸의 중앙 전방에 가져 오되, 총열을 뒤로 하고 위로 똑바로 한다. 동시에 왼손으로 총열 덮개(銃蓋) 부분의 아래를 겹쳐 잡되 엄지손가락은 총의 덮개를 따라 펴고 팔뚝은 살짝 몸에 붙이되 이를 거의 수평하게 한다.
- 제2동작 : 오른손으로 살짝 개머리 목을 잡는다.

o 세워총

'세워총'을 다시 시키려면 다음과 같이 구령한다.

세워 총
- 제1동작 : 오른손으로 총열 덮개부위를 잡되 팔뚝을 살짝 몸에 붙인다.

---

70) 제3부는 20개의 항으로 기술하고 있음.(필자 주)

- 제2동작 : 오른손으로 총을 내리되 새끼손가락을 총열 덮개 위에 대고 허리에 지탱
하고 그 동시에 왼손을 내린다.
- 제3동작 : 총을 가만히 지면에 내려놓는다.

o 우(좌)로 봐(見右, 見左)

5항) '우(좌)로 보아'를 시키려면 다음과 같이 구령한다.

우(좌)로 봐

머리를 45도(°) 각도 우(좌)로 돌린다. 정면을 다시 보게 하려면 다음과 같이 구령하면
머리를 정면으로 향한다.

바로

o 군기의 받들음과 경례법(軍旗捧持, 敬禮法)

6항) 군기를 받들 때에는 깃대 촉(鐏)[71]을 오른발 다리에 대고 오른 발꿈치의 뒤로 하여
그 주먹을 어깨 높이만큼 하고 기의 머리는 약간 앞으로 숙인다.

7항) 경례를 할 때에는 기수는 오른손을 깃대를 따라 눈높이만큼 올리고 깃대 촉을 오른
발 다리에서 떼지 말고 오른손을 최대한 앞으로 펴서 기를 드리운다.

o 관병식(觀兵式)[72]

8항) 열병식(閱兵式)의 대형은 대대횡대를 한 줄이나 세 줄(〈그림 9〉)로 배치하고 분열식
(分列式)의 대형은 중대종대[73]를 사용한다.

9항) 중대종대의 각 소대 간의 거리를 좁히려면 다음과 같이 구령한다.

거리 좁혀

가운데와 끝에 있는 소대는 앞 소대에 대하여 거리를 좁혀서 〈그림 1〉의 'ㄴ' 字의 대
형을 만든다. 이전 대형을 다시 취하게 하려면 다음과 같이 구령한다.

거리 넓혀

---

71) 창의 물미로 창의 자루 끝을 싼, 쇠붙이로 만든 원추형의 물건을 뜻함.(필자 주)
72) 관병은 열병(閱兵)과 같은 말로서 국가원수나 지휘관 등이 군대를 정렬시켜 검열하는 일을 의미하며,
정렬한 군대의 앞을 지나가며 검열하는 의식을 열병식이라 함.(필자 주)
73) 대형은 앞의 중대교련 항목 중에서 설명하고 있는 〈그림 1〉을 참조할 것.(필자 주)

10항) 분열 행진을 시작하게 하려면 대대장은 다음과 같이 구령한다.

분열 앞으로 가

예령에 압오열에 있는 인원들은 열중으로 들어간다.

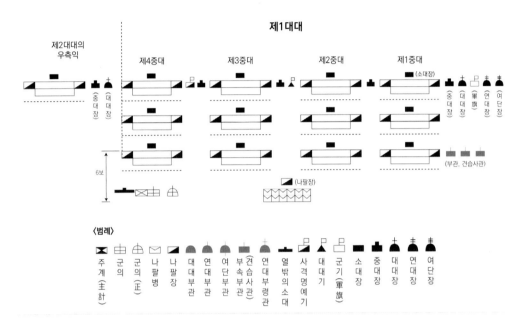

<그림 9> 연대 횡대대형

○ 군도와 나팔의 다룸(軍刀·喇叭 操法)

11항) 각급 지휘관, 준사관, 하사는 밀집대형과 집합대형에서는 군도(軍刀)를 뺀다. 다만 전투를 할 때에는 중대장 이하는 군도를 빼고, 그 외의 인원은 빼어야 할 시기에만 뺀다. 적의 관측을 피해야 할 때에는 군도를 빼지 않아도 무방하다.

12항) 군도를 찰 때에는 첫 번째 고리를 갈고리에 걸고 자루를 뒤로 한다. 말 위에서는 갈고리에 걸지 않는다.

13항) 정지 중에 군도를 뺄 때에는, 차렷 자세를 취하고 왼손으로 군도자루를 앞으로 향한다. 왼손 엄지손가락을 안쪽으로 하고 첫 번째 고리부분을 꼭 잡되 '군도 집'을 왼쪽 다리에 살짝 대고 오른손으로 칼자루를 잡는다. 칼몸을 '군도 집'에서 빼어 오른쪽 팔을 오른쪽 앞으로 높이 뻗쳐서 군도와 팔이 일직선이 되게 하고 빨리 '어깨 칼'을 하고 동시에 왼손을 내린다. '어깨 칼'을 하는 요령은 군도자루를 오른손의 엄지손가락과 2번째 손가락, 가운데 손가락 사이에 유지하며, 다른 두 손가락은 군도 자루 바깥에 붙이고 그 손을 오른쪽 볼기 뼈(臗骨) 끝 조금 아래에 붙인다. 이때 칼 몸은 꼿꼿하게 세우고 칼등은 어깨에 의탁하며 팔꿈치는 뒤로 조금 내민다.

정지 중에 군도를 뺀 상태로 설 때에는, 칼끝을 위로 하고 오른팔을 늘이든지 혹은 오른팔을 앞으로 가져오고 왼손으로 이를 받치며 칼 몸을 오른팔에 의탁한다.

14항) 정지 중에 군도를 꽂으려면, 오른손으로 칼자루를 잡아 군도를 꼿꼿이 올려서 얼굴 중앙 앞에 마주하게 한다. 이때 칼등(鍔)[74])과의 거리는 10센티미터(糎)[75])쯤 하고 그 높이는 입과 나란히 한다. 칼날은 왼쪽으로 하고 팔꿈치는 제대로 몸에 닿도록 한다. 이 동시에 왼손으로 첫 번째 고리 부위를 꼭 잡아서 군도의 집 입구를 앞으로 향하고 칼몸을 왼팔을 따라 칼끝을 뒤로 하고 내리면서 오른쪽 주먹을 높이 들고 머리를 조금 왼쪽으로 기울어 군도의 집 입구를 보고 칼끝을 집에 넣어 칼 몸을 단단히 꽂은 다음 자루를 뒤로하면서 신속히 두 손을 내리고 머리를 정면으로 향한다.

15항) 군도를 뺀 상태로 행진을 할 때는, 오른쪽 손등을 앞으로 하여 칼등을 잡고 팔을 늘이며, 군도의 등을 어깨에 의탁하고 군도 집을 갈고리에 건 상태로 왼손으로 잡고 두 팔은 제대로 힘차게 흔든다.

16항) 말 위에서는 왼손으로 고삐를 잡고 오른손을 왼팔 위로부터 왼쪽 옆으로 내려서 군도의 자루를 잡고 13항에 견주어 군도를 뺀다. 다만 '어깨 칼'에서 오른쪽 다리에 의탁하고 오른쪽 손목의 혈맥 부분(脈部)을 볼기 뼈의 끝에 대는 것만이 다르다. 군도를 꽂을 때는 14항에 준하여 실시한다.

17항) 군도를 빼어 휴대하고 있을 때는, 칼의 끈은 관병식을 할 때에 끼우고, 그 외에는 필요에 따라 오른쪽 손목에 끼운다.

18항) 군도의 경례는 '어깨 칼'로부터 한다.

　- 제1동작 : 오른손으로 군도의 자루를 잡아 군도를 꼿꼿이 올려서 얼굴 중앙 앞에 마주하게 하되, '칼등'과의 거리는 10센티미터쯤 한다. 그 높이는 입과 나란히 하며, 군도의 날을 왼쪽으로 하고 팔꿈치는 제대로 몸에 댄다(이것을

---

74) 악(鍔)은 칼날이나 칼등의 뜻.(필자 주)
75) 리(糎)는 센티미터의 뜻.(필자 주)

'받들어 칼'이라고 한다).

　- 제2동작 : 오른팔을 쭉 펴서 군도를 빗겨 내리되 손등을 아래로 하고 주먹을 오른쪽
　　　　　　　다리에서 조금 띄운다. 머리는 경례를 받는 이의 눈이나 혹은 경례할 곳
　　　　　　　을 주목한다. 경례를 마치면 다시 '어깨 칼'을 한다.

19항) 나팔을 휴대할 때에는, 그 끈을 목에 걸고 오른쪽 손으로 나팔을 잡는다. 그 요령은
　　　엄지손가락을 위로 하고 두 번째 손가락을 조임 못(開闔繰)에 대고, 그 외의 손가락
　　　은 두 번째 손가락과 함께 붙인다. 접착관(接着管)을 오른쪽 손목에 대고 가운데
　　　손가락을 바지의 재봉선에 대어서 이를 수평하게 유지하고 바로 앞을 향하게 한다.
　　　행진할 때에는 이를 제대로 힘차게 흔든다.

20항) 나팔을 불 때에는 접착관을 왼쪽으로 하고 이를 수평으로 유지한다.

〈보병조전초안 끝〉

〈備考〉

1. 연대 사이의 간격(間隔)은 24보이다. 3줄로 대대를 전개할 때는 대대 간의 거리는 8보로 하고 각 중대는 앞의 중대와 같이 반복한다. 연대의 전체 나팔병, 군의(正), 군의, 주계와 열 밖의 소대는 맨 끝 대대의 뒤에 위치한다.[76]

2. 사관후보생은 중대 가운데 위치한다.

3. 열 밖의 소대는 여단 및 연대(대대) 본부 소속의 정사, 부사, 참사, 간호장, 주계(主計), 후보생, 계수, 모든 공장(工長), 간호병의 순서대로 편성하고 선임 정사 및 부사가 지휘한다.

4. 견습 주계, 견습 군의는 주계와 군의의 열중에 포함한다.

5. 'ㄱ' 대형에서는 압오열(押伍列)에 있는 인원이, 'ㄴ' 대형에서는 우익분대장과 압오열에 있는 인원이 그 소대의 좌익에 이르러 두 열이 된다.

6. 각 열의 병사가 적을 때에는 각 소대를 홑 열로 편성하기도 한다.

7. 모든 부대 사이의 거리를 줄이기도 혹은 늘이기도 한다.

8. 경례는 중대마다 한다. 'ㄴ' 대형에서는 대대마다 경례를 할 수도 있다.

9. 연대 간의 거리(距離)는 앞 연대의 뒤 끝으로부터 뒤 연대장이 선 위치까지 20보로부터 40보까지로 한다.

10. 편성에 포함되지 않은 연대 소속의 위관, 견습 사관, 군의 정(正), 군의, 주계(主計)와 열 밖의 소대는 분열식(分列式)에 참가하지 않는다.

11. 부관들은 단대장(團隊長)의 왼편 뒤 반 보(步) 정도에 위치한다.

12. 군악대(軍樂隊)가 없을 때 나팔병은 선두 대장의 16보 앞에 위치한다.

---

[76] 이하 내용은 앞의 '〈그림 9〉 연대 횡대대형'에 관한 보충설명 내용이다.(필자 주)

보병조전초안의 부록

1. 바른 소리와 읽기 어려운 글자를 읽는 법의 사례[1]

ㅇ 'ㄷ' 글자 읽기, 'ㅅ' 글자 읽기, 'ㅈ' 글자 읽기, 'ㅊ' 글자 읽기, 'ㅌ' 글자 읽기, 'ㅍ' 글자 읽기, 'ㅎ' 글자 읽기, 'ㄲ' 글자 읽기, 'ㄴㅈ' 글자 읽기, 'ㄴㅎ' 글자 읽기, 'ㄷㄱ' 글자 읽기, 'ㄹㄱ' 글자 읽기, 'ㄹㅂ' 글자 읽기, 'ㅂㅅ' 글자 읽기, 'ㄲ' 사용, 'ㄸ' 사용, 'ㅃ' 사용, 'ㅉ' 사용

ㅇ 기타 글자 읽기의 예

一재(첫째), 二재(둘째), 三재(셋째), 一一재(열한째), 五〇(쉰째), 七九재(아흔일곱째), 二二五재(이백스물다섯째), 五번(다섯 번), 六번(여섯 번), 八거름(여덟 걸음), 九사람(아홉 사람), 一, 二, 三(하나, 둘, 셋), 十(열), 百(백) … 五六九(오백예순아홉), 四〇四(사백넷), 미(米)[2](미돌, meter), 리(糎)(센치미돌, centimeter), 모(粍)(밀리미돌, milimeter), 천(粁)(킬로미돌, kilometer)

---

[1] 의미가 있는 부분만 수록하고 그 외 내용은 생략, 사용 예는 수록을 생략함(원문의 부록을 참고할 것).

[2] 미돌(米突)은 미터(meter)의 음역어(音譯語)로 음역어란 한자를 가지고 외국어의 음(音)을 나타낸 말이다. 이것은 취음(取音)과 같은 것으로 본디 한자어가 아닌 낱말에 그 음만 비슷하게 나는 한자로 적는 일을 의미한다. 즉 미터의 취음은 미(米), 센티미터의 취음은 리(糎), 밀리미터의 취음은 모(粍), 킬로미터의 취음은 천(粁)이다.(필자 주)

2. 보병의 호령(號令) 모음

1) 낱낱교련(各個敎鍊)의 호령

가) 맨손교련

차려, 우(좌)로 돌아, 빗겨 우(좌)로 돌아, 뒤로 돌아, 앞으로 가, 쉽게 가, 본 걸음으로 가, 그만 서(제자리에 서), 멎거름(제자리 걸음) 해, 우(좌)로 돌아 가, 우(좌)로 빗겨 가, 돌아 서, 뒤로돌아 가 등

나) 총기휴대 교련

메어총, 세워총, 창 끼워(꽂아칼), 창 빼어(빼어 칼), 탄알 장이어(탄환장전), 탄알 빼어(탄환제거), 서서쏴, 꿇어(무릎)쏴, 엎디어(엎드려)쏴, 불질머물러(사격중지), 불질 그치어(사격 끝), 꿇어(무릎 꿇어), 엎디어(엎드려), 일어나(일어서), 짓치어 들어가(돌격 앞으로), 짓치어 머물러(돌격 중지) 등

다) 산병교련

앞으로(뒤로), 우(좌)로 빗겨, 닷거름(뜀걸음), 닷거름(뜀걸음) 앞으로 등

2) 중대교련의 호령

가) 소대교련

(1) 밀집교련

> 번호 세어(번호), 향도 (몇) 걸음 앞으로, 우(좌)로 나란히, 바로
>
> - 집중사격 구령의 한 예
>   - 소나무 옆의 밀집부대, 서서(무릎, 엎드려) 쏴, 8백(7백, 5백), 조준~발사, 조준~발사 등
> - 개인사격 구령의 한 예
>   - 나무숲 왼편의 포병, 서서(무릎, 엎드려) 쏴, 9백(7백), 완(속)사, 느리게 (빠르게), 향도 우(좌)로, 우(좌)로 서, (몇) 걸음 앞으로(뒤로) 가, (몇) 걸음 우(좌)로 가, 우(좌)로 방향 바꾸어 가, 우(좌)로 꺾어 가, 우(좌)로 횡대 지어, 우(좌)로 돌아-좌로(우로) 꺾어 가, 길 걸음으로, 총걸어(걸어총), 총가지어(풀어총), 헤쳐 가, 모여, 측면종대로 모여 등

(2) 산개 교련

> (몇)번째 (어디에) 기준, 흩어져,
> (몇)번째 기준 - 거기서 흩어져, 우(좌)로 흩어져, 좌우로 흩어져, 거기서 좌우로 흩어져, 우(좌)로 방향 바꿔, 막모여 등

나) 중대교련

(1) 밀집교련

- 횡대 지어, 우(좌)로 횡대(종대) 지어, 우(좌)로 병대 지어, 각 소대 좌(우)로 거리와 간격 (몇) 걸음 넓혀 등

(2) 산개교련[3]

- 중대종대로서

  ① 제1(선두) 소대, (몇) 번째 우(좌)측 기준, 흩어져(거기서 흩어져)

  ② 제2(가운데)/제3(끝) 소대는 원대, 원대의 자리는 산병줄 왼(오른)쪽 뒤

  ③ 제1(선두) 소대 좌측 기준, 제2(가운데) 소대 우측기준 흩어져(거기서 흩어져), 제3(끝) 소대는 원대, 원대의 자리는 산병줄 가운데 뒤

- 중대횡대로서

  ① 제1(선두)소대, 좌측 기준, 제2(가운데) 소대, 우측기준, 흩어져(거기서 흩어져)

  ② 제3(끝)소대는 원대, 원대의 자리는 우(좌)측 뒤(중앙 뒤)

- 측면종대로서

  ① 제1(선두) 소대, 좌로(우로, 좌우로) 흩어져(거기서 흩어져)

  ② 제2(가운데) 소대, 우로 흩어져

  ③ 제3(끝) 소대는 원대, 원대는 산병줄 좌(우)측 뒤(중앙 뒤)

  ※ 중대 병대의 산개 구령은 측면종대에서와 같다.

  산병줄의 더 늘임에서

  · 원대는, 오 사이에 더해   · 원대는, 좌측(우측)에 늘려

다) 대대교련

(1) 밀집교련

거기 향도 (몇) 걸음 앞으로, 가운데로 나란히, 바로, 우(좌)로 방향 바꿔, 전체 우(좌)로 방향 바꿔 뜀걸음으로 가, 우(좌)로 대대종대, 제 (몇) 중대 기준 대대종대, 제 (몇) 중대 기준 대대복대, 우(좌)로 대대복대, 우(좌)로 대대횡대, 대대횡대, 각 중대 간격(거리) 좁혀(넓혀)

---

[3] 원문의 부록(16-17쪽)의 내용을 재구성하여 작성함.(필자 주)

(2) 전개 명령의 한 예

제3중대 기준, 목표(아무 곳), 세 줄로, 제3중대 첫 번째 줄, 제1중대, 제4중대, 둘째 줄, 제1중대 우로 제대, 제4중대 좌로 제대 간격 (몇) 걸음, 거리(몇) 걸음, 제2중대는 제3중대 뒤에 세 번째 줄, 거리 (몇) 걸음, 전개!

(가) 대대횡대로서 한 익을 엄호하는 전개
제2중대 기준, 목표(아무 곳), 두 줄로, 제2·제3중대 제1줄, 제3중대 좌로, 간격 (몇) 걸음, 제1·제4중대는 두 번째 줄, 제1중대는 첫 번째 줄 가운데 뒤, 거리(몇)걸음, 제4중대는 좌측 제대, 간격 (몇) 걸음, 거리 (몇) 걸음, 전개!

(나) 대대종대로서 적의 사격 하에서 이동하는 전개
적의 포병은 (아무 곳)에서 우리를 쏜다. 제1중대 기준, 목표는 (아무 곳), 네 줄로, 우측 제대, 제1중대는 첫째 줄, 제2중대는 두 번째 줄, 제3중대는 세 번째 줄, 제4중대는 네 번째 줄, 간격 (몇) 걸음, 거리 (몇) 걸음, 전개!

라) 연대교련

(1) 전개 명령의 한 예

(가) 기동 전개
제2대대 기준, 목표(아무 곳), 두 줄로, 제2대대 첫 번째 줄, 제1, 제3대대 두 번째 줄, 제1대대 우측제대, 제3대대 좌측제대, 간격 (몇) 걸음, 전개!

(나) 한 익을 엄호하려는 전개
제1대대 기준, 목표(아무 곳), 두 줄로, 제1·제2대대 첫 번째 줄, 제2대대 좌로, 간격 (몇) 걸음, 제3대대 두 번째 줄, 우측제대, 간격 (몇) 걸음, 거리(몇)걸음, 전개!

(다) 좌익을 엄호하려는 좌측 제대로의 전개
제1대대 기준, 목표(아무 곳), 세 줄로, 제1대대 첫 번째 줄, 제2대대 두 번째 줄, 간격 (몇) 걸음, 제3대대 세 번째 줄, 좌 제대, 간격 (몇) 걸음, 거리(몇) 걸음, 전개!

① 여러 가지 교련의 구령 중에서 같은 것은 오직 하나만 제시한다.

② 중대의 산개 명령과 대대 및 연대 전개의 명령은 그 한 예만 제시한 것으로 나머지는
이 예를 따라서 융통성 있게 사용한다.

3. 대대 전개와 연대 전개의 예

가. 대대 전개의 예

1) 기동전개(機動展開)의 예

대대횡대를 세 줄로 전개시키려면, 대대장은 다음과 같이 명령을 내린다.

> 제3중대 기준, 목표(아무 곳), 세 줄로, 제3중대 첫 번째 줄, 제4중대 두
> 번째 줄, 제1중대 우측제대, 제4중대 좌측제대, 간격 (몇) 걸음, 거리 (몇)
> 걸음, 제2중대는 제3중대 뒤에 세 번째 줄, 거리 (몇) 걸음, 전개!

- 제3중대장은 즉시 병사 몇 명을 선발하여 전령을 삼으며, 혹은 척후병 몇 명을 내보내
고 "목표(아무 곳), 앞으로 가" 구령을 내려서 길 걸음이나 뜀걸음으로 목표를 향해 나
가서 지정한 거리에 이르러 정지하고 대대장의 명령을 기다린다.
- 제1(제4)중대장은 즉시 병사 몇 명을 선발하여 전령을 삼고 "빗기어 우(좌)로 가" 구령을
내려서 길 걸음이나 뜀걸음으로 지시된 간격의 지점에 이르러 앞쪽을 향하고, 잠깐 정
지하여 기준중대(첫 번째 줄)의 거리를 취하거나 기준중대의 움직임에 따라 협동한다.
- 제2중대장은 즉시 병사 몇 명을 선발하여 전령을 삼고 "빗기어 좌로 가" 구령을 내려서
길 걸음으로 기준중대의 뒤(첫 번째 줄 뒤) 지시된 거리에 이르러 정지하거나 또는 기
준중대의 움직임에 따라 협동한다. 이 그림은 〈그림 3-1〉과 같다.

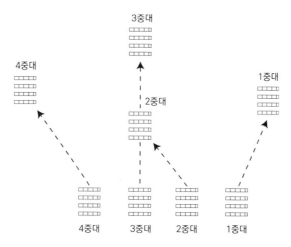

〈그림 3-1〉 세 줄로 기동 전개하는 대형(3중대 기준)[4]

2) 한쪽 익(翼)을 엄호하는 전개의 예

대대복대(複隊)를 두 줄로 왼쪽 측면을 엄호하는 전개를 시키려면, 대대장은 다음과 같이 명령을 내린다.

> 제2중대 기준, 목표(아무 곳), 두 줄로, 제2·제3중대 첫 번째 줄, 제3중대 좌
> 로 간격 (몇) 걸음, 거리 (몇) 걸음, 제1·제4중대 두 번째 줄, 제1중대는 첫
> 번째 줄 가운데 뒤, 거리 (몇) 걸음, 제4중대는 좌로 제대 간격 (몇) 걸음, 거
> 리 (몇) 걸음, 전개!

- 제2중대장은 즉시 병사 몇 명을 선발하여 전령을 삼고 혹은 척후병 몇 명을 내보내고 "목표(아무 곳), 앞으로 가" 구령을 내려서 길 걸음이나 뜀걸음으로 목표를 향해 나가서 지정한 거리에 이르러 정지하고 대대장의 명령을 기다린다.
- 제3중대장은 즉시 병사 몇 명을 선발하여 전령을 삼고 또는 전방 지형을 돌아보아 척후 병 몇 명을 내보내며 "빗기어 좌로 가" 구령을 내리고 길 걸음이나 뜀걸음으로 지시된 거리의 지점에 이르러서 앞쪽을 향하고, 기준중대와 한 줄에 나란히 벌려 정지한다.
- 제4중대장은 즉시 병사 몇 명을 선발하여 전령을 삼고 혹은 척후병을 내보내며 "빗기어

---

[4] 〈그림 3-1〉 요도는 원문 부록의 24-25쪽 사이에 수록됨.(필자 주)

우로 가" 구령을 내리고 길 걸음이나 뜀걸음으로 지시된 간격과 거리의 지점에 이르러서 앞쪽을 향하고, 정지하거나 기준중대의 이동에 따라 협동한다.

- 제1중대장은 즉시 병사 몇 명을 선발하여 전령을 삼고 "빗기어 우로 가" 구령을 내리고 길 걸음이나 뜀걸음으로 첫 번째 줄 가운데 뒤 지시된 거리를 취하여 앞쪽을 향하고, 정지하거나 혹은 기준중대의 이동에 따라 협동한다. 이 그림은 〈그림 3-2〉와 같다.

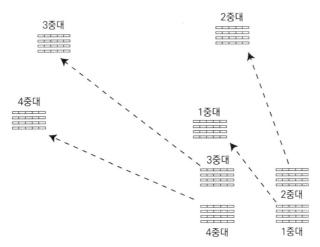

〈그림 3-2〉 두 줄로 좌측을 엄호하는 전개 대형(2중대 기준)[5]

3) 적의 사격 하에서 기동 전개하는 예

대대종대(縱隊)를 네 줄로 만들어 우측 제대로 전개하게 하려면, 대대장은 다음과 같이 명령을 내린다.

> 적의 포병은 (아무 곳)에서 우리를 쏜다.
> 제1중대 기준, 목표 (아무 곳), 네 줄로, 우로 제대, 제1중대 첫 번째 줄, 제2중대 두 번째 줄, 제3중대 세 번째 줄, 제4중대 네 번째 줄, 간격 (몇) 걸음, 거리 (몇) 걸음, 전개!

- 제1중대장은 전령을 보내며 또는 척후병을 내보내고 지시된 목표를 향해 뜀걸음으로 전개하여 전진하고 그 외의 중대는 제1중대를 기준삼아 뜀걸음으로 지정된 간격과 거

---

[5] 〈그림 3-2〉, 〈그림 3-3〉 요도는 원문 부록의 26-27쪽 사이에 수록됨.(필자 주)

리를 취하여 우측제대가 된다. 각각 전령을 보내어 연락하고 기준중대의 이동에 따라 협동한다. 이 그림은 다음과 같다.

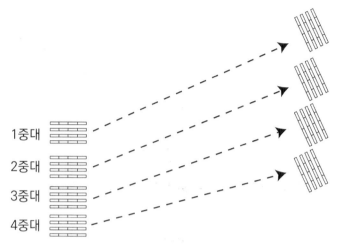

〈그림 3-3〉 네 줄로 우측 제대를 만들어 적의 사격중 기동하는 전개 대형(1중대 기준)

나. 연대 전개의 예

1) 기동전개(機動展開)의 예

대대복대로 한 줄에 벌린 연대로 두 익을 엄호하도록 두 줄로 전개하려면, 연대장은 다음과 같이 명령을 내린다.

> 제2대대 기준, 목표 (아무 곳), 두 줄로, 제2대대 첫 번째 줄, 제1·제3대대 두 번째 줄, 제1대대 우측제대, 제3대대 좌측제대, 간격 (몇) 걸음, 거리 (몇) 걸음, 전개!

- 제2대대장은 즉시 전령을 연대장에게 보내고, "목표 아무 곳(연대장이 제시한 목표를 대대기(大隊旗)로 지시하고) 앞으로 가" 구령을 내리고, 대대기는 길 걸음이나 뜀걸음으로 목표를 향하여 나가서 지정한 거리에 이르러 정지하고 명령을 기다린다.
- 제1(제3) 대대장은 즉시 전령을 연대장에게 보내고, "빗기어 우(좌)로 가" 구령을 내리고 길 걸음이나 뜀걸음으로 지정한 간격에 이르러 앞쪽을 향하여, 기준대대 첫 번째 줄과

의 거리를 취하거나 또는 기준대대의 이동에 따라 협동한다. 이 그림은 다음과 같다.

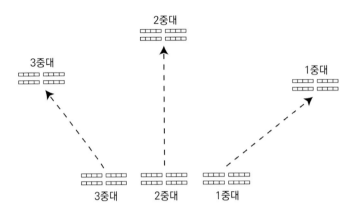

<그림 3-4> 양익을 엄호하도록 두 줄로 전개하는 기동전개 대형(2대대 기준)[6]

2) 우측 익(翼)을 엄호하도록 전개하는 예

대대복대로써 세 줄로 벌린 연대로 우측 익을 엄호하도록 두 줄로 전개하게 하려면, 연대장은 다음과 같이 명령을 내린다.

> 제1대대 기준, 목표 (아무 곳), 두 줄로, 제1·제2대대 첫 번째 줄, 제2대대 좌로, 간격 (몇) 걸음, 제3대대 두 번째 줄, 우로 제대, 간격 (몇) 걸음, 거리 (몇) 걸음, 전개!

- 제1대대장은 즉시 전령을 연대장에게 보내고, "목표 아무 곳(연대장이 제시한 목표를 대대기(大隊旗)로 지시하고) 앞으로 가" 구령을 내리고, 대대기는 길 걸음이나 뜀걸음으로 목표를 향하여 나가서 지정한 거리에 이르러 정지하고 명령을 기다린다.
- 제2대대장은 즉시 전령을 연대장에게 보내고, "빗기어 좌로 뜀걸음으로가" 구령을 내리고 신속하게 기준대대의 왼편에 지시한 간격에 이르러 앞쪽을 향하여 첫 번째 줄을 이루고, 기준대대의 이동에 따라 협동한다.
- 제3대대장은 즉시 전령을 연대장에게 보내고, "빗기어 우로 가" 구령을 내리고 길 걸음

---

6) <그림 3-4> 요도는 원문 부록의 28-29쪽 사이에 수록됨.(필자 주)

이나 뜀걸음으로 지시한 간격에 이르러 앞쪽을 향하고, 첫 번째 줄과의 거리를 취하고 기준대대의 이동에 따라 협동한다. 이 그림은 다음과 같다.

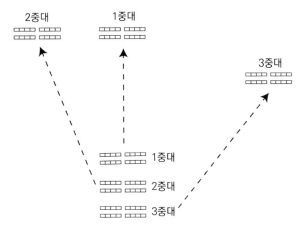

〈그림 3-5〉 오른쪽 익을 엄호하도록 두 줄로 전개하는 전개 대형(1대대 기준)[7]

3) 좌측 익(翼)을 엄호하도록 왼쪽 제대를 세 줄로 전개하는 예

대대복대로 1개 대대는 앞에, 2개 대대는 뒤에 두 줄로 벌린 연대로서, 왼쪽 익을 엄호하도록 세 줄로 전개하게 하려면 연대장은 다음과 같이 구령한다.

> 제1대대 기준, 목표 (아무 곳), 세 줄로, 제1대대 첫 번째 줄, 제2대대 두 번째 줄, 제3대대 세 번째 줄, 좌로 제대, 간격 (몇) 걸음, 거리 (몇) 걸음, 전개!

- 제1대대장은 즉시 전령을 연대장에게 보내고, "목표 아무 곳(연대장이 제시한 목표를 대대기(大隊旗)로 지시하고) 앞으로 가" 구령을 내리고, 대대기는 길 걸음이나 뜀걸음으로 목표를 향하여 나가서 지정한 거리에 이르러 정지하고 명령을 기다린다.
- 제2(3)대대장은 즉시 전령을 연대장에게 보내고, "빗기어 우로 뜀걸음으로가" 구령을 내리고 신속하게 기준대대의 왼편에 지시한 간격에 이르러 앞쪽을 향하여 첫 번째 줄을 이루고, 기준대대의 이동에 따라 협동한다. 이 그림은 다음과 같다.

---

7) 〈그림 3-5〉요도는 원문 부록의 30-31쪽 사이에 수록됨.(필자 주)

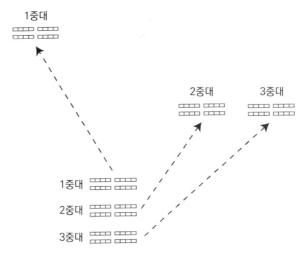

〈그림 3-6〉 좌측 익을 엄호하도록 좌측제대 두 줄로 전개하는 대형(1대대 기준)[8]

4. 보병총과 탄환, 총창, 군도, 나팔에 관한 이름(名稱)

o 보병총에 관한 명칭

소총은 총열, 겨눔 틀(가늠 틀, 照準機), 총열 뒤 통(尾筒), 탄약통, 밀대(遊底), 총개(銃床), 장식(鉸鍊, 장식교, 쇠사슬련, 장식용 고리), 부수장치(屬品) 등이며 그 명칭은 다음과 같다.

1) 총녈(銃身, 총열)

> 탄알간(彈藥室, 약실), 총부리(銃口, 총구), 녈구멍(銃腔, 총강), 구멍줄(腔線, 강선), 총녈축(銃身軸, 총신축)

---

8) 〈그림 3-6〉은 원문 자료에는 내용이 누락되어 필자가 추가한 것임.

2) 겨눔틀

겨눔자(照尺, 가늠자), 겨눔문(照門, 가늠자 구멍), 겨눔자눈(距離刻線, 가늠자 눈금), 겨눔줄(照準線, 조준선), 겨눔(照準, 조준), 겨눔판(坐鈑, 조준판), 겨눔표(遊標), 겨눔쇠(맑음쇠)(照星, 가늠쇠), 겨눔쇠끝(照星頂, 가늠쇠끝), 겨눔쇠자리(照星座, 가늠쇠 자리)

3) 녈뒤통(尾筒, 총열 뒤통)

밀대간(遊底室, 밀대실), 알장임 어구[9](彈丸裝塡口, 탄환장전구), 알깍지 뺌어구(藥莢投出九, 탄피방출구), 알통 어구(彈倉口, 탄창구), 걸쇠[10](逆鉤), 탄알집홈(插彈子溝), 걸쇠 튐쇠(逆鉤 發條, 걸쇠 용수철), 걸쇠축(逆鉤軸), 걸쇠턱(逆鉤筲), 걸쇠촉(避害筲), 걸쇠턱 구멍(逆鉤筲孔), 걸쇠촉 구멍(避害筲孔), 당김쇠(引鐵, 방아쇠), 당김쇠 축(引鐵軸, 방아쇠 울)

4) 알통(彈倉, 탄창)

알통판(彈倉底板), 알통 튐쇠(彈倉發條, 탄창용수철), 알판(受筒鈑), 탄알집(插彈子)

5) 밀대(遊底)

밀대 통(圓筒, 노리쇠 뭉치), 밀대 자루(槓杆, 장전손잡이), 밀대 통 귀(圓筒駐柎), 밀대 걸쇠(遊底 駐子), 밀대 덮개(遊底覆), 버팀쇠(駐退柎, 주퇴부), 갈강쇠(抽筒子), 밀쇠(蹴子, 공이치기), 침쇠(擊莖, 공이), 침쇠 튐쇠(擊莖發條, 공이용수철), 침쇠 마구리[11](擊莖駐胛), 침쇠턱(擊發段, 단발자턱), 침쇠간(擊莖室, 공이뭉치), 뙤임틀(擊發機關, 격발장치), 멎힘쇠(安全裝置, 멈춤쇠)

9) 어귀, 주둥이, 입구의 뜻.(필자 주)

10) 총알을 쏘거나 막을 때 쓰는 걸림 장치. 쇠갈고리를 의미함.(필자 주)

11) 마구리의 뜻은 ① 길쭉한 토막, 상자, 구덩이 따위의 양쪽 머리 면, ② 길쭉한 물건의 양 끝에 대는 것(end pieces, caps on both ends)을 의미함.(필자 주)

6) 총개(銃床)

총개대(前床), 개머리(床尾), 개머리목(銃把, 총파), 개머리뒤축(床尾踵), 개머리 끝(床尾尖) 개머리코(床鼻), 개머리판(床尾鈑)

7) 장식(鉸鍊, 장식용 고리)

우가락지(上帶, 멜빵 윗고리), 아레가락지(下帶, 멜방 아랫고리), 위그몰쇠(上支鐵), 아레그몰쇠(下支鐵), 널덮개(木被, 총열덮개), 굼벙쇠[12](用心鐵), 삭장(槊)[13]杖 자루), 나사못(螺釘)

8) 딸린 것(屬品, 부수장치)

총부리 뚜껑(銃口蓋, 총구마개), 씻음 대(洗管), 탄알간 닦개(藥室 掃除器), 나사뽑이(轉螺器), 총끈(負革, 멜빵), 탄알갑(彈藥盒, 탄약상자), 탄알갑뚜껑(彈藥盒蓋), 탄알갑 가죽끈(留革)

o 탄알에 관한 명칭

탄알(彈丸), 알(彈身, 彈子, 탄자), 알깍지(藥莢, 약통, 탄피), 탄알굽(雷管, 뇌란), 세발쇠,[14] 알깍지턱(약협의 起緣部, 외룬턱)

o 군도에 관한 명칭

군도(軍刀), 칼몸(刀身, 칼의 몸체), 칼홈(彫溝, 칼등에 파인 홈), 칼등(刀背), 칼끝(鋋), 칼날(刀刃), 칼심베(칼의 슴베[15]), 칼자루(刀柄)[16], 칼집(劍鞘), 칼고리(鉤鐶), 막쇠(護拳, 주먹을 보호하기 위한 쇠), 악(鍔, 칼날, 칼등, 칼끝)[17], 칼집굽(鐺), 칼끈(刀緖), 칼갈구리(刀鉤)

---

[12] 다리쇠, 걸쇠, 쇠갈고리 등과 유사한 뜻.(필자 주)
[13] 원문에는 삭(槊) 자가 木자가 朔자의 좌측에 표기되어 있음.(필자 주)
[14] 가늘다는 의미의 세(細) 발의 의미인지, 세발(tripod) 쇠 인지를 확인 필요.(필자 주)
[15] 슴베는 칼, 호미 따위의 자루 속에 들어박히는 뾰족하고 긴 부분을 뜻한다.(필자 주)
[16] 파병(欛柄, 칼자루), 劍欛, 刀欛 등으로 사용.(필자 주)
[17] 劍鍔(검악, 창날), 鋋鍔(망악, 칼날) 등으로 사용함.(필자 주)

o 총창에 관한 명칭

> 총창(銃槍[18]), 창몸(劍身), 창홈(彫溝), 창등(劍背), 창날(劍刃), 창끝(鋩, 망), 창 심베(슴베), 창자루(劍柄), 창집(槍鞘), 막쇠(鍔, 악), 창집굽(鐺), 물쇠(駐筍)

o 나팔에 관한 명칭

> 앞몸(前身), 가운데몸(中身), 뒤몸(後身), 붙음몸(接着管), 피리(口管), 피리통, 죄임못(開闔螺, 풀고 조이는 나사 못), 사슬(鎖), 위 고리(上環), 아래 고리(下環), 나팔입(喇叭口), 입테두리(周邊), 나팔끈(喇叭紐)

5. 손기(手旗) 보람하는 법[19]

제1절 어휘 설명

1) 수기 신호

수기신호는 백기(白旗)와 적기(赤旗) 2개의 기를 가지고 그 기의 위치로서 글씨를 보이게 하여 통신하는 것이다.

2) 수기 신호에 운용되는 인원수와 그 명칭

신호를 보내고 받는 곳에 각각 2명씩을 두어 한 명은 신호를 보내거나 받는데 이를 기잡이라고 한다. 또 한 명은 통신하는 글을 읽거나 적는데 이를 적는 이(記錄手)라고 한다.

---

[18] 총에 꽂는 창으로 총검(銃劍), 대검(帶劍)을 의미함. 원문에는 창(槍)의 글자가 '木' 대신에 '金'을 사용한 글자 '金+倉'의 글자를 사용하고 있음.(필자 주)

[19] 보람의 뜻은 다른 물건과 구별하거나 잊어버리지 않기 위해 표를 해 둠을 의미하는데, 수기를 보람하는 법은 곧 수기 신호법을 의미함.(필자 주)

3) 기(旗)의 휴대방법

적기는 오른쪽 손에, 백기는 왼손에 잡는데 둘째손가락을 펴서 깃대 끝에서 20센티미터 (일곱 치 정도) 정도에 대고 깃대 끝이 손바닥에서 팔뚝안쪽 옆에 닿도록 꼭 쥐며 깃대와 팔은 일직선(一直線)이 되게 한다. 다만 기가 없을 때에는 모자나 수건을 대신 사용하기도 하며 맨손으로도 한다.

4) 기의 폭원(幅員)[20]

깃발의 길이와 넓이는 임의대로 정할 수 있지만 길이와 너비(幅)는 각각 40센티미터(한자 두 치 정도) 정도 되는 것이 적절하다.

5) 신호에 쓰는 글씨

우리나라 글씨의 으뜸소리의 스물다섯 개의 낱말(子音과 母音)을 쓴다.

6) 으뜸소리의 구분과 그 숫자

첫소리(初聲)는 "ㄱ, ㄴ, ㄷ, ㄹ, ㅁ, ㅂ, ㅅ, ㅈ, ㅊ, ㅋ, ㅌ, ㅍ, ㅎ"등 14개이며, 가운데 소리(中聲)는 "ㅏ, ㅑ, ㅓ, ㅕ, ㅗ, ㅛ, ㅜ, ㅠ, ㅡ, ㅣ"등 11개이며, 끝소리(終聲)는 받침으로 첫소리와 동일하다. 다만 첫소리에는 반복하여 쓰는 'ㄲ', 'ㄸ', 'ㅃ' 'ㅆ' 'ㅉ'등 5개가 더 있는데 이를 보통 된시옷이라고 하나 이것은 원 뜻을 잃은 잘못된 말이다.

제2절 으뜸소리(初聲)와 차림의 자세(차렷 자세) 표시 방법

1) 'ㄱ' 표시 방법

오른팔은 위로 향하여 곧게 쳐들고(곧추들고), 왼팔은 옆으로 수평하게 든다.

---

[20] 기의 크기를 의미.(필자 주)

2) 'ㄴ' 표시 방법

왼팔은 위로 향하여 곧게 쳐들고(곧추들고), 오른팔은 옆으로 수평하게 든다.

3) 'ㄷ' 표시 방법

오른팔을 앞으로 수평하게 들어 왼쪽으로 당기었다가 즉시 본자리로(<u>이후 설명 내용은 원문 자료에 누락되어 있음 : 필자 주</u>)

4) 'ㄹ' 표시 방법[21]

5) 'ㅁ' 표시 방법

6) 'ㅂ' 표시 방법

7) 'ㅅ' 표시 방법

8) 'ㅇ' 표시 방법

9) 'ㅈ' 표시 방법

10) 'ㅊ' 표시 방법

오른쪽 팔을 45도(°) 각도 위쪽으로 들고 두어 번 흔든다. 다만 왼쪽 팔은 제대로 내린다.

---

[21] 'ㄹ' 표시방법부터 'ㅊ' 표시 방법까지에 대한 설명내용(원문 42~43쪽)이 누락.(필자 주)

11) 'ㅋ' 표시 방법

두 팔을 45도(°) 각도 위쪽으로 들고 두어 번 흔든다.

12) 'ㅌ' 표시 방법

두 팔을 왼쪽으로 45도(°) 각도 위쪽에서 오른쪽 45도(°) 각도 아래쪽으로 한 번 내두른다.

13) 'ㅍ' 표시 방법

두 팔을 오른쪽으로 45도(°) 각도 위쪽에서 왼쪽 45도(°) 각도 아래쪽으로 한 번 내두른다.

14) 'ㅎ' 표시 방법

왼쪽 팔로 오른쪽 아래서부터 머리 위를 지나도록 제일 큰 동그라미를 그린다. 다만 오른쪽 팔은 제대로 내린다.

15) 'ㅏ' 표시 방법

오른쪽 팔을 옆으로 수평하게 든다. 다만 왼쪽 팔은 제대로 내린다.

16) 'ㅑ' 표시 방법

두 팔을 오른쪽 옆으로 수평하게 나란히 든다.

17) 'ㅓ' 표시 방법

왼쪽 팔을 옆으로 수평하게 든다. 다만 오른쪽 팔은 제대로 내린다.

18) 'ㅕ' 표시 방법

두 팔을 왼쪽 옆으로 수평하게 나란히 든다.

19) 'ㅗ' 표시 방법

왼쪽 팔을 위를 향하여 곧게 쳐든다. 다만 오른쪽 팔은 제대로 내린다.

20) 'ㅛ' 표시 방법

두 팔을 위를 향하여 곧게 쳐든다.

21) 'ㅜ' 표시 방법

왼쪽 팔을 왼쪽으로 45도(°) 각도 아래로 내린다. 다만 오른쪽 팔은 제대로 내린다.

22) 'ㅠ' 표시 방법

두 팔을 45도(°) 각도 아래쪽으로 내린다.

23) 'ㅡ' 표시 방법

두 팔을 양 옆으로 수평하게 든다.

24) 'ㅣ' 표시 방법

오른쪽 팔을 45도(°) 각도 위쪽으로, 왼팔은 45도(°) 각도 아래쪽으로 든다.

25) ' , ' 표시 방법

왼쪽 팔을 45도(°) 각도 위쪽으로, 오른팔은 45도(°) 각도 아래쪽으로 든다.

26) 차림자세(차렷 자세)

기의 자루를 쥐고 이를 바지의 바깥 옆 솔기를 따라 내린다.

제3절 글씨 표시 방법

1) 글씨의 구성

글씨는 초성, 중성, 종성의 각각을 모아서 구성한다.[22] 가령 '감'은 'ㄱ', 'ㅏ', 'ㅁ'을 모아 구성한 것이고, '닭'은 'ㄷ', 'ㅏ', 'ㄺ'으로, '앉'은 'ㅇ', 'ㅏ', 'ㄴ', 'ㅈ'으로, '꿢'은 'ㄲ', 'ㅗ', 'ㅏ', 'ㅣ', 'ㄹ', 'ㄱ'으로 구성한 것이다.

2) 한 글씨를 표시해야 할 경우 초성을 표시하는 방법

으뜸소리 하나를 보인 뒤에 곧바로 차렷 자세를 취한다.

3) 한 글씨를 표시하는 방법

한 글씨를 마친 뒤에 '글씨 짬(구성)' 자세를 취한다.

4) '글씨 짬(구성)' 신호 방법

두 팔을 앞에 내려 어긋 막기('X' 자 표시)를 한다.

제4절 신호의 송신(送信)과 수신(受信)

1) 신호 송신자가 할 일

① 먼저 시작신호를 표시하여 신호수신자의 응답신호를 받은 뒤에 시작한다.

② 신호를 다 보냈을 때에는 종료신호를 표시하고 수신자의 응답신호를 받고나서 종료한다.

③ 한 구절을 보낼 때 마다 구절 신호를 표시하여 그 뜻이 똑바로 전해졌는지를 확인하고 그 응답신호를 받은 뒤에 그 다음 구정을 시작한다.

④ 신호를 보내는 중에 글귀를 잘못 보낸 때에는 구절 폐기신호를 표시하고 수신자의 응

---

[22] 원문에는 "글씨는 으뜸소리의 낫낫을 모아서 ..."로 되었으나, 이것은 "으뜸소리, 가운데소리, 끝소리의 각각을 모아서"로 함이 맞는 표현이라고 생각한다.(필자 주)

답신호를 받은 뒤에 다시 고쳐서 보낸다.

2) 신호 수신자가 할 일

① 신호 송신자의 시작신호, 종료신호, 구절폐기신호 등을 받은 때에는 반드시 즉각 응답
   신호를 보낸다.
② 신호 송신장의 구절신호를 받은 때에는 그 구절의 뜻이 명확한 때에는 응답신호를 표
   시하고, 명확하지 않을 때에는 구절폐기 신호를 표시한다.

3) 시작 신호

두 기를 머리위에서 여러 번 어긋 막기를 한다.

4) 종료 신호

두 팔을 나란히 하여 앞으로 수평하게 들고 좌우로 두어 번 내두른다.

5) 답신(答信)

두 팔을 위로 향하여 번갈아 곧게 쳐든다.

6) 구절 신호

두 팔을 나란히 하여 앞으로 수평하게 든다.

7) 구절 버림(폐기) 신호

두 팔을 나란히 하여 함께 위아래로 두어 번 흔든다.

제5절 줄임말(略語)

1) 줄임말

정한 약속으로 어떠한 긴 구절을 한 글씨나 두어 글씨로 나타내는 말이므로 가령 '똑똑히 보이시오'라는 구절을 다만 '똑'이라 하는 글씨만으로 보이는 것과 같다.

2) 줄임말의 선정

별도로 신호에 관한 책이 있으며, 군대에서 줄임말을 정해두는 것도 좋다.

3) 줄임말 표시법

먼저 줄임 보람(約定信號)을 보내고 그 다음에 줄임말(略語)을 보내므로 신호수신자도 줄임 보람을 보내서 응답의 뜻을 보내도록 한다.

4) 줄임 보람(約定信號)

두 팔을 앞으로 내려서 여러 번 어긋 막기를 한다.

제6절 수기 신호의 연습

1) 통신하는 장소의 거리

처음에는 평평한 지면에서 5백 미터에서부터 7-8백 미터가 되는 거리로 정하고 연습이 익숙해짐에 따라 천 미터 넘게 정한다.

2) 신호의 실시

① 두 군데 통신장소에서 각각 기잡이(旗手)와 기록수 혹은 전령 한 명씩을 두고, 한 장소에서 전령은 통신하는 글을 한자씩 읽고 기잡이는 수기(手旗)로 글씨를 송신하며, 다른 장소에서는 기수가 이것을 받아서 한자씩 읽으며 기록수는 이를 듣고서 종이에

기록한다.

② 서로 보이지 않는 두 군데 통신 장소의 중간에 제3, 제4의 통신 장소를 두어 가운데를 잇게(中繼) 할 수도 있다.

3) 연습 시 활용되는 문구의 예

아래와 같은 것으로 연습함이 좋다.

① 적의 보병척후가 ○○ 근방에서 출몰함

② 적의 기병 한 중대 정도가 ○○촌으로 들어옴

③ 지금 ○○ 통신 장소에서, "적의 큰 중대가 삼천 미터 전방의 산자락 목을 이어 넘어 온다"는 보고를 받음

④ 산꼭대기에서 보니, 적 군사의 힘은 보병 9개 중대, 기병 ○ 소대와 같이 보이니, 이것을 사단사령부로 보고하라

4) 통신 장소 위치 선정 시 고려사항

① 서로 명확히 보이는 곳

② 가급적 적의 관측이나 적의 사격으로부터 은폐힐 깃

③ 통신 장소는 부대와 근접할 것

④ 인근의 지형지물, 특히 뒤편의 상황과 햇빛을 고려할 것

⑤ 거리가 멀면 빠른 천천히 해야 하며, 육안으로 보기 어려울 경우는 안경을 착용할 것

대한민국 6년 5월 1일 인쇄

대한민국 6년 5월 25일 발행

(定價 大洋 一元)

발행인 김승학

인쇄소 三一印書館

발행통신소 上海 郵務信箱 二八三 號

보병조전초안
원문

步兵操典草案

此步兵操典草案을 茲에 印行하여 試用케 하노니 將校諸君은 此草案에 當하여 研究와 經驗에 基한 實際運用에 未足함으로 認하는 點이 有할 時는 本部로 隨時通報하여 後日 完定할 時의 參考材料에 供케 함을 望하노라

大韓民國六年五月二十二日

大韓民國臨時政府軍務部

編輯委員長 尹琦燮

步兵操典草案正誤表

（一）

部 頁	行	字誤	正	頁	行	字誤	正
一	一	으	음	四	九	다	다
五	一六	잇	있	四二	二一	굴	금
一三	一〇	쓸	쓸	四三	二六	갈	갈
二六	一四	끈	끈	五〇	二三	아	이
二八	一四	힐	힝	五一	二三	을	헐
三三	一九	꿈	꿀	六一	三三	협	협
三六	二九	닭	달	七六	二八	왔	알

（二）

頁	行	誤	正	頁	行	誤	正
七九	一	엽	옆	八四	二三	달	닭
八六	二	른	든	八八	一四	위	위
九六	二一	히	히	一〇二	四	할	할
一〇七	二	딸	땅	一〇九	六	울	울

（三）

頁	行	誤	正	頁	行	誤	正
一三三	一	은	은	一四〇	五	웅	음
一四二	三	썽	꽃	一四五	四	번	럼
一四九	一九	려	러	一五八	一	에	이
一六六	一八	을	온				

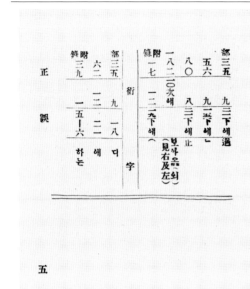
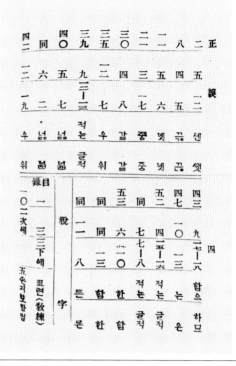
보병조전초안(步兵操典草案)

강령(綱領)

一 싸음은모든兵種이協同一致하여各其固有한싸음能力을나타냄을
얻는것이니라그런데步兵은싸음의主兵이되어戰場에서
은步兵으로그任務를다하려두제합을主張삼아行함이니라
步兵의本領은어떠한地形과時期를勿論하고싸음을合세에있나니라그러므로
步兵은비록다른兵種의協同이었으나그러므로이를
하여야하나니라

二재 步兵싸음의主張은불질로敵을누르며짓침으로이를데드딥에있나
니불질은싸음의큰部分을차지한것인데步兵에게는緊要한싸음手段이며또
싸음의끈을내는것은銃鎗짓침이니라

步兵操典草案

一

三재　軍紀는軍隊의命脈이라싸움줄이몃百里에뻗히어到處에地形과밋
遇가다르고또여러가지任務를가진몃萬의軍隊로能히一定한方針을싸一
致한運動을시기어서所謂萬사람의맘과갓시하는것은軍紀
라그러므로軍紀는위로將帥붙어아레로兵丁에이르기까지한데껜脈絡인데

四재　質精神의團結함과뭉심합의튼튼함과싸움의勝敗를定하고軍隊의運命에關한것이니
質要緊한것이니라대개步兵은혼자질性質이있는것이니步兵의剛
膽하고忍耐가만으며境遇으로能히굿굿이견듸며뽐내어나가며或음
이至極히慘酷한때에더욱沉着하고勇敢하여야하나니勝敗가누구이며하며或음
온그以上의피옴은極히抵抗할가울끄게합에이므나니도
되어敵으로抵抗할때에
칠精神은나라에충성하고견듸를사랑하는至誠과몸을바쳐어나라일에어나감는

五재　軍隊의志氣는늘旺盛하여야하나니狀況이어려운때에서더욱그러
하니라그런데指揮官은軍隊志氣의中心이라그러므로士卒과苦樂을함께
하며몸소먼저行하여部下의模範이되어그믿음과위함을받으며싸움狀況이
至極히慘酷한곳에서勇猛하고沉着히하여部下로바라기를山獄보다도重
키여기는德量과氣槪가있어야하나니라
큰節介요서서는軍人精神의精華라武藝가이를因하여精하여지고敎鍊이
兵力의미침이나적음에있지안코칠精神이만코精鍊한軍隊는매양적은것이만
은것을깨트리나니라

六재　協同一致는쏘음目的을이룹에가장重要한것인데命令으로써하는바
해各사람의獨斷專行함을믿는것이니라머개어머한兵種을勿論하고指揮官
됨과兵丁됨을不關하고各各自己의任務를힘쓰어行함이곳協同一致의뜻에

맞는것이며싸움狀況의變化에應하는臨機의手段은한결갓티各사람의獨斷
을믿어야하나니그런데獨斷專行은반되시軍人精神에서나와서어머한때에는부다군사의犧牲되기를自任하는것이라틈이있어야하나니
더저獨斷專行은그精神에서服從으로머나서지못하는것이니늘上級指揮官
의意圖를헤아리어서반듯이그範圍안에할것이니라그러나戰場에서는或
뜻박의變하는판을만나서그範圍를넘어야할일이었을수도있으나이러한境
遇에서도오히려上級指揮官의意圖를살피어서이에맞게함을힘쓰며決코하
부로하지안이하여야하나니라

七재　싸음에서는온갓일이簡單하고精하고若干의簡單한制式과主要한싸法則
을보이나니라그러므로操典의制式과法則을嚴히지키어서이에익으며二재部

싸음原則에빗우어能히指揮官과兵丁을訓鍊하여모든制式과本뜻을삼가니한갓外形의
齊一함을期必하여함부로操典의본뜻을삼가니한갓外形의
씨一함을期必하여함부로잔規則을지어서活用할餘地를줄이어서는웃쏘나
니라

一재部　교련(敎鍊)

총측(總則)

一재　敎鍊의目的은指揮官과兵丁을訓鍊하여모든制式과精神이단단한軍隊를만들어
써싸음의모든要求에맞게함이니라

則을鍊習하게하고또同時에軍紀가嚴正하고精神이단단한軍隊를만들어
써싸음의모든要求에맞게함이니라

二재　中隊長以上의모든隊長은操典을조차部下를敎育하여敎鍊의目
을이룹을責任을가지나니라그러므로隊長은操典의實施를監督하여만일操
나는官은늘部下의敎鍊의實施를監督하여만일操典의要求에맞지안는물로
녀기는것이있을때는곳바로잡을지니라

三재　싸움에 根本되는모든 敎鍊은中隊에서마치는것이니라

大隊以上에서는 主張으로 모든싸움의 敎鍊은 各部隊의 協同動作을 訓練하
며 또다른 兵種과 連合하여 싸움을 鍊習하
나니라

四재　敎鍊은 차례를따라서 簡單함을 鍊習하여야 하나니 이 實施에 當하여는 簡單
한데로붙어 複雜한데로붙어가서 그 經過
를急히 말지니 이 實施에 當하여는 簡單
한데로붙어 複雜한데로붙어가서 그 經過
注意롭라도 簡單히하지말지니라
敎鍊의 科目은 알맞게섞박구되 그 時間과 方法은 兵丁의 能力과 몸힘에맞도록
定하여야할지니 그러나 참싸움에서는 劇烈한 勞動을 하여야 할것이므로
이 要緊하며 또 科目을 너무 조바꾸어서 事物에끈늬움을避하야할지
나라

五재　敎鍊을함에는먼저 이를希望을 定하고 그 實施로 이를이두도록하여

야하며 그中싸움 敎鍊에서는 狀況을 想定하여 그 動作으로 참싸움갑흐게 하여야
하나니라

六재　싸움 敎鍊에서는 敵軍의 줄을 表함을 想定은안으로 모쪼록 簡單한 싸움狀況을 根本삼고 特히 連合하여싸움하는 境遇를
돌아봄이 要緊하나니 이는 한걸음은 狀況을 나라냄을 避하여 敎
鍊으로 模型에빠지지안케하여야하나니라

七재　싸움 敎鍊을함에 當하여 目標의 景況에맞게 하여야하나니라
돌질指揮와 銃쏘는法을로싸울때에 實施할수
업는때는이를若干 時期에나누어 實施할지니 다만 時期의 나늠과 經過의 殷

─────

九재　步兵은 特히 밤싸움에 依하여야하나니 그러므로 여러가지部隊로
가끔밖에 敎鍊을하여야하나니 各指揮官으로 알맞게 部署함에익게 計劃、部署함과합게軍
隊로이루머 한地形에서든지 秩序바르고또 靜肅히미리期必한곳에이르어서하
려는 動作을 實行함에익게할지니라

十재　戰時人員의部隊로하는敎鍊은 른갑이있으므로彈藥補充의演習도도
한必要하니 그러므로 平時의 念慮를얻울때마다이를할지니라

十一재　敎鍊할때에 平時의 念慮를믿암아 이를할지니 이境遇에서는指揮官은 必要하면部下에

함을알맞게하기를긴이注意하여야하나니라

八재　싸움 敎鍊에서는참싸움의 景況과 感想을나다냄을힘쓸지니 이境遇의
經過를너무밀리하거나참싸움에서업는을動作을하게하지말지니이때문에 審
判官을너무알맞은때에싸움에 彼此의붙잡效力을알게할지니라

─────

作을하게 안이할 수업는일이있나니 이 境遇에서는指揮官은 必要하면部下에

十二재　指揮官의 意圖는 號令으로 알나나니 號令은 能히 部下로 몰붙이
하며 號令으로 그뜻을다함수업에이르어서비로 所命令을쓰나니이때문
命令은 簡單確切하고 傳達이빨라야하나니 이때문에힘쓰어號令을쓰면便하
며또 狀況을따라서 號音이나 記號로 號令을대신함이있나니라
號令을 豫令과 動令으로 누는 境遇에서는 豫令은 分明하고 길게、動令은活
潑하고짜르게하며 그사이에알맞은동안을둘지니 操典中 豫令과 動令은사
이를뜰이어쓰어서 分잔하나라

記號는 行進에는 武器나손을들고 停止에 는들엿다가 꿋나리는것이오또 將校

제 그파닭을알려줄지오또 工事를 實施할수업는때라도그 計劃과 準備作業
은힘쓰어 實行할지니라

一二재　指揮官의 意圖는 號令으로 알나나니 號令은 能히 部下로 몰붙이
하며 號令으로 그뜻을다함수업에이르어서비로 所命令을쓰나니이때문
도避치안케하는것이므로 堅確한 決心과 嚴肅한態度와 明快한音調로하여야
하며 號令으로 그뜻을다함수업에이르어서비로 所命令을쓰나니이때문

하아呼角을쓰기도하나니다만呼角으로分質을中止케함은不得已한境
遇에反하나니라

指揮官은默然히號令을나릴命令과號令의到底함에當하여들所謂號
함을힘쓸것이나니라

一三재 指揮官은敎鍊하야들도형싸음에서取할姿勢와자리에서姿勢와자리를指
揮함에있어야하나니라

敎에서必要가있는때는上敎指揮官은그하려는바를파握하고取할姿勢와자리를
가릴수있으며下級指揮官에게도이와같은것을自由를許諾하게하나니라

一四재 敎와 한데어러敎範에서規定한補助의모든演習의모든동힘과自信力을높게하
여兵丁으로도武藝와그밖모든作業에익게하는同時에몸힘과自信力을높게하
여야하나니라

一五재 檢閱할줌에는上官은오직거듬모양에만注意치말고길이이속살을살

一〇

피여그敎鍊의成績이果然써음의要求에잘맞는지안맞는지를살아내어야하
나니이같은뜻으로한檢閱은軍隊의進步에큰影響을주는것이니라

一재章　낫낫교련(各個敎鍊)

대지(要旨)

一六재 낫낫敎鍊의目的은兵丁을訓鍊하여모든制式에익게하고그同時
에軍人精神을鍛鍊하고軍紀를익히어部隊敎鍊의確實한러를만듬에있나
니라

一七재 敎官은特히그態度와服裝을바르게할지며또敎官은兵丁에게큰影響과感動을주는까닭이며또敎官은兵丁으로늘은힘을
다하여敎鍊에從事케하도록注意하여야할지니라

敎官의說明은힘쓰어쉬운말을쓰어야하나니라

一八재 敎鍊을합에는兵丁으로그目的의파精神을살아서實施에나타나게

一一

함이要緊하니그러치안이하면敎鍊은걸픗하여形式에빠지어서마침내싸홈
에맞지안음에이르나니라

一九재 낫낫敎鍊에서굳든訓練이있어야기가어렵으
며낫낫敎鍊의完全치못한것은部隊敎鍊에서채우기도또한어렵으니라그러
므로낫낫敎鍊은周密하고嚴正히하며必要하면그動作을나누어分明하고懇
切하게일러주어서이를살핀뒤라야다음動作을시길지니라

二〇재 各兵丁의能力과몸힘을살제한뒤에다음動作을시길지니라
어니와그要旨는精巧함에있지안코熟함에있나니熟은敎育의各時
期를따라서늘시기어야함이며이란그러므로낫낫敎鍊은敎育의各
自習을삼어안이함이맞암아어든는것이라

二一재 밤에서는兵丁은特히귀, 눈을活動하여靜肅히動作하여야하나니이때에가끔밤에낫

一二

낫의모든動作을가르치어서이에익게하여야하나니라

맨손교련(徒手敎鍊)

차림자세(不動姿勢)

二二재 차림姿勢는軍人의根本姿勢라그러므로를嚴肅히하고端正히하
여야하나니軍人精神이속에차면겉모양이저절로嚴正하여지나니라

차림姿勢를시기려면야레號令을나리나니라

차리어

두발금치를한금위에모아드디고두발을四五度로불어六〇度까지쯤벌이어
나단히발을로이向하게하고두무릎을뻗번이밀고방둥이펴들어밀로바
가지머리를웃웃이펴며上體는바르게히리위에운듯이펴두어가즈런하나리며두팔은조금뒤로
로기우리고어매는조금뒤달기어가즈런하나리며두팔은게머로늘리어
서손바닥을신다리에붙이고손가락은살팍펴모아서장가락을바지읇기에담

一三

이고 목은 옷옷이하며 머리는 바루가지고 압은 다풀며 두눈은 똑바루 뜨고 압을

二三재 쉬게하려면 야레 號令을 나리나니라

먼저 왼발을 내놉고 그뒤에는 먼저 내놓앗든 발을 그 前자리에 두고 한발식 번갈

아쉬되 姿勢와 음즉안 음에 눈 말듯이 지말고 그자리에서서 쉬나니

쉬는 中에 함도 합부로 지꺼리지는 못하나니라

突음(轉向)

二四재 올은(왼)편이나 半올은(왼)편으로 안(向)하제하려면 야레 號令을 나리나니라

올으로(외로)

올으로(외로)　　돌아

나或은

一四

빗기어올으로(외로)　　돌아

올은(왼)발굼치와 왼(올은)발굼치로 九○度나 四五度올으로(외로、돌고)인

二五재 뒤로안(向)하제하려면 야레 號令을 나리나니라

뒤로　　돌아

올은발굼치와 왼발굼치로 一八○度올으로 돌고 왼발굼치 올음은 발굼치에 못

갓다붙이어 한금위에 모나니라

행진(行進)

二六재 行進에는 威勝있고 勇猛스럽게 쭉쭉 나가는 氣像을 나타내어야하

나니라

본거름은 한거름의 길이가 왼발굼치에서저 발굼치까지 八○센지미돌이오 그

速度는 한分동안에 一二○거름이니라

步兵操典草案

一五

본거름을 行進을시기려면 야레 號令을 나리나니라

앞으로

가

인신 다리를 조끔 들어서 다리를 앞으로 向하고 上體

를 조끔 앞으로 숙이며 올은발에서 八○센지미돌되 발뿌름을 若干 밧그로 하야 실부

러땅을 구브지말고 도딛으며 그同時에 올은발굼치를 땅에서 뜨이어서 왼발에 當

하여 말한法대로 올은다리를 압으로 내무르지말며 올음으로 가튼距離를 땅에서 뜨이어

나가나니 뒤다리를 너무 놉히 들지말며 발을 너무 놉히 들지말어 깨를 두 뜨지말머

리를 옷옷이 가지며 팔은 제머로 치나니라

二七재 본거름行進中에 行進을 쉽게하려면 야레 號令을 나리나니라

쉽제

가

正規의 거름法을 옷지키시 발고 본거름의 길이와 速度로 姿勢를 變하지안코 行進

十六

하나니라

다시 正規의거름을 取케하려면 야레 號令을 나리나니라

본거름으로

해

가

二八재 兵丁을 서게하려면 야레 號令을 나리나니라

그만

서

뒤에있는 발을 앞에갓다붙이는 발에 갓다붙이나니라

二九재 멋거름을시기려면 야레 號令을 나리나니라

멋거름

해

나가지안코 무름을 조끔 굽히며 두발을 엇 바꾸어 드디되 定한速度를 取하나니

라

다시 行進을시기려면 야레 號令을 나리나니 勳令은 普通인발이 땅에 달으려할

때에 하나니라

步兵操典草案

一七

왼발브터내도되고이어나가나니라

三〇재　行進中에서올은〔왼〕편으로안〔向〕
나리나니　動令은普通行進中에서올은〔왼〕편으로안〔向〕하여가게하려면아레號令을

왼〔오른〕발을앞에 뜨되고그발끔으로몸을올은〔왼〕발이땅에닿으려할때에하나니라
　가
行進中에서는〔왼〕(오른)발을앞에 뜨되고그발끔으로몸을半올은〔왼〕으로(외로)돌고오른은〔왼〕발브터써方向

普通옴은普通行進中에서올은〔왼〕편이땅에닿으려할때에하나니라

三一재　빗겨行進을시기려면아레號令을
行進中에서논은〔왼〕(오른)빗기어
　）
옴으로(왼〔오른〕으로)빗기어
　가
빗겨行進을할때와같은法으로빗기어
　가
三二재　行進을할때에다시바투行進을하나니라
普通옴은오른발이땅에닿으려할때에하나니라

바투行進을도루시기려면아레號令을나리나니라
　가
停止中에서뭇빗겨行進을합에는먼저牛옴으로(외로)돌고인발브터써方向
으로나가나니라

나或은
　뒤로돌아
돌아
　　서
三三재　行進中에서뒤로안〔向〕하려면아레號令을나리나니 動令은
普通옴은이땅에닿으려할때에하나니라

서거나다시인발브터行進하나니라
인발을앞에 드되고그발브터뒤로돌며오른발을인발에가즈다붙이고그대로

三三재　닷거름은한거름의길이가九〇센지미돌이오그速度는한分동안
에一七〇거름으로標準을삼나니라

닷거름으로
　가
닷거름行進을시기려면아레號令을나리나니라

豫令에두주먹을쥐어허리높이만큼을올리되두팔굼치를뒤로하고
動令에인다리를앞으로내밀되그法은두다리를조곰굽히허인신다리를右무
릎고발끔을뒤여나리어서올은발을떼 눌러노늬되못을드듸며인다리를若干
논인발끔을떼어나리어서올은발을떼 눌러노늬몸무게를드듸다리에을음기고두팔굼
치를제머뭇치며이어나가나니라

「그만
　　서」號令에두거름을더나잔뒤에본거름파같은法으로서고손을나
리나니라

닷거름을行進中에서본거름行進으로옴기하려면아레號令을나리나니라

본거름으로

두거름을더나잔뒤에본거름으로옴기며손을나리고이어나가나니라
　가
三四재　닷거름行進中의모든動作은본거름行進中엣要領을전주어하나
니라다만뒤안〔向〕함에는두거름을더나잔뒤에하며또멀거지름, 옴으로(
외로)안함、빗겨行進에서는본거름에서보다普通한거름을前에 動令을하나
니라
먼거름하고있는대에다시닷거름行進을시기려면「앞으로가」號令을나리나
니라

차리어
三五재　세워총엣차림자세(立銃時之不動姿勢)를시기려면아레號令을나리나니라

총교련(銃敎鍊)

차림을勢를取하고오른손으로銃을녈(銃身)을잡지손가락、二재손가락과合하여살작굽히여銃개(銃床)에달이고銃부리(銃口)는눈은팔에서한주먹놉이쯤드이어총녈을뒤로하고개머리뒤축(床尾踵)웃을은밤끔옆에두되銃녈을웃웃이가지녀니라

三六재 세워銃엿심은二三재와같이하되다만겨눔쇠(照星)가갈니지안또록銃을가지나니라

둘음(轉向)

三七재 세워銃하고있을때에오른(외료)들음、빗겨웃으로(외료)돌음、뒤료돌음을하려면오른손으로銃을조곰끝되새끼손가락을녈덮개(木彼) 위에달이고희리에支撑하나니動作을마치면웃나리나니라

총다름(操銃法)

三八재 메어銃과세워銃은팔과손으로確實하게하며그動作은본거름의速度와가으니라

三九재
메어 총
一재動作 오른손으로銃을울리여주며오개어패놉이와갇이히와팔금치을오으로하여웃이하고그間時에왼손으로멱높이쯤앉으로向하고오른손을펴서二재손가락과장손가락사이에개머리銃녈을牟쭘되새끼손가락을열며
二재動作、왼손으로銃을조곰앞으로向하고오른손을펴서비료돌음을하여웃이하고몸왼손을밀며나니라
三재動作 위에두먹오른팔금치웃몸에살작달이고개머리의고리를몸에서한주

먹놉이쯤드이며銃은저구리단추줄과나란히하고밑머자루(槓杆)의놉이는대개그밑머자루우에두고개를올녀라

四재動作 一재、二재단추를오른손으로웃밑머자루웃의높게하나니라

四〇재
메어銃으로붓터세워銃을시기려면웃레號슘을나리나니라
세우어
종

一재動作 오른팔을펴서銃을나리되오으로牟쭘들니와웃이하고왼손으로겨눔자아레를잡으며팔금치을오으로하고오웃손으로코녈덮개를

二재動作 왼손으로銃을나리되오으로牟쭘들니와왼손으로새끼손가락을녈덮개위에달이어서희리해支撑하고이間時에왼손을나리나니라

三재動作 銃을뒤로하여나리되새끼손가락을녈덮개위에달이어서희리해支撑하고이間時에왼손을나리나니라

四재動作 銃을땅에가만히나리되느나니라

창끼이아)

四一재 銃槍은停止와行進中에머한姿勢에서둔지끼이며뻬나니이는끌여다보며하나니라

四二재 銃槍을끼이제하려면아레號슘을나리나니라
창끼여
세위총하고있을때에는오른손으로銃을외료기울이며銃녈을조곰오으로고銃쭉리를몸中央품에두며왼손으로銃槍자루를잡아뻐서단단히銃부리께에이끼며오른손으로銃을일이키어세워銃을다시하나니라

四三재 銃槍을뻬제하려면아레號슘을나리나니라
창뻬여
세위銃하고있을때에는오른손으로銃을외료기울이고왼손으로그엄지손가락으로물쇠끝(駐筍頭)을누므고왼손을

으로 銃鎖를 빼어오른손의 편으로 기울이어서 鎖끝을아래로 하고 오른손의 二재손
가락、장손가락과 넷째손가락으로 날을 잡으며 그 밑에 손가락으로 눈銃을 支撑
하고 왼손을 뒤치어 銃鎖자루를 잡아서 鎖을 鎖집에 단단히 꽂고 왼손은
손아레를 잡아서 두손으로 銃을 일이키어서 세워銃을 다시 하나니라

四四재 란살장임과 빼(彈丸之裝塡及抽出)
탄살장임과 빼는 普通停止中에서 하나니라

四四재 란살장임은 가끔 트치어서 익게 하여야 하겠는 까닭이니 이는 兵丁은 어머한 姿勢와 境
遇에서든지 銃하고 있음을 트며

四五재 彈살을 장이게 하여야 하려면 아레號令을 나리나니라
란살장이어

세워銃하고 있음을 때는 머리를 正面으로 保存하고 왼발끄파오른발을 새줄위오은 편에 牛거를 품버리어
왼발금치로 四五度오으로 돌면서오은 편에 牛거를 품버리어

二六

드듸고 그 同時에 오은손으로 銃을 울리면서 앞으로 숙이고 오은손의 重點
品을 갈고 그 오은몸에 붙이며 손가락은 銃개흥(縱溝)에 두며 銃부리는 눈높이
만큼하고 개머리코오은 젖우다 조금 나리고 개머리를 몸에 당이어나니라
오은손으로 밀대자루를 제잡아 일이키면서 뒤限껏당기고 彈살匣 뚜껑산을
벗기어서 그 뚜껑을 열고 돌여다보며 彈살을 세 손가락으로 집어내어 彈살의 뒤를
틀앞으로 하여 彈살집홈(揷彈子溝)에 끼이고 오읍지 손가락으로 彈살의 뒤를
나리 굴러서 살통(彈倉)안에 넣고 그 다음에 밀대 자루를 잡아 밀고 彈살의
오음은손으로 뚜껑을 닫고 그 끈에 安全裝置를 닫아서 銃을 쏘아지지 안케하고 오앞을 바루 보
며 彈살匣 뚜껑을 닫고 그 옛方向으로 向하여 면서오음

四六재 彈살을 빼어
란살빼어

음발을 왼발에 갖다 붙이고 세워銃을 하나니라

二七

세워銃하고 있음을 때는 彈살장임과 갈이 銃을 옮은손으로 彈살匣 뚜껑
끈을 벗기어서 그 뚜껑을 열고 彈살을 빼어 彈살匣에 넣나니
아지 도록 벗기어서 그 뚜껑을 열고 돌여다보며 彈살을 빼어서 銃을 쏘
아지 도록 하고 왼손을 넓우뒤를 彈살 筒(尾筒)에 가지어다가 그네 손가락을 펼어서 그 어구
째에 닿음뜻이 하고 왼손 천천히 밀며 뚜껑을 열고 당기어서 彈살을 빼어 彈살匣에 넣나니
彈살을 다 뺐뒤에는 왼손의 장손가락과 약손가락으로 彈살을 빼어
밀대 를 밀고 다 되고 당김쇠(引鐵)를 당기며 앞을 바루 보고 彈살匣 뚜껑을 닫으며
그 끈을 끼이고 다시 四五재에서 와갈이 세워銃을

붙질(射擊)

四七재 붙질姿勢를 기기려면 아레號令을 나리나니라
서서(꿀어、엎듸어)붙질   총

세워銃하고 있음을 때에서 붙질姿勢를 取합에는 彈살장임과 갈이 銃을 준비하고
옴은손으로 개머리목(銃把)을 잡나니라

二八

세워銃하고 있음을 때에 붙질姿勢를 取합에는 牛옴으로 한彈살장임에서 와갈이
왼발금치로 銃반으로 四五度옴으로 돌뜸면서옴은 왼발方向줄위、그 발금치
에서 牛거를 품품뒤에 四五度옴으로 돌뜸면서옴은 왼발方向줄위、그 발금치
向과 거의 直角되 도록 땅에 천천히 놓고 붙기 품옴은 발에 내밀며 옴은 발方
向과 거의 直角되 도록 땅에 천천히 놓고 붙기 품옴은 발에 내밀며 세우
며 그 同時에 옴은손으로 銃을 숙이어서 왼손으로써 왼다리를 세우
이 保존하고 그 다음에 옴은손으로 무릎위에 두며 개머리판을 잡으며 上體를 天然한 方向으로 뭇
이 保존하고 그 다음에 옴은손으로 무릎위에 두며 개머리목을 잡으며 上體를 天然한 方向으로 뭇
세워銃하고 있음을 때에 엎듸어 붙질姿勢를 取하에 는 왼손으로써 銃반으로 四五度옴으로
밑에 세우 그 곳 왼손앞으로 내밀며 손끄을옴은 편으로 하며 땅을 짚고 上體를

로 한 거 품몸버 누으며 옴은손앞으로 내밀며 손끄을옴은 편으로 하며 땅을 짚고 上體를

二九

步兵操典草案 三〇

불질方向에 對하여 三〇度쯤되게 엎드리고 銃을땅에 가까히어윈손으로銃
의重點을잡으며 그同時에윈다리를뒤로뻗어붙이고서 윈손은다리와나란히하고오른
손으로개머리목을잡되 이를빨앞에가까히하고 두팔굽치를땅에지팽하나
라

반일 메어銃한境遇에서서서 (굽혀, 엎드리어) 쏠姿勢를取하여야할때는선 (
꿇은) 뒤에銃을러메여붙어 곳앞으로숙이 (오)은무릅앞에세우나니라
니라

어는姿勢에서든지 머리는옛方向으로保存하고銃부리는눈높이만큼바리銃
을쓰아지도록하을일으믄손二재손가락을금벙쇠 (用心鐵) 안에넣되

四八재 불질의彈알을장이지안이한때는불질銃한뒤에確實하고바르게實施할반하
도루의게할지며銃긋方 (据銃) 겨눔, 되기, 겨눔자의쓰는法은步兵불질

步兵操典草案 三一

敎範을좇으나니라 그런데 겨눔點은땅 命令이없으면 目標의아레가를取하나
니라

四九재 불질을中止케하려면아레號令을나리나니라
불질머믈러

五〇재 불질을그치게하려면아레號令을나리나니라
불질그치어

銃우더먼힘쇠를다하서쏘아지지안케하고彈알匣뚜겅을다드기고곤을피이며 눈
자를前머로납흰뒤에서쏠때는彈알장실때에와같이하고곤을쏠때예方向으로쏠은
때에서눈은손으로총녙을잡고엎드려쏠때에서는엎드려쏠姿勢를取할때와反對의
발을윈발에갖다붙이고엎드려쏠때에서銃을하나니라
차레로실어나서銃을하나니라

步兵操典草案

步兵操典草案 三二

행진 (行進)

五一재 銃가지고붙가고行進을合에는「가」動令에銃을매고나가기始
作하고 닷지며 行進을合에는「서」動令에銃을매고鏰질을잡나니라
[서]動令에서고 붙가行進하는境遇에는豫令에銃을메고鏰질을잡나니라

銃을메지안코行進하는境遇에는오은손으로銃을조금쏠고새끼손가락을윈
덛개째에당이어서허리에支撑하고닷기를合할때는鏰집을잡나니라

五二재 꿇 (엎뒤)어
꿇 (엎뒤)게하려면아레號令을나리나니라
꿇 (엎뒤)어

行進中에서꿇려면윈발을앞에내드뒤며윈손으로銃집을앞으로내밀고오은
다리를땅에닿이고붙은발을옴은발위에엊으며세워銃할때에서와같이銃을나
리어서옴은손은무릅앞에세우되銃녙을뒤로하고오은손으로녙덛개를잡고윈

步兵操典草案 三三

불질그치어
불질머믈러

五四재 짓침에꿀어
가
짓침 (突擊)
짓침을시기려면銃鎗을피인뒤에아레號令을나리나니라

하나니라

五〇재 꿀어꿇어나고세워銃을하나니라
실어나

五三재 꿀 (엎뒤) 고있을때에실어서제워하려면아레號令을나리나니라

停止中에서도또한이와같이하나니라
더자두룰위로하나니라
엎뒤어쏠姿勢에서와같이인무릅위에두며엎드려「꿀어」해전주어서
팔둑은꿀어쏠姿勢에서와같이인무릅이엎되고銃을눈히어널덛개를윈팔둑위에엊되밀

操令에옴순으로넘덮개제툴잡아銃을빗기어들되 (만일銃을멘때는四○
재에서와같은순서를밟아패앞에있지아니하여서나리어서) 깨머리를땅에서조금뜨게하고銃뿌
리는머개옴은어패앞에있지아니한손으로銃질을잡고랑에손으로
要領으로나가다가「짓치어」號令에喊喊(악)하며勇猛스럽게달니어들어서
敵을짓치나니라
演習에서는맛짓치기前에「머물러」號令을나리나니그러한때에는멋그치고
서서筆姿勢를取하나니라

산병교련(散兵敎鍊)

요지(要旨)

五五재　散兵敎鍊은兵丁에게散兵줄안의한사람으로서하는散兵動作하는곳
地形을利用하여行進、停止、풀질、짓침을合에익게하며또精神을가름
을日的하나하니라

五六재　散兵의任務는重要하니타그러므로새兵丁이銃敎鍊을大槪앉은
때는散兵敎鍊을始作하나니라그럼데처에는易한地形에서若干의藥營
兵丁을散開시기어서싸호는要領을삶게함이좋으니라
五七재　散兵에게는자리、姿勢와銃쏘기에散兵으로키、눈유活動하어며그
任務를다하기에便宜함을爲함이라그러므로散兵으로키、눈유活動하어며
兵과指揮官에게注意하며地物의利用과火器쏘기에익고모였는게斷하니
斷으로應事할만함이므로키하여야하나니라
五八재　地物을利用하는要旨는물질의効力을主하고또그다음에그地形의利
돌아봄에있나니그러므로兵丁이그어려가지境遇에서옆는보고그地形의利
害를判斷하여이를應用함에익게할지니라
가튭의값을삶게하려면散兵을서로맞은자리에서가르침이좋으니라

행진、정지(行進、停止)

五九재　散兵은銃을安全하게멈힘쇠를단고겨눔자를눕히며彌살匣뚜껑을단고그근
散兵의行進에는普通본거름의速度를쓰나니
울끔이어며或銃은銃뿌리를爲하여빗기어들고싶닷은거름法으로運動하나니
라
六○재　散兵은障礙物을넘으며或은숨어서나가며또자리를若干치우
며或은몸을굽히어서地物을利用함이어야하나니라그러나어러境遇에서
는바루나감이利가있나니나이는빨리敵에게가까히가면自己의銃을利롭게쏠
수있으며또敵의물질아레에줄어드는時間을덜수있는까닭이니라
六一재　散兵이停止할때는銃의가장큰威力을나라낼만한자리를고르되
그다음에몸가틭에注意할지니라그럼데이때문에停止할즘에서멋그미지는
말지니라
六二재　散兵이停止하면地物을應하여그姿勢를가리나니라그러나만살

「떳거름」號令에散兵은銃을安全하게멈힘쇠를단고겨눔더를눕히며彌살匣
앞으로
빨리前進을시기려면아레號令을나리나니라
「닷거름」
앞으로
六三재　前進(退却)을시기려면아레號令을나리나니라
옴으로(뒤로)
옴으로(회로)
미루行進을다시시기려면아레號令을나리나니라
빗거行進을시기려면아레號令을나리나니라
앞으로(뒤로)
의지할것이있는때는大槪얶드리나니라그럼데불질할準備를못하며멈힘쇠를
일어서銃을쏘지지못하고만일할때는뭇장이나니라

뚜껑을닫고그끈을미이며前進할準備를하나니라

「앞으로」號令에散兵은곳닷기름으로나아가나니라

行進中에서지름의速度를빠르게하거나에速度를다시取하게하려면다만「

닷기름으로」나「본거름으로」號令을나리나니라

散兵을停止시기려면어레號令을나리나니라

（그치어）

六三재　散兵은늘敵側으로向하고止停하나니라

（그치어）

불질（射擊）

六四재　불질은停止한뒤에하는것이니라그런데불질姿勢를가필은各兵
丁의體格、地形、地物에依托함우散兵의익힐要緊한것이니라
물질의效驗은普通빨리쏘는데서나지안코물질의모든規則을지킴에있는데
그中에더욱겨눔을精密히하고沈着히쏨에서얻나니라

六五재　銃을地物에依托함은불질效力을장범이있음이있으니그러므로
보기어렵은目標를잘겨눔과距離를잘測量함은散兵의익힐要緊한것이니라
六五재　銃을地物에依托함은불질效力을장범이있음이있으니그러므로
겨눔자의버림을바루한파鍊굿기를빠르고確實히함과파特히目標와
나무뒤에서서쓴지꿀어쓸때는인팔뚝을나무에依托하며가슴막이(胸墻)
나무뒤에서서쓴지꿀어쓸때는인팔뚝을나무에依托하며가슴막이(胸墻)
를웅거하고쓸때에는몸의인옆히나가슴을안비할이에달이고인팔금
치나두팔금치를팔자리(臂坐)에놓고銃을가슴이에依托하나니이撥遇에
서는인손으로개머리를잡되업지손가락은안옆으로, 다른손가락은반옆
으로하여銃을어깨에갓다당이고이옆은손으로개머리목을단단히잡고쓰나니
라

六六재　꿀어쏠姿勢에서는두무릎을땅에꿀어쏘거나或은두발금치)보다높이돌기나或은두무릎을땅에꿀
거나或은두발姿勢에서는인을두발금치에세우고불기름을오은발금치위에얹
하여앞列兵丁에게바르거거듭하나니라

거나 或은두다리를앞으로뻗질안거나또는손바닥을금방쇠에달이고안으로
向하거나或은원팔금치를두릅에서뜨이어서서쓸파같이하기도하나니라

一재二章　중대교련（中隊敎鍊）

머지（要則）

六七재　中隊는戰鬪單位이요中隊長은中心삼은士氣의뭉치는터이니中
隊敎鍊은곳中隊로어머한뭉파같이確實하고整齊히境遇에서든지中隊長의號令이나命令을조아亂止
가마치한몸과같이確實하고整齊히規正한運動을實行할수있게함은조아主하
나니이뜻을根本삼아制式의살맛은確實히잘訓鍊된中隊는미리익히못할것이라도中隊長의意
圖를應하여制式의살맛은應用된다中隊는미리익히못할것이라도中隊長의
意

六八재　中隊敎鍊을備單하기爲하여면지伍、分隊、小隊로敎鍊을할지
니라

처음散開敎鍊에서는그人員을적제하고차츰차츰을살지니라

밀집（密集）

짜임（編成）

六九재　密集敎鍊에서小隊長은必要하면그小隊의합動作을작은소리로
미리질러줌도無妨하니라

七〇재　이章에보인모든連動은전혀正面안(方向)에當하여規定한것이
니背面안(方向)의運動은이를전주어하되그要領을살니면넉넉하니라

一　소대교련（小隊敎鍊）

七一재　小隊長은兵丁의키차례를따라서앞뒤列로벌이어나니니그앞뒤
列사람은兵丁數가막이안맞는때는인翼뒤列을闕하나니이를「
闕伍」라한하나니라
뒤列兵丁은앞列兵丁의동이나背囊에서가슴까지八〇센지米突의距離를取
하여앞列兵丁에게바르거거듭하나니라

各兵丁의間隔은왼손을허리에닿이고팔굽굴치을옆으로별살때에왼옆兵丁의
옆은팔에거의닿음을밧치하나니라

小隊外各伍는 一再列에서옴은편으로붓허番號를붓이나니이를小隊의正面
이라하나니라

小隊를若干分隊로나누어副(參)士로分隊長을삼고小隊의옴은翼에서붓허
차례로番號를붙이며그옴兵丁의番號는四伍로六伍까지하나니라
小隊의두翼에各各그翼分隊長을두고그반分隊長은分隊외가운데伍뒤, 뒤
列에서두기름되는이를「押伍」라하나니라
下士에闕員이있는때는一等兵으로더신채우나니라

七二재　番號를시기려면아레號令을나리나니라
번호세어

번호(番號)

七三재　整頓
정돈(整頓)

整頓이完全할때는各兵丁은整頓줄위에서姿勢를바루고다른눈으
리를옴으로(외로)돌니면옴은(왼)눈으로옴은(왼)옆兵丁을보고다른눈으
로온줄을맺느데보게되나니라

兵丁이整頓줄로나갈때는허리, 어깨, 上體를앞, 뒤로밀지말고姿勢를
바르게하여야하며만일발의자리가빗둘어진이가있으면그편이때문에
整頓줄에있지안아서그害가自己에게만그치지안코옆兵丁에게까지밋이나
니라

七四재　小隊를整頓시기려면아레號令을나리나니라
향도(嚮導)기름앞으로

두翼分隊長은銃을메지안코나서나니小隊長은그자리를바드잡고그다음에
아레號令을나리나니라

옴으로(외로)　나탄이

「나탄이」動令에小隊는銃을메지안코나서나며맨끝한거름을좁히어整頓조
곰뒤에停止하고그다음에머리옴으로(외로)돌니며무릅을굽히지말고잔
거름으로조용히整頓줄에나오고銃을나리어놓나니라다만뒤列과押伍列에
있는이는앞兵丁에게바로거름하여距離를 하고옴은(왼)편에整頓하나니
라

整頓翼의分隊長은옴은빨리整頓의터를定하기爲하여反對翼의分隊長을標삼
고먼저그리에게가까본兵丁의자리로整頓
바로잡으며反對翼의分隊長은

바르합아서整頓을돈나니라
「바르」號令에小隊는머리를正面으로돌니나니라

七五재　小隊가옴으로(외로)돌음에는偶數(奇數)兵의
옴은(왼)편으로伍를맞들고며兵丁이나탄히하여옆面안(方向)을하
나니그런데偶數(奇數)兵이奇數(偶數)兵의옴은(왼)편으로나갈때는그
옴은(왼)발을드되면서굿윗(옴은)발을갓가부쳐이나니라

翼分隊長과押伍는그자리에서옴으로(외로)돌음으로나갈때는그
옆面안에서외로(옴으로)돌음에는伍를풀어서正面안을하고各兵丁은앞으
로(외로)整頓하나니라

돌음(轉向)

七六재 小隊가쉬로돔음에는翼分隊長파聯伍는안재로나가나니라

七七재 메어銃, 세쉬銃은小隊가一齊히하고銃미일, 銃뺌은各各빨리하나니라

중다롬, 창미워내맴, 합쌀장의파맴, (操銃法, 揷銃及脫銃、彈丸之裝塡及抽出

彈藥을장윈해는뒤列兵丁으믄앞으로한거름쯤나가서하고勘作을파치면엿새까리로가나니彈藥을쓸쌤때도이와같이하나니라그런데믄翼分隊長은半

七八재 붐질을합새는미며方面, 目標、姿勢、겨눔자必要하면겨눔點을일러주나니라

正面은目標에對한方面파싸모포루直角됨이음오니라그러므로必要하면미

리方面을바꾸나니라

서서쏠때 눈은翼分隊長파聯伍는안재로나가나니라

勘作하지싶나니라

꿈(꿀어)어쏠때는翼分隊長파押伍列에있는이눌(어믄)어쓸姿勢를取하

엎듸어쏜믄普通쏘列믇하나니라

七九재 「서서(꿀어)붐질」의預令해뒤列兵丁은彈藥장윈해서와가믄이距離를줌혀고押伍列이딴싶앞에있는는뒤列되도록가나니라

八〇재 붐질을풀부잔파各붐질로나누나니붐질은(쏘아)號令을마라서쏘며며各붐질을「느릿(빠른)붐질」號令을의지하여쏘나니普通은느릿붐질을쓰며쏠쌤때各各붐질을의한例돌아래에보이나니라

꿀나무열의밑집무머(齊集部隊)

서서(꿀어, 엎듸어)붐질

八酉(七百)(五百)
겨누어

쏘아
겨누어
쏘아
「겨누어」號令에겨누고「쏘아」號令에쏘되쏜뒤에눈붐질銃하고다음방쏘기를注意하나니이어쓰게하려면아래號令을나리나니라

겨누어
쏘아
서서(꿀어, 엎듸어)붐질
총

各붐질號令의한例돌아래에보이나니라

나무숲왼옆의포병

느릿(빠른)붐질

兵丁은各各느믜제(빠르게)쏘나니라

그린붐질해서는各兵丁은붐질의모든法則을지키며自己가그時機를살펴쏘나니라

서쏘사야하며빠른붐질해는눈겨눔의精密함을妨害게안는限에서한것빨때쏘나니라

八一재 바로行進은음을은편으로嚮導를取하나니만일왼편으로取함때

두가지겨눔자를쓸때는一재列兵丁은가까은겨눔자를, 二재列兵丁은먼겨눔자를그친때믄음은翼分隊長파뒤列兵丁은앞어자랴뵤다서가나니라

눈特히이룰보이나니라

행진, 정지, 운동(行進、停止、運動)

小隊長은 號令을 나리기 前에 普通 몬저 行進目標를 或은 區分隊長에게저 보이나
니라

小隊는 一齊히 行進을 始作하며 嚮導를 따라서 나가고 嚮導는 列兵丁에 相關할
고 正規여게 쯤길이와 速度로 보이어 (各目標를 向하여) (或은 正面과 斜角으로)
行進하나니라

各兵丁은 嚮導現에 遙嚮하기 爲하여 머리를 돌니게 할고 並열의兵丁을 注意한
지니 하고그러나 다 一개整頓 손겨 돌리어 와速度와고름과間隔을 보존함에 딸미암
아되는것이나 二재째兵丁은앞제兵丁에게 바라거 뜨面하며 그距離
를確實히保存하여야하나니라

行進中嚮導를다르(翼에) 取하여야할때에号(向도음)으로
니라

八二재 行進中외음으로(외로)돌음과뒤로돌음은늘 互재. 七六째와갓

五〇

아하며 옆面안으로 모붙어 正面안으로 옴기어이어 行進하여야하는는 必要하면
嚮導를보이나니라

八三재 옆面안의 行進에서 各兵丁은 늘에正面의편으로 整頓하고 嚮導
뒤에잇는兵丁은 그발자국을 밟으면서 行進하고 그앞兵丁은列中에잇어서
로거듭하여 바루앞앞에있는兵丁 의머리가 가리어서그앞兵丁의整頓이
보이지안토록 行進할지니 이行進에서머리의兵丁의 整頓이 흘날때는그皆
가各列의整頓에 맞이나니라

八四재 빗겨行進에서各兵丁의 자리가바른때는그어매가서 玉平行하고
옳음은(외)빗겨行進에서는各兵丁의옳음은(왼)여매가서 玉平行하고
(옳음은)여매뒤에있나니라

各兵丁은 行進을다시 시긴때에 必勿 整頓하나니라
바루行進하는빗겨가는편으로 하면 (向도음)으로(외로)號令을나리나니라

步兵操典草案

五一

八五재 行進中各兵丁의 지킬要緊한것은아레와갓으니라

嚮導는 어느편에 잇든지 머리를바루하가 나가
整頓翼으로붙어밀어울며는 이를조되고 그反對편으로붙어밀어울때는 이를버
릴것

整頓을보다앞섯거나 뒤떠러지엇든지 또는間隔을옳은때는 차츰차츰 回復할
만싈발이들니는거를바꾸어빨리整頓편의옆兵丁의발을마칠지니거름
바꿈을합에는 뒤에있는발을앞에있는발에갓다붙이고앞에있는발불음어나가
며닷거름을두거름을해서는닷거름을앞엣方法옳전주
어하나니라

八六재 「쉽게가」號令이있는때는늘밤에서는반듯이거름을마칠것이었
나니라

五二

八七재 小隊를停止시기려면 아레號令을나리나니라
그만 서

小隊는停止하고兵丁은各各嚮導편에 整頓하며 옆面안으로
向하게하려

八八재 옆面안으로 行進하는 때에이를停止하고 곳正面으로 向하게하려
면아레號令을나리나니라
외로(옴으로)
서

小隊는停止하고七五재를조차 整頓하나니라

八九재 끌어와엇듸어는 小隊가 一齊히하나니라

九〇재 停止中에서매우가까온距離로運動케하려 면아레號令을나리나
니라
(녯)거름앞으로(뒤로)
가

步兵操典草案

나 或은

五三

방향바꿈(變換方向)

엇거름외로(옵흐로)
가

앞으로나갈때는正規의步法으로나가고뒤로갈때는牛거름品式뒤거름질하
여指定한곳에이르러서整頓翼을좇아整頓하나니
외로(옵흐로)갈때는牛거름品式엳거름질하여指定한곳에이르러서서나니
라

九一재　方向을바꿈에는停止中에서는銃을메지안코거름길이들길제하
며나가고만살거름으로하여야할때는預令외다음에「닷거름으로」號令을
더하며行進中에서는닷거름으로하나니라그럴때닷거름을할때는預令에銃
집을잡나니라

九二재　橫隊의方向을바꾸게하려면아레號令을나리나니라
가
옴으로(외로)바향바꾸어

九三재　側面縱隊의方向을바꾸게하려하나니라
가
옴으로(외로)꺽어

九四재　若干方向을바꾸게하려면미리새目標(方向)를보이나니라

대형바꿈(變換隊形)

머리伍는작은扇形으로것되前進을始作하는同時에이動作을
하나니도는軸에있는兵丁은처음두어거름을좁히고軸밖의翼에있는兵丁은
거를길이로行進하되늘도는軸편으로整頓하면서외로(옵흐로)方向을바꾸
어이어行進하고各伍의돌든곳에이르러서같은法으로方向을바꾸나니라

小隊의軸翼에있는分隊長은옴으로(외로)돌아서停止하고그
밤은다빗겨옴으로(외로)돌아서捷徑으로돌어서서차례차례새줄에이르러그옴
은(외)옆兵丁에整頓하거나이어行進하나니라

九五재　다른方向에橫隊를側面縱隊로橫隊
를짓게하려면停止中에서는七五재와같이하고行進中에서는「옵으로(외
로)서나옴으로(외로)돌아　가」號令을나리나니라七五재를좇아서停止
或은이어行進하나니라
라

九六재　갇은方向에側面縱隊로橫隊를짓게하려면아레號令을나리나
라
외로(옵으로)횡대
지어

九七재　行進中橫隊로갇은方面에側面縱隊를짓게하려면「옵으로(외
로)돌아외로(옵으로)꺽어　가」號令을나리나니더머리에있는分隊長은이

여行進하고그밖은側面縱隊를지은뒤에九三재를좇아行進하나니라

짓침(突擊)

九八재　小隊가짓침을함에는五四재를좇아　하나니라

길거름으로
九九재　行進中에길거름을시기려면아레號令을나리나니라
길거름으로

百재　銃겨름과銃가짐(叉銃及持銃)
총겨름을시기려면아레號令을나리나니라

百一재　銃을짓게하려면銃鎗을끌어다보고하나니라
銃鎗을끌인뒤에아레號令을나리나니라

Korean vertical text — transcription attempted below.

총겨러

奇數伍의 앞列兵丁은 왼손으로 위손가락지(上帶)아레를 잡고 銃녚을 앞으로 하
면서 개머리뒤죽을 앞의발끄메서 개머리판의 세倍만큼 앞으로 내 놓고 왼손은
을 놓으며 銃을 왼편으로 기울이나니라
偶數伍의 앞列兵丁은 왼손으로 위손가락지아레를 잡고 개머리뒤죽을 왼발끄메
서 개머리판의 세倍만콤 앞으로 내 놓고 오른손을
偶數伍의 뒤列兵丁은 오른손을 왼列兵丁의 겨를 銃녚을 뒤로 하며 오른손을 놓고 銃을 왼
리고 오른손을 이어서 오른가락지아레 막지를 잡고 銃녚을 오른으로 빗기며
奇數伍의 뒤列兵丁은 오른손으로 위가락지아레가막지(下帶)를 잡나니라
열兵丁 파의 間隔中央앞에 두나니라
偶數伍의 뒤列兵丁은 왼손으로 위가락지아레를 잡고 銃녚을 오른으로 빗기며
발을 내 듸듸어 그겨놈쇠아레를 이 미겨른막쇠인편해 기며되 銃은 奇數伍의 뒤

列兵丁의 銃과 나란히 하나니라

왼翼伍가 奇數인때는 翼分隊長이나 押伍列에 있는이 이와합페겻나니라
不得已하면 鎗을 미이지안코삭장(棚杖)으로 겻기도하나니라

百二재
총가지어
겨른 銃을 풀어서 가지게 하려면 아레號令을 나리나니라
偶數伍의 뒤列兵丁은 왼발을 내 듸듸고오른손으로 그銃을 가지어 오며 그밖의
세兵丁(奇數伍의 뒤列兵丁은 오른발을 내 듸듸고)은 왼손으로 위가락지아레
를, 오른손으로 널덮패를 잡고 銃을 돌리어 곳게 풀어서 세워 銃을 하나니라

해짐、모임(解散、集合)

百三재
小隊를 해지게하려 면아레號令을 나리나니라

銃을 겻고있는때는 各兵丁은 이에 부듸지안코록헤지어 갈지니라

間隔을 取함도 있나니라

百八재 停止나 行進하는 橫隊를 앞에 散開시키려면먼저 基準必要하면 小
隊의 關係되는 자리를 보힌뒤에야 레號令을 나리나니

基準兵丁은 바루 前進하고 그밖兵丁은 그앞거름으로 외로 나오움으로 빗겨行進하
여間隔을 取하며 뒤列兵丁은 그앞列兵丁의 왼열으로 나가서이어前進하나
라

그자리에서 散開시키기러면야레號令을 나리나니라

거기서헐어

基準兵丁은 그자리에서 자리잡고 그밖兵丁은 외로나옴으로 向하여닷거름으
로間隔을取하나니라

百九재 停止나 行進하는 縱隊를앞(그자리)에 散開에시키기려면야레號令

六二

을 나리나니라

외로(오름으로) 헐어 「거기서외로(옴으로)헐어」

나或은

외옴으로헐어 「거기서외옴으로헐어」

머리伍의 왼翼兵丁은 各各伍를풀어옛거름으로외로나옴으로行進하고(그곳에자리잡고)그
밖의兵丁들은 各各伍를풀어닷거름으로빗겨行進하여捷徑으
로散開하면서새줄에나가나니라 그런데 머리伍의왼翼兵
丁밖에는다 伍를풀어서앞(위)列은머리伍의왼(오름)옆으로나가나니라

百十재 退却中에 散開시기려면먼저敵편으로向하게하고그다음에 散
開號令을나리나니라

一一재 定規밖의間隔으로散開시기려면「헐어」號令前에 「몃거름으
로」 발을먼저넣나니라

六三

엇方向으로 散開시키기려면號令前에目標(方向)를보나니라

一二재 散兵줄의運動은힘쓰어秩序와連絡을維持하고敵에게빨리가
까히감을主하나니라

一三재 散兵줄의運動은恒兵줄(線兵의運動)

地形을한껏利用하기爲함이라 그러나 散兵줄의各部分은運動中行進方向을
保存하고 또그正面을넓히지안키를注意할지며 또若干兵丁의왼옆을돌아보
아온隊의一致한運動을妨害하지안이하여야하나니라

一四재 行進方向을保存하고닷距離또는어떱은地形에서連絡하는散
兵줄의秩序있는運動은運動의가장必要한것이니라

一五재 散兵은다만그長의指揮만좇을뿐안이라停止와行進中에서그
이웃兵丁에注意하여야하나니라

六四

一六재 散의불질아레서散兵줄을엎으로옴김은利롭지못하나니라 그
러나그效力이甚치안이한사이에는빗겨行進으로若干그行進方向을엎움길수
도있나니라 그런데散兵줄의빨리運動하여야하나니라

一七재 散兵줄의運動은普通본거름의速度를쓰나니라다만散의效力
있는불질아레서한地區에서다른地區에이르려면닷거름를쓰고그때形便을
따라서다름질을하여야함이있나니라 그런데그지나갈길이면때는若干距離
마다停止함이옳으니라

한다름에지나갈距離는땅의景況, 軍隊의狀態, 敵불질의强弱을마라서
한결같지안으나大모로너무파르지말아야하나니라 百米을넘을때
는엇다規거겨둠을제하기가어렵음이있나니라

前進이더욱더욱어려움은때논散불질의狀態를돌아보아散兵줄을나누어번갈
아前進(梯隊躍進)케합이있나니라 그러나이때문에前進이더욱더욱더뒤지고

六五

또指揮官의統一이어려게됨으로비록이를行할때라도小隊의차지안는兵力으로함을避할지니라

一一八재　敵의效力있는불질아러서한곳에응기한散兵줄은겿못하야그곳에꼭불기가쉬어다시이를前進케함이어려운데敵에게가까울수록더욱甚한것이니라그러므로必要한밖에오래停止케함을避하고끝임없이쑥쑥나가는氣勢를가지게하며또오래停止함은한갓損害만받는것이며그中退却은스스로滅亡함에빠지는것이니라

一一九재　分隊長과小隊長은普通그部下의中央앞或은距離에있어서이를引導하나니散兵은分隊長의引導하는자리에停止하나니라

一二〇재　停止나行進하는散兵줄의方向을바꾸게하려면새目標（方向）를보이고아레號令을나리나니라

一二一재　散兵줄의불질（散兵線之射擊）

軸線에있는分隊長은若干의兵丁을새方向으로停止케하고散兵은닷거름으로새줄에이르러서停止하나니라

一二二재　느린불질은目標의景况，있는彈藥數，氣候의關係，쏘는이의精神과技術을따라서스스로緩急이생기나니指揮官은반실그緩急이알맞지못한줄보며길때나또는그速度를늘이거나줄일일이必要한줄모니기는때는「빠르게」「느리게」의注意를줄지니라

一二三재　느린불질은普通으로各目標을새로히겨누고좋은時機를기다리어쏘아서가장큰效力을얻는것이며있는彈藥數를저하는파닭이니이는精密히겨누고

에對하여瞬息間에큰效驗을얻을만한것을쏠때이며또한쏘나니파른불질을할機는더여러준비를할때，敵의짓침을처불날때，偬爲，마을，숲글의싸움에갑작이敵과부드치는때，敵의꽃기어갈때等이니라

一二三재　물불질은敵의效力있는불질을當치안이할때에應用함이過한것이니여러물불질은軍隊를순에列고알맞이點（彈着點）을알아보기쉽은밖에이를여러개의떠를음에當하여는密集한小隊에도오히려소리를들니게하기어려운散開한小隊에서는더욱어려운것이안가닭이니라

一二四재　쏠目標의온正面에彈을풀고루쏘게함은要緊하나니라그러므로各물불질에서는보인目標의幅圓中自己의안칼한部分을쏘나니라

一二五재　불질의號令은八〇재를전주나니물질의姿勢는보이지안으나니라

一二六재　불질의效力은불질의技術，部隊의狀態，쏜彈藥數，距離의

標는分明히보이어서그못살지안케할지니라

멀니가까옴과特히불질指揮의잘잘못을따라서變化하는것이며그밖에□있는곳의地形과距離가가옴은때는目標의높이，넓이，길이，빽빽하고성김과환하고희미함에關係가있으며또天氣도影響을밋처나니라

一二七재　가까운距離에서본는낮은目標라도조은成績을얻을수있으나먼距離에서는特히利롭은目標가안이면쏘지안이하나니그러므로먼距離에서는效驗이적으니라

一二八재　한目標에對한불질의效力은비록가옴은때에서라도쏘는것이時間이더욱파름을수록따라서더욱效力을무섭게하나니라그러나이目的을이루는거은잘하는불질과嚴한불질軍紀에있나니한갓빨리쏘기만하면오직한

步兵操典草案

살만浪殺함에지나지안는것이니라

一二九재 쏘기始作은반듯이녁한效力을얻을모녀기는때나或은
지안이하며敵에게가까이가기에만은犧牲이되는것은境遇에서하는것이니
그러므로精鍊한軍隊는비록敵의눈앞이라에있도라도나의물질效力을나라
넬수업는때는天然하여함부로쏘지안나니라

一三〇재 彈丸을살맞게節用하여꼭緊한彈丸을쏘기라그러나한彈丸을쏘기로決定한우리
이不足치안께함은特히注意할바니라그러나다개녁녕는물질은우리
그目的을이루기에必要한彈丸을쏨이니다너녁한效力이업는물질은우리
軍隊의銳氣가꺾일뿐만아니라敵의志氣를旺盛하게하는바니라

一三一재 쏠目標는우리에게가장만이危害를주는것이나或은빨미滅殺
시기어야할것과같은戰術에갑이있는것을가릴지니或은빨미滅殺
는敵의步兵을가리나니라그러나砲兵을쏨도또한輕忽히녀기지말지니라

七〇

步兵操典草案

目標를보임에는敵正面의안에서中隊의쏠部分의限界로함이으며特別한
境遇例하면小隊나若干分隊마다늄이必要함도있나니라
目標를보임에는열에불은中隊의目標와의사이에뭔音을낼지니이는敵의한部分이라도우리물질의누름을못치못하게함이要緊한
닭이니라또目標는狀況이될수있으면아직쏘기始作하기前에미리보이어둠
이오믄으니라
目標의指示가어려운때는그近傍에있는地物을보이어서그補助를삼을지며
또보기어려운目標에는그目標와갈은높이되는그앞에나뒤에있는物件假
令目標의뒤에있는나무의밑과갈은補助目標를겨누게함이있나니라
目標는特히必要한境遇안이면바꾸지말지니이는目標를가곰바굴때는눈
질을錯亂케하는바닭이니라

七一

步兵操典草案

距離測量機械를씀은거늄자를別하여야하나니라
距離測量機械를씀은거늄자를別하여야하나니라

一三二재 거눔자를定함에는해아린距離에서天氣로말미암아늄고줄距
離를덜고샀기어려운때에는目標의中央을目標에引導하여야하나니라
距離를덜고샀기어려운境遇에서는目標의中央을目標에引導하여야하나니라

一三三재 距離測量正은거눔자는머즘즁(目測)으로하는境遇가만으니라그러
나距離를상고하기더즁을補助하는砲兵이나步兵에게뭇거나
或은地圖를상고하기머즁을補助하는砲兵이나步兵에게뭇거나
이뭍물질하는部隊의指揮官은써모짜음에參預한指揮官에게그距離를알니
어주는義務가있나니라

一三四재 물질效力의살핌은가장必要하나니는살맞은곳에사람을
히보며또敵의狀態를살필때는이로말미암아물질指揮官을살피세

七二

步兵操典草案

닭이니라그럼데물질줄에서直接으로살피기어려운때는살맞은곳에사람을
따로보내서그일을전혀맡길지니라

一三五재 무릇물질의모듈法則을잘받은兵丁은敵의모듈法則을잘行하며地物의利用과물질
時機를判斷하며그指揮官과敵兵에게을留意하여目標가업어지든지或中
止의號令이있는때는곳中止하며또비록목물질指揮官이업서지든지뭇지안는
여지지안는境遇에서도各各自己의생각과判斷으로如前히물질의效力을維持
持하나니라

모임 아울러모임(集合 倂集)

一三六재 散兵줄을아울러모임하려면百四재를좇나니라
散兵줄을모이게하려면隊形을보인뒤에아레號令을나리나니라

七三

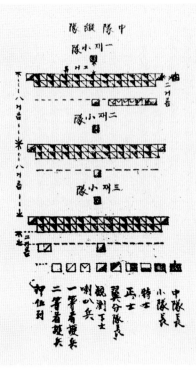

散兵은各各自己의定한자리를찾으며맡고맞거름으로그小隊長의뒤에모히어보인隊形을取하나니라

二、 중대교련(中隊敎鍊)

밀집(密集)

파일(編成)

一三七재 中隊는이를세小隊로나누고副(叅)尉도小隊長을삼나니兵丁數를세等分할수없는때는三재小隊에한사람을덜고그다음에는二재小隊에

中隊안의各小隊의파임은七一재홀전주어하나니라

將校에關員이있는때는特士나舊叅下士로머신채우나니라

一三八재 密集隊形은軍隊의團結힘을단단히하며또指揮官의掌握을집

머헝(隊形)

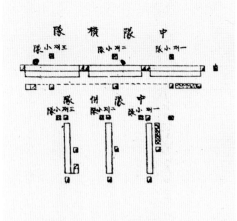

계하는것이니敵의불질效力이甚하지안이한곳에서는이隊形으로停止나運動하는것이며판싸음(決戰)할즘에는그團結의威力으로써음흘에쓰기도하나니라

一三九재 密集隊形은正規와應用으로나누나니正規隊形은바르고鹽하게訓鍊하여密集隊形의본뜻을늘닐것이오應用隊形은敏捷히實地에맞게쓰기를目的하나니라

一四〇재 中隊의正規隊形은中隊縱隊니라

中隊縱隊의各小隊의距離는앞小隊의앞列에서뒤小隊의앞列까지八거름으로定하나니그러나그때形便을따라서그距離를늘이고줄이며또小隊의차례를相關안코기듭하거나或은小隊를橫列로하기도하나니라

特士、正士、觀測下士、나팔兵、들은一재小隊와합께、看護兵들은三재小隊와함께運動하나니라

一四一재　中隊의應用隊形은普通으로併隊、橫隊、側面縱隊니라

併隊는中隊를앞으로안한것이오橫隊는세小隊를한줄에나란히벌인
것이오側面縱隊는옆面으로안한한것이오小隊를긎한것이니라

小隊는併隊와側面縱隊에서는머리分隊長의왼옆에、橫隊에서는小隊의
中央앞두거름되는곳에자리하나니라

전운(整頓)

一四二재　中隊縱隊의整頓法은七三재、七四재를전주어하나니라

다만뒤小隊의整頓翼의分隊長들은定한距離를取하여앞小隊의整頓翼의分
隊長에게바루거름하나니라

만일中隊縱隊를整頓할때에各分隊長으로嚮導를삼으려함에는아레號令을
나리나니라

향도(옛)거름앞으로

隊縱面側
例

一쩨小隊
二쩨小隊

各小隊의分隊長들은指定한거름을나와서서곳整頓하나니라中隊長은그자리
를바루잡고다시아레號令을나리나니라

앞으로(외로)　나란이

바루

「나란이」動令에中隊는七四재를전주어動作하나니라다만各翼分隊長도또
한自己에게가깝은便、세兵丁의자리를바르잡아整頓을돕나니라

「바루」號令에中隊는머리를正面으로돌을나니라

돌음(轉向)

一四三재　中隊가움으로(외로)또는뒤로돌음에는七五재、七六재를좇
아하나니라

銃、彈丸之裝塡及抽出
(操銃法、着銃及脱
銃、彈丸之裝塡及抽出)

一四四재　메어銃、세워銃、창끼임、창뺌、彈알장임、彈알뺌들은七
七재를좇아하나니라다만메어銃、세워銃은中隊가一齊히하나니라

불질(射擊)

一四五재　中隊의불질은普通으로小隊를指定하여하게하고必要하면그
자리를보이나니라七八재로붙어八○재까지를좇아하나니라

행진、정지、운동(行進、停止、運動)

一四六재　中隊의行進은八一재로붙어八六재까지를좇아하나니라中隊長
은號令을나리기前에普通먼저行進目標를머리小隊의옳은(왼)翼分隊長에
게보이며行進은中隊가一齊히始作하며뒤小隊嚮導는그앞小隊嚮導의발
자국을따라들거름距離를保存하며併隊의行進에서는普通某準小隊를
보이나니라

一四七재　中隊의停止는八七재로붙어八九재까지를좇아하나니라다만

停止中에는머리小隊는빗겨음으로
(외로)돌아서各各自己의설곳에이르러음은(원)편에整頓하며行進中에
서는머리小隊는方向을바꾸어이어行進하고뒤小隊는머리小隊의方向바꾸
든곳에이르러서號令없이方向을바꾸어이어行進하나니中隊
長은머리小隊의方向바꿈이마치려할때에必要하면嚮導를보이나니라

一五〇재 中隊縱隊의方向을바꾸려하려면아레號令을나리나니라
음으로(외로)방향바꾸어
가

一四九재 停止中에方向을바꿈에는九一재、九四재를조차하나니라

방향바꿈(變換方向)

「곰어」와「엎듸어」는中隊가더ㅣ一齊히할만하면녁녁하나니라

一四八재 停止中에方向을바꿈에는中隊의압, 뒤, 외, 음으로의運動은九〇재를조차
하나니라

머리줄에이르러서이어行進하나니라
더형바꿈(變換隊形)

前과달은方法으로머리줄에이르러서이어行進하고그밧의小隊는차례로나란한
向을바꾸어서小隊길이반쯤새方向으로나가서停止하고다른小隊는차례
리나니이號令에停止中에있는小隊는伍마다음은(원)편方
側面縱隊의方向을바꾸게하려면「음으로(외로)방향바꾸어가」號令을나
中隊併隊의方向을바꾸게하려면九三재를조차施行하나니라

一五一재 橫隊의方向을바꾸게하려면九三재를조차施行하나니라

隊의머리小隊와같이하나니라다만行進中에서는軸翼되는먼저처럼하고그
밧은다닷거름으로차례새줄에나가서中隊長의號令을기다리어前進하
나니라

한편으로橫隊를짓게하려면「음으로(외로)횡대 지어」號令을나리나니
로、끝小隊는외로빗겨行進하여머리小隊는음즉안키나이어行進하며整頓하나니라
는외로、인小隊는음으로가운데小隊는一三五度를돌아撓徑으로돌어음은小隊
小隊長의指示머리音즉안키나이어行進하고가운데小隊는음으
一五三재 中隊縱隊로橫隊를짓게하려면「횡대 지어」號令을나리나니

一五二재 隊形을바꾸게하려면이미보인모든制式을따라서實施하는밧
에아레要領을조차隊形을지니이하나니라

라

翼小隊를非準삼아中隊縱隊를짓게하려면「음으로(외로)종대 지어」號
가운데가、외인小隊는끝이되어中隊縱隊의定한자리로가나니
는외로、음은小隊는음으로빗겨行進하여이어行進하고음은小隊는
니小隊는음즉안키나或은이어行進하고음은小隊
一五四재 橫隊로中隊縱隊를짓게하려면「종대 지어」號令을나리나

한편으로中隊併隊를짓게하려면「음으로(외로)병대 지어」號令을나리
나니라

運데小隊는빗겨외로돌아음은편으로、끝小隊는빗겨외로돌아원편으로
定規의間隔을얻도록나가나니라
울나리나니小隊長의指示따로머리小隊는음즉안키나이어行進하고
가운데서中隊併隊를짓게하려면「음으로(외로)병대 지어」號令을나리
나니라

一五五재 側面縱隊로中隊縱隊를짓게하려면「종대 지어」號令을나리나니九六재를조차하나니라
側面縱隊로붙어서같은方向으로前項에전주어小隊마다橫隊를짓지으며小隊는
定規의距離를取하나니小隊長의指示따로前進中에서는먼저그름을음하지안나니라
側面縱隊로붙어서같은方向으로號令을나리나니方向으로中隊橫隊를짓게하려면「외로
(음으로)횡대 지어」號令을붙어같은方向으로號令을나리나니

짓침(突擊)

一五六재 中隊의짓침은五四재를좇아하되 나팔兵은짓침나팔을부나니라

밤의짓침은매우가까온距離에서하되나팔을불지안이하며高喊을하지안나니라

一五九재 中隊의헤짐은百二재를좇아하나니라

헤짐、모임(解散、集合)

一五八재 銃겨름과銃가짐은(叉銃及解銃)百재로부터百二재까지를좇아하나니라

一五七재 길겨름은(散步)
길겨름은九九재를좇아하나니라

헐음(散開)

요지(要旨)

一六〇재 中隊의모임은百四재를좇아하되옳은翼分隊長은빨리中隊長앞에와서中대縱대의定한자리에서고그밖은正規대로整頓하나니라

一六一재 헐음대形은步兵싸옴의主要한制式이니이形으로하나니라그러나헐음대形의指揮는어렵어서경蔑하는指揮官의손에서벗어지기쉽음으로散開의時機는너무이르지안케하여야하나니라

一六二재 中대가獨立하여싸옴은例外의境遇뿐이오普通은大대안에서싸옴을하나니라

대대안에있는中대는그밖은正面에쓸만한散兵을配布하고다른中대와協同하여싸옴을하나니라그럼데中대長은전혀正面의狀況을注意할지나그러나

옆과뒤의狀況도또한돌아보아야하나니라

獨立하는境遇에서는전혀혼자힘으로싸우고또스스로옆을警戒하여야할지니라그러므로오래도록應援며남기어두어야하나니라

一六三재 中대가이의散開하기에이르러도라도처음에는아모쪼록兵力을維持하기爲하여아끼어마침내다른더의救援을求하게되어다른中대와너무일즉섞임을免치못하는까닭이니라그러나싸옴狀況이이러케되여야하게하여야하나니라

一六四재 陣터를占領함에는그配備를地形에맞게할이要하니普通쓸實小대에게散開할곳을보이고그남은小대라고그럼데아직불질할수나가제되지안동안은가밉을主하고盜視兵을쓸만콤내어서戒할지니어는境遇에서든지앞、옆에斥候를내보내며또必要하면한地點의

距離를헤아리어서이를標示하여야하나니라

간부와병정의책임(幹部及兵丁之責任)

一六五개 中대長은狀況을應하여中대의動作에을注意하여써中대의連動과불질의始作을命하며

一六五재 온줄이나한部分마다前進케할는지를定하며물질目標를보이며必하면「알맞이」를살피어距離를헤아리어겨눔자를定하며물질의始作을命하며物目標를散開케할는지地形、敵情을應하여차지할만한利益을잘보아범이흔합으로機會를읗지말고이를라서敵을짓부수기를힘쓰어야하나니라

一六六재 싸우는中에中대長은散兵줄에가까히하여온줄을내다보며敵情을잘파고또中대를指揮함에가장알맞은자리에있어야하며또大대長과의中間에傳令實히連絡을保全함에注意할지니이때문에中대長은大대長과의中間에傳令確

을차례로配置할지니라그런데傳令은몯은몇사람을쓸지니이는어려사
람을거친傳達은있다금금넘이씽기는데그數가만을수록그害가더욱크게되
는까닭이니라

一六七재 大대長의命令이나記號는쌔우는中살맞은때에이르지못함이
혼하니라그러므로中대長은받은任務를實行하며쌔움狀況을따라서獨斷으
로處事함에익숙하여야하나니라
中대長은쌔움의狀況은때에大머長은돌아서그意圖를그小머
파部下小머長에게살님이必要하니小머長과分머長도도한이要旨를좇을지
니라

一六八재 小머長은쌔을指揮에關하여中대長을돌아서그意圖를그小머
에確實히實施케함으로써主要한任務를삼나니小머長은必要에應하여中대長
의號令을긔듬號令하며그小머를引導하여불질하기便한자리로部署하며必

步兵操典草案　　八七

步兵操典草案　　八八

要하면小머의불질目標를指示하며指揮하기便한자리를取하여各分머長은
그자리를살맞게하엿는지、兵丁들은불질의모든規則을잘지키는지를監
視하며또늘敵情에注意하고「살맞이」를살피어보아서中대長에게報告하며
가진彈샬數를돌아보아小머의應用을살맞게하며이웃小머의協同하기를힘
쓸지니라
쌔을狀況이이러케하여야하겟으면小머長은獨斷으로불질을指揮하며散兵
줄의運動을規定케하기도하나니라

一六九재 分머長은小머長을돕아서號令을두루맞게함으로써主要한任務
를삼나니라그러므로分머長은必要에應하여中대長과小머長의號令을긔듬
號令하며그分머를引導하여불질하기便한자리로가게하며늘敵情에注意하
며兵丁이地物을잘利用하는지、겨눔자를바루버티엇는지、目標를잘꿀엇
는지、精密히겨누고沈着히쏘는는지、彈샬을浪費치안는지、指揮官에게잘

步兵操典草案　　八九

注意하는지를監視하며또必要함으로써기면몸소불질줄에들어가서불질
을할지니라
分머長은가끔小머長을머신하여小머를指揮함이있나니特히쌔움이酣하게
됨에當하여는小머長이거긔에없을지라도가끔몸소그分머의불질을指揮
를맏을아야하나니그러므로小머長이거긔에없을지라도地形의利用、目標의
距離를헤아림을살에익어야하나니라　　斷　살피어봄과
觀測下士는特히目標의보아봄、距離의헤아림、「살맞이」의살피어봄、敵
情의志氣를전혀힘쓰어서中대長을돕나니라

一七0재 무릇幹部는어려움을딸날딱마다더욱勇氣를뽐내어안
장서서敵陣에쓱들어가서勇猛스럽게쌔우어기기에는特히짓칠때에는온몸의勇氣를다할지니라

一七一재 쌔우는中에命令、通報、報告의傳達은가장바로고確實하게

步兵操典草案　　九0

하여야하나니라그러므로그方法과鍊熟함은特히幹部의맘을실要緊한것이
니라

一七二재 쌔을은行軍과세찬실을하고또缺乏을지낸뒤에始作됨이普通
이니라그런데여러날걸침일만으로兵丁은勇猛하고沈着히하여自信과恐
耐가만코步兵쌔을의悲憤한感情을이기어서쌔을의要求를채우게하여야
하나니라

一七三재 兵丁은敵의불힘이猛烈하야死傷이甚히만도라도從容하고天
然하게일을하고沈코믓거리지말지니저疑心하고무섭어하여둘너서는
것은滅亡에빠지는것이며勇猛하고果斷이제나감은이김을얻는것임을銘
心할지니라

一七四재 兵丁은막기에는專心으로그자리를굳게지키고決코흐들니지
말지니라敵兵이漸漸가까히음을따라서나의火器의殺傷力이더욱더욱만음

율끅믿고泰然하게되물너칠(連襲)時機를기다릴지며만일彈丸을다쏘고
논敵兵에게에워싸인때는自己의銃鎗을힘입어서면뒤의김을어기로힘쓸
지니라

一七五재　傷하여싸울수업는兵丁은그가陣彈藥을옵벗에게주고
上官의命令을기다리어서천천이싸을서로물너갈지니라

一七六재　뒤어中隊가서로섞이고아직새로區分되지못한때는兵丁은第
一가까운分隊長의指揮를받아서힘껏싸우기를저러붙은分隊長에게서와갈이
할지니分隊長以上되는이도또한그러케할지니라

一七七재　軍人은許可업시그붙은部隊을떠나지못하나니라만일輕
傷한이를看護하면서맏더로싸을떠나거나을기어감파믄것은懦劣한
行爲라軍人의本分을傷하는것이니라

(산병줄의구성과운동)(散兵線之構成及運動)

一七八재　散開는百七재를좇아야하나니라

一七九재　中隊는中隊長의나린散開號令에普通으로散兵줄과援隊로區
分되나니援隊는中隊長의指示를좇아서必要한距離를얻기까지그자리에停
止하나니라

一八〇재　停止하나行進하는中隊을앞에散開시기려면먼저散開할小隊、
散開할때에特士、正士、觀測下士、나팔兵한名은中隊長을따르고다른
나팔兵은各小隊에나누어붙나니라

고그將校에게告하여그命令을좇을지니라그런데싸음이그치면못그붙은部
隊로도우아야하나니라

軍人이만일그붙은部隊의잇는곳을떠날때는그近傍에서싸우는部隊에合하

(산병줄의불질)(散兵線之射擊)

一八一재　側面縱隊로停止하나行進하는中隊을앞(그앞)에散開시기려면
散開할小隊、必要하면그關係되는자리를보이고百九재를좇아야하나니라

一八二재　退却하는散開되는자리를보이고百十재를좇아야하나니라

一八三재　定規반의間隔으로散開시기려면一一一재를좇아야하나니라

一八四재　散兵줄의運動은一二재로붙어一二〇재까지를좇아야하나니
라散兵줄은中隊長의號令을따라서그指示하는目標를向하여前進하나니라
散兵줄은分隊長을、分隊長은小隊長을、小隊長은中隊의中央을基準하고行
進하나니必要하면中隊長은基準小隊를보이며또散兵줄을나누어前進케할
때는미리그區分을보이나니라

一八五재　散兵줄의불질은中隊長이統輕하나니一二一재로붙어一二五
재까지를좇아야하나니라

원대(援隊)

一八六재　援隊는散兵줄에더늘이며또는敵의삼습할念慮가잇는옆을掩
護함에쓰는것이니라그러므로援隊의자리는이要旨를따라서定할지니라

一八七재　散兵줄의翼을이웃隊나障礙物에依托치못한때는援隊에서后
候를내서엿보의搜索을맡길지니라

一八八재　援隊와散兵줄의距離는싸음狀況과地形을따라定하는것인
데그主하는바는時機를놓치안코散兵줄을돕울만함에잇나니이때문에는距
離를파드게하여야할지나누무실죽敵의눈에뜨이지안이할것과敵불질의損
害을적제함도또한돌보아야하나니라

一八九재　援隊는地形을利用하여密集隊形을保存하고散兵줄의運動을
따르는것이니敵의불질效力을덜기爲하여必要하면小隊나分隊마다떼거나
또는暫時散開隊形을씀이잇나니라그런데두小隊을合한때는舊參小隊長이

이를指揮하나니라

一九〇재 援隊의長은命令을따라서곳散兵줄을돕기爲하여敵과散兵줄의狀況에맞도록援隊를引導하여아모쪼록中隊長에게서보이는곳에자리할지오만일멀니隔한때는中間에傳令을配置함이옳으니라

一九一재 散兵줄의늘임、파더함은中隊長의命令으로伍사이에들어가던지或은翼엽으로늘이나니라

두翼을依托한中隊는그正面에만아도두小隊를散開함에지나지안나니그러므로散兵을더늘임은伍사이에합이普通이니라

한翼을依托한中隊나또는獨立하여싸우는中隊는흔히는翼엽으로늘이나니라

더늘이라는命令을받은部隊는그長의號令에散開하되伍사이에더함에서는散兵줄안의間隔에들어가도록、翼엽으로늘임에서는散兵줄의翼에이어달

도록그자리로곳가나니라

伍사이에더함에서는各小隊長과分隊長은할수있으면반듯이새로그部下를區分하나니라

짓침、추격、퇴각(突擊、追擊、退却)

一九二재 싸움의進行을따라서損傷을補充하며散兵을더하여불힘을늘이며漸漸敵에게가까히가며알맞은때에銃鎗을끼이고마침내敵과맞붙기에이르게되면中隊長은몸소앞장서서一五六재를전주어서中隊의온힘을다하여猛烈코果敢히敵陣에쑥들어갈지니中隊의精神的團結의단단함은이삽시간에나타나는것이니라

一九三재 한번짓침에만일成功치못한때는비록다른隊의도움이없드라도志氣가旺盛하고精鍊한中隊는다시세번、네번이어짓칠수있나니진실로죽을힘을다하여뽑내어나가면아모리頑强한敵이라도마침내이를깨뜨릴수

있나니라

一九四재 짓침에成功하엿으면쫏기어가는敵을向하여곳追擊불질을할지니이때에沈着한散兵의불질은큰效驗을내서거의敵을滅亡케함에이르나니라

敵이우리의效力있을불질地界에서벗어나려하자마자中隊長은곳中隊를끌고前進할지니敵陣을빼앗은成功을滿足히녀기며짓치기에가쁜部下의몸힘을애끼어머뭇거리어서는안되나니라

一九五재 退却命令을받은때는온줄이一時에退却함이利가있으나或時는散兵줄의한部分으로敵을막게하여다른部隊의退却을掩護케함이있으며오히려援隊가있는때는아모쪼록옆의뒤地點을占領하고불질로앞줄의退却을收容케함이利함도있나니라

退却은秩序를保全하여整齊히하고號令이없이는닷거름을하지못하나니이

줌에幹部는特히部下를손에쥐기에힘쓸지니라

모임、막모임(集合、併集)

一九六재 싸우는中에兵力을모아야할때는「모임」이나「막모임」을하며또싸움판난뒤에나敵의追擊을받지안이함에이르면곳中隊를모나니라

散兵줄의모임은百六〇재를좇아하나니라

散兵줄을막모으려면隊形을보인뒤에「막모이어」號令을나리나니小隊長은이를다시號令하고散兵은各各自己의定한자리를차으려말고닷거름으로그小隊長의곳에모이나니라만일小隊의區分이아직되지안온때는그近傍에있는小隊長의곳에막모히나니小隊長은보인隊形을取하나니라

모임과막모임은必要하면小隊나分隊마다하게하기도하나니라

三재章 대대교련(大隊敎鍊)

대지(要則)

一九七재 大隊는 戰術單位이니네 中隊를 統一 하고 이를 살맛게 쓰어서 戰場엣한部分의任務들이우는것이니라

一九八재 大隊는 大隊를 指揮하기爲하여 號令이나 命令을 쓰나니라그 런데 各中隊로 一時에갑은動作을 시기어야할때에는 大隊長의 動令을나리며 그러치안은때는 各中隊長으로 그中隊의 行할動作을마라서 살맛은 號令이나 命令을 다시나리게하나니라

밀집(密集)

대형(隊形)

一九九재 大隊의 正規隊形은 大隊橫隊니라 그대形便을따라서 中隊사이의 間隔을 늘이거나줄이며도 中隊의차례를 相關 안코配꼼합도있나니라

步兵操典草案

九九

步兵操典草案

一〇〇

大隊副官은 大隊長을따르며 大隊本部附下士로 바들게하되 大隊가 展開하면 大隊旗는 大隊長의뽑은下士로 바들게하되 大隊가 展開하면 大隊長의指示하는 곳으로가나니라

運動中엣 衛生部員 파작은 行李의자리는 大隊長이 살맛제 定하나니라

二百재 大隊의 應用隊形은 普通 大隊縱隊와 大隊複隊니라

大隊縱隊는네個의 中隊縱隊를 앞뒤로거듭한것이오 大隊複隊는두個의 中隊縱隊를나탄히벌이어서앞뒤로 거듭한것이니 各中隊의 距離間隔은만 命令이 없는때는八거름으로하나니라 大隊로어러가지 隊形을 만드는때는 倂隊의 大隊橫隊、倂隊의 大隊縱隊를이라 하나니라

二〇一재 中隊사이의距離와間隔은各中隊 整頓翼의分隊長이이를 保存 하나니라

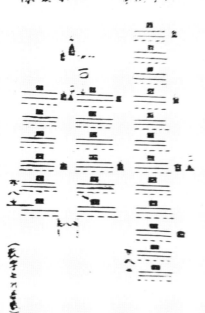

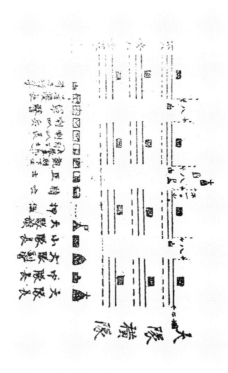

伍)의大隊橫隊 大隊縱隊

正規隊形의 敎鍊은 整頓、行進、方向바꿈에 限하며 그밖動作은 大隊長의命

令대로 實施할만하면넉넉하니라

二〇二재 大隊橫隊를 整頓케하나니라

거항도(멘)거 를앞으로

旗와머리小隊의翼分隊長은 前進하여旗편으로整頓하나니 大隊長이나副官

은 그자리를바르잡나니라

그다음에아레號令을나리나니라

가운데로 나란히

바루

「나란이」動令에各中隊는旗편으로整頓하나니라

행진、정지 (行進、停止)

二〇三재 大隊의行進과停止에서各中隊는大隊橫隊에서는旗편으로그

一〇一

旗隊形에서는基準中隊편으로나란히하나니라그럼데停止케하려면「그만

서」號令을나리나니라

방향바꿈(變換方向)

二〇四재 停止中에나行進中에서方向을바꾸게하려면아레號令을나리

나니라

옴으로(외로)방향바꿔

옴으로(외로)방향바꾸어

軸翼에있는中隊는中隊長의號令으로停止中或은行進中의方向바꿈을하고

그밖中隊도또한中隊長의號令에차례로方向을바꾸되各各捷徑으로들어서

빨리새줄이으므로서軸翼에있는中隊편에整頓하나니行進中에大隊橫

隊는대개中隊길이만큼나가서나니라

倂隊의各中隊形에서는一五一재三項에전주어하되行進中에서倂隊의大隊

橫隊는小隊의길이만큼方向으로나가서나니라

一〇二

만일빨리方向을바꾸게하려면아레號令을나리나니라

합페옴으로(외로)방향바꾸어

各中隊는「가」動令에닷거름으로

가

는中隊에整頓하나니라

만일작은角度로方向을바꾸게하려면먼저새目標(方向)를보이나니라

더형바꿈(變換隊形)

二〇五재 大隊의隊形을바꾸게함에當하여必要하면大隊長은基準中隊

、關係되는자리들을中隊長에게보이나니라

二〇六재 大隊橫隊로부터大隊縱隊를만들게하려면아레號令을나리나

니라

옴으로(외로)더머좋며

一〇三

某準中隊는음즉안키나이어行進하고그밖中隊는擇徑으로들어서빨리某準
中隊뒤에거듭하나니라

二〇七재　大隊橫隊로붙어는 大隊縱隊의끝에자리하나니라

니라　[머머복머]

某準되는두中隊는즉안키나이어行進하고그밖에는大隊複隊를만들게하려면 「옴으로(외로)머머복머」號令을나리
나니옴은(원)편두中隊가되나니라

二〇八재　大隊縱隊로붙어 大隊橫隊를만들게하려면아레號令을나리나
니라

某準되는두中隊는음즉안키나이어行進하고뒤中隊는擇徑으로

옴으로(외로)머머횡대

某準中隊는즉안키나이어行進하고그밖中隊는擇徑으로
줄위에이르므러서某準中隊에整頓하나니라

二〇九재　大隊縱隊로붙어 大隊複隊를만들게하려면아레號令을나리나
니라

옴으로(외로)머머복대

某準中隊는(가운데두中隊)는음즉안키나이어行進하고그밖中隊는擇
徑으로들어서빨리某準되는中隊에整頓하나니라

二一〇재　大隊複隊로붙어 大隊橫隊를만들게하려면아레號令을나리나
니라　머머횡대

某準되는두中隊(앞의두中隊)는음즉안키나이어行進하고뒤中隊는擇徑으로

어서빨리앞中隊의옴을翼또는원翼에이르어서이에整頓하나니라
한편으로大隊橫隊를만들게하려면 「외로(옴으로)머머횡대」號令을나리
나니라

二一一재　大隊複隊로붙어 大隊縱隊를만들게하려면아레號令을나리나
니라

옴으로(외로)머머종대

某準되는두中隊(옴은(원)편두中隊)는음즉안키나이어行進하고그밖
隊는擇徑으로들어서빨리某準되는中隊뒤에이르어거듭하나니라

二一二재　倂隊로된여러가지隊形의바꼼은이위에보인法을전주어하나
니라

二一三재　大隊長은차기에서는各中隊에게大隊의칠目標를보이고一재

전개와싸음(展開及戰鬪)

줄의各中隊로이를向하여協同動作케하나니라그러나狀況이特히이러케하
여야하게으면中隊마다칠目標를보이기도하나니라
막기에서는普通一재줄의各中隊에게占領할地方과앞을나누어서作務를
주나니라

二一四재　싸음하기爲하여前進하는大隊는地形을利用하여야모쪼록
集隊形을오래保存하면서敵에게가히감을힘쓸지니라그런데敵砲兵의效
力이있는분질을받음에이르면中隊사이의間隔과距離를늘이며또는梯形
으로配置하고그다음에展開를함이며普通이며狀況을따라서大隊는처음붙어
곳展開를하여야합이있나니라

二一五재　展開와모힐때는普通으로길거름으로하며일빨리하여야할
大隊長은앞에나어야함이있나니라
大隊長은앞에나여必要하면옆에斥候를내서敵情과地形을偵察하여야하니

때는닷거름으로하나니라

二一六재　展開한뒤에는各中隊는갈자리에이르어서그地形을따라서散
맞은姿勢를取하나니라

展開할즘에는그各中隊長은그地形을따라서傳令한두名을내서大隊長과連
絡을取하야그命令을받으며또다른中隊의動作을살피어때때報告케함에便
케할지니라

一재줄에나或은한녚에있는中隊는或時로者干의군사를내보내서行進할地
域을搜索하며또는警戒케할지니라

二一七재　展開한뒤의運動에는大隊長은軍刀나손의記號로써停止나行進
標를向하야方向을바꾸게하고그반中隊는協同하여하게할지니　基準中隊가

二一八재　展開한뒤에만일行進目標를바꾸려하면먼저基準中隊로써目
標를보이나니라

方向을바꾼뒤에는맞당히停止하게할지나만일이어行進케하면그반中隊는
맞당히닷거름으로빨리方向을바끌지니라

二一九재　展開를함에는大隊를一재줄의中隊와預備隊로나누나니라
던데一재줄에몟中隊를내보낼는지는그때狀況을따라서決定할것이니라

大隊가獨立하여싸우는境遇에서는열或셋式不時의事變을防備하며또싸움의進
行을따라서次差正面을튼튼케하기爲하여면처음一재줄에쓸兵力은아모쪼
록해끼어야하나니라

큰部隊안에서싸울때는열의念慮가없으므로여러中隊를一재줄에展開할수
있나니라그러나大隊의싸움任務를이루기爲하여처음에는적어도한中隊의
預備隊를남기어둠이必要하니라

各中隊의싸움正面은狀況特히地形을따라서定할지니라그러나이기기를期
必하는칠正面에서散兵줄의분힘을알맞제維持하려면戰時人員한中隊에서

는一五〇米쯤을標準삼으며그반의境遇에서는이보다넓은正面을차지함이
맞으니라

二二〇재　展開를함에는大隊長은狀況이할수있으면各中隊長을모아서
當時의狀況을보이고一재줄에갈中隊、預備隊、各中隊의關係되는자리
와必要하면基準中隊를보이고칠기에야직칠目標를보일수있으는때는共同
한行進目標를보이거나或은基準中隊를의지하여展開한大隊의運動을規定
하고그칠앗만은時機에서칠目標를보이나니라

二二一재　展開는行進中과停止中을不關하고展開할中隊를앞나가
서하게함이利하며또는境遇에서든지展開한大隊의칠目標를向하되

二二二재　展開한一재줄의各中隊는大隊長의意圖를根本삼아地形과
敵의分質效力을應하여알맞제모든制式을應用하여大隊의칠目標를向하되
合이便하니라

專心으로敵에게가까히가기를힘쓰며너한분힘을나다내어마침내짓치는
것이니어려가지싸움狀況을應하여各中隊가協同動作을하며指揮가統一됨
은大隊싸움의본뜻이니라

二二三재　預備隊는大隊長에게直接쓰이는것이니大隊長은預備隊의싸
맞제씀을因하여싸우는境遇에는預備隊로써음正面을실수있으나나큰部
隊안에서는싸음正面이있으므로預備隊는흔히一재줄에밀어넣음(推
進)에쓰이며大隊가만일한翼에서싸우는때는그依托치못한翼녚에預備
隊를씀이普通이니라

預備隊의長은大隊長으로時機와狀況과地形을
하나니이때문에싸음狀況과地形을늘돌아보며依托이있는열을警戒하며大
隊長과確實히連絡을保存하며大隊長의意圖를따라서預備隊의자리와運動

울定하나니어는境遇에서든지預備隊로너무실즉敵에게풀어나지안이함과
敵불질의損害를적게합에注意하여야하며또敵의騎兵에對하여隱戒함이必
要함이가끔잇나니라

二二四재　밤의치는運動은特히靜肅히하며連絡을保存하고確實히行進
方向을維持하여敵에게가까히감이主要하니때문에힘쓰어單純한隊形例
컨대密集隊形으로써敵을나탄히또는거긔흔한것을쓰며또危險한반걸興
을警戒하고必要하면彈살을장이지말게하며預備隊로가까히나라前進케하
며火戰을하지말고곳짓침을모음김이좋으니라

中隊는行進하기에는넓面안을한隊形을씀이便하나며必要하면그앞에若干의
斥候를配布할지나라그러나짓치기에는正面안을한隊形을씀이좋으며或時
는넓백한散兵줄에써가까게援隊로따라나가게함이利함도잇나니라
어는境遇에서든지敵의바루앞에서隊形을바끔을避할지니이는敵에게發覺

되어마침내混亂될念慮가잇는까닭이니라

二二五재　밤에는겻곳하면方向을그롯치기섭으니라그러므로될수잇으
면낮에미리앞에나뒤에前進할基準을標할지니낮에이를實施할수없는때는
뿔음은將校앞에서보내서隱顯燈, 줄이나살아보기쉽은빛잇는物件들로前進
方向을指示함이좋으니라 그런데燈불을쓸때는敵에게알니어지지안토록注
意하여야하나니라

밤運動에서는다른方向의銃소리나高喊소리에끌니어그行進方向을바꾸지
안이하여야하며또앞에내서잇는이는特히그거류速度와連絡에注意하여必
연때때停止하여야하며連絡과秩序를回復할지니라

前進運動을遲滯케안토록注意할지니라

二二六재　大隊長은自己의任務를다하기爲하여알맞게그자리를가리어
야하나니못一재晝과預備隊와의中間에서싸옴狀況을살피며大隊를指揮함
에가장便한한곳에자리하여야하며또聯隊長과의交通을確實히保存함이必
要하니라

二二七재　짓칠時機가漸漸가까옴에이르면大隊長은一재줄에가까히나
리하며預備隊를내다보고部下大隊와의大部隊의싸옴狀況을仔細히살피
어서짓칠機會를보아내어야하나니이때에서大隊長의勇敢한動作은部下를
떨치어닐이키어서의勝利의첫거름을얻은것이니라

二二八재　敵兵이흔들니는빛이잇는때는大隊長은못이룰다서大隊의온
힘을들어앞장서서짓처들어갈지니라그러나이때한中隊가짓처들어가는좋은機
會를다서스스로짓처들어가서한거름이라도뒤떠러지지안토록할지며中
隊도짓처들어가서한거름이라도뒤떠러지지안토록할지니라

敵의줄의한部分이라도우리의猛烈한짓침을받을때는온줄이이흔들
니는것이니라그러므로大隊長이짓처들어가려하기前에勇敢한中隊의짓침
을實施하면이機會를잡아서이김을얻으려고힘씀은大隊長의責任이니만일
먼저나싼中隊로외롭게되고後援이언음에이르게됨이잇는때는大隊의
本뜻에아주어그러지는것이니라

二二九재　頑强한敵에對하여는한번짓침에能히成功치못할때는大隊의
境遇에는알맞은자리에停止하여다시짓칠機會를만들고꺽으려도뎌하이지
안는勇氣를나타내서어대까지든지다시이어짓칠지니라

二三〇재　짓침에成功하면앞줄에잇는各部隊는곳猛烈한追擊불질을할
지며불질의參預치못하는部隊는빨리隊伍를整頓하며前進할準備를할지니
라

敵兵이우리의效力잇는불질地界를벗어나자마자大隊長은곳大隊殘부를밤

민쫓아 가서이를무너뜨리 (潰亂케하며) 어야하나니라

二三一재　막는正面에있는大隊가敵의짓침을받을때에는매우沈着히불질하고敵의휘주근함을라서선뜻되드릴철 (逆襲) 지며敵兵이만일우리陣터에쑥들어오면甚大隊長以下는勇氣덩어리로敵과맞붙어싸워서이를무릅을지니라

二三二재　不得已하여退却함이르면大隊長은特히沈着하여그處置를決定하고各部隊는天然히動作하여야하나니라

退却함에當하여오히려豫備隊가있는때는먼저이로收容陣러를占領케하고그다음에一般의部隊를退却케함이좋으니라

退却하는部隊가收容部隊를돌기爲하여敵을退却케함은도리혀危殆함에빠지어그때문에敵에게서벗어나기가어렵으니라

大隊가이의殿備隊가없는때는가장激烈히싸우는部隊를남기어두어막제하

고다른部分붙어退却케하여야하나니라

敵의追擊을받지안이함에이르면各部隊는곳모히어서大隊長의곳에이르나라

二三三재　大隊를모으려면大隊旗를세워그자리를보이나니大隊는捷徑으로쫓아서大隊橫隊로모히나니必要하면隊形과各中隊의關係되는자리를보이나니라

二三四재　彈藥補充은陣中要務令의規定을좇나니라

四재章　런대교련 (聯隊教鍊)

二三五재　聯隊는教育의統一, 將校의團結, 編制와歷史에因하여獨立하여한方面의싸움任務를이룸에特히알맞은것이니라

二三六재　聯隊長은聯隊를指揮하기爲하여命令을쓰나니라

二三七재　聯隊의모임隊形 (集合隊形)

聯隊의모임隊形은大隊橫隊를한줄, 두줄또는세줄에配置함이正規니라그런데두줄에配置함에는한大隊는普通다른두大隊의間隔앞에나뒤에서그中央에자리하나니라

大隊사이의間隔과距離는普通二〇거름으로하며聯隊長은聯隊의머리列의中央로二〇거름쯤에, 聯隊副官은그원열뒤에자리하며다른聯隊本部附는一재中隊의押伍列에서大隊本部附下士의오른옆에자리하나니라

軍旗는旗官이바들고聯隊의머리列의中央앞一五거름에, 側面縱隊에서는그머리에자리하며聯隊가行進할때는行進의基準이되며聯隊가展開하면聯隊長의보인곳에이르나니라

聯隊長은二等兵다섯名을뽑아서軍旗衛兵을파나니이衛兵은銃劒을씀이고그뒤名은旗官의左右에나란히하고그변제名은그뒤列이되나니라

機關銃隊、各大隊의衛生部員과작은行李의자리는聯隊長이臨時에定하나니라

二三八재　모임隊形의教鍊은行進에限하나니라

二三九재　전개와싸움 (展開及戰鬪)

聯隊長은各大隊에게聯隊의칠目標와大隊의싸움任務를命하나니이때또或治는大隊마다칠目標를보이고도있고막기에서는大隊의占領할區域을區處時는大隊마다칠目標를보이고있고막기에서는大隊의占領할區域을指定함이普通이니라

二四〇재　聯隊長은그받은任務를상고하며正面의狀況과열依托의關係를돌아보아야면엇음展開에서一재줄에쓸兵力과預備로남기어둘兵力을決定하나니라

二四一재　聯隊는다른隊의도음을받을것을셈치지말고自己힘으로싸움을

끝내지안이할수어는境遇가만으므로맨처음一재줄에쓸兵力은힘쓰어애낄것이니라

二四二재　聯隊를展開함에는聯隊長은아모쪼록各大隊을모아서當時의狀況을살피며目的을보이고且任務를줄지니라
여러으니라그러므로展開하엿으면그正面을한편으로치우치거나或은바꾸기가매우어려우니라그러므로展開를함에當하어는아모쪼록精密히싸움을正面을定하어야하나니라

二四三재　豫備隊에關하어는大隊에서보인要旨를좇을지니라그러나聯隊長은맨끝時期에이르기까지若干의部隊를손에가지엇다가마침내軍旅와함께짓처야하나니라

二四四재　機關銃은빠른물질速度와빠르막한엇긴彈道를利用하는것인데그쓰는길은싸움의目的과當時의狀況을보아서決定하는것이니라그러나普

通으로처음붙어一재줄에쓰지는안코滅殺시킬效力을내어야할時機에서쓸이必要하니라그러나막기에서는或時一定한任務를주어서맨처음陣러에配置하어야함이잇나니라

二四五재　聯隊長은二二六재에보인要旨를따라서그자리를가릴지니라

二四六재　聯隊長은치기에서는追擊을마치매때、退却에서는敵에게急히 꽂기지안케된때에는빨리聯隊를모을지니라

五재章　머지(準則)
려단교련(旅隊教鍊)

機關銃隊는나누지안코씀이普通이니라그러나必要하면두銃마다나눔이잇어는境遇에서든지機關銃을먼距離에쓰거나또는이로버리려는(持久的)불질을하게함은큰잘못이니라

二四七재　旅團은步兵싸움에서가장큰團結을이루는것인데두聯隊를統一하여戰略單位안에서늘重要한任務를맡고또는다른兵種과連合하어싸운能力을나타내는것이니라

二四八재　旅團長은旅團을指揮하기爲하어命令을쓰나니라

二四九재　旅團의모입隊形은두聯隊를나란히하거나거듭하나니聯隊사이의間隔과距離는普通三○거름으로하며旅團長은旅團의머리列의中央앞三
　거름쯤에、旅團副官은그右왼엽뒤에자리하나니라
○　모입대형(集合隊形)

二五○재　전개와싸움(展開及戰鬪)
旅團長은두聯隊를나란히세우고싸움의가장알맞은部隊를展開하고그다음에다른聯隊를

展開함이잇나니이境遇에서도二재聯隊는다음聯隊에게돌음을받게될것이안이므로스스로길의區分을함이要緊하니라그런데二재聯隊는맨처음展開에서普通한翼엽의뒤에모히는것이니라

二五一재　旅團에豫備隊를둘는지、어느聯隊에서얼마部隊를取할는지는狀況을따라서定할것이니라

二五二재　旅團長은二四二재에좇아展開에關한命令을나리나니라

二五三재　旅團長은자리를가림이要緊하니곳一般의싸움狀況을살피며또맨끝時期에서는旅團을統一하기爲하여싸움狀況을살펴며해가까비자리하여야하나니라旅團은싸움의部署、指揮가다聯隊、大隊와그뜻을달리하는것이적지안이하니라그러므로旅團의싸움은이章에보인밖에전혀二재部에

보인싸움原則을따라서旅團長의運用하는힘을믿는것이만흐니라

一二四

二재部 싸움의原則(戰鬪原則)

一재章 싸움일반의要領(戰鬪一般之要領)

一 재 싸움은普通으로가장앞에나서는警戒部隊를과가음은特別한任務를가진部隊를因하여始作되나니그다음에는警戒部隊를과가음은特別한騎兵의敵과部둿힘에맛미앗아실어나고이판에當한指揮官은빨리쓰되일만한配備를하여敵의前進을因하고敵情과地形을偵察하여高級指揮官에게이뒤의決心과處置를함에必要한資料와時間을주며그同時에우리군사의動作을敵에게숨기기이사이에그指揮官의注意할것은내가판싸움(決戰)을求하안이함에있나니라그러나그體에關하여必要한地點은勇敢히動作하여빨리占領하여야하나니라

高級指揮官하으여砲兵指揮官과그반必要한指揮官을데리고狀況特히地形을살피고警戒部隊를에게動作의證據를주어서敵에對하여自己의利益얻기를

一二五

할지며必要하면本隊로開進케할지니라

二재 開進할땅의자리는싸움의部署에큰影響을주는것이라그러므로開進할땅은이뒤의展開를돌아보아한곳이나두어곳을가릴지니라開進할땅의具備할性能은敵의눈을가리며야모쪼록敵砲兵의效力잇는곳질距離밤이오또앞파옆으로나가기쉬움에있나니라開進한部隊는普通으로密集隊形을쓰나니라그런데만地形을따라서이뒤의前進을돌아보아一時에開進할境遇에서도步兵은야모쪼록길바에서行動하고있나니라步兵과砲兵이行進하며또行進하는그混亂함을預防하기를힘쓸지니라

三재 가음곳에開進하는部隊의高級舊參의指揮官은開進을爲하여必要한警戒를辭讓할지며또이서서로울림을避치못할境遇에서는그混亂함을預防하기를힘쓸지니라또이時間을利用하여야모쪼록넓은正面의隊形으로散開에제숙어서안

一二六

파옆으로나갈만한어러길을偵察하여둘지라

三재 高級指揮官은모든情報와自己의觀察을받미앗아싸움一般한決心을定할지니못하게칠는지어머케막을는지或은버릴싸움(持久戰)을할는지들이나이때문에密한생각파빠른決斷을하여야하나니싸움의效驗은모도그맞다못맞당함에달닌것이니라

四재 더저싸움에關한各級指揮官의決心은任務、地形과敵情의判斷을받미앗아나니라그러나任務는決心의根本이니地形과敵情의分明치못함을받미앗아머뭇거릴것은안이나라指揮官의決心은단단하여야하나니決心이흐믈그면指揮가저절로錯亂하여部下가마라서망서리나니라

五재 高級指揮官은싸움에關한決心을하면못이를根本삼아命令을나리나니라그런데命令은簡明하고確切히하여直屬한各級指揮官에게自己의意

一二七

圖와彼我의狀況을살니어서모든싸홈範圍안에서自己홀과이웃部隊들의
마음은任務를결제하여야하나니라

六재 命令을나림에매우便利하고確實한方法은直屬한各級指揮官이나命
令을바다야갈이를미리한곳에모아서各部隊에게合同命令을좀ᆷ이잇나니라그
러나狀況을따라서따로따로나리거나或은먼저簡單한命令으로빨리軍隊를
갈자리로가게하고그다음에仔細한命令을나림이利하거나或은指揮官을
거나連動하는中에잇는部隊의指揮官을먼곳에불러들이어命令을주는것은
모든境遇에서避하여야하나니라

七재 命令을바드면步兵은敵을치기爲하여運動을始作하거나或은指
定한곳을占領하거나或은連動의時機를기다리기爲하여한곳에모이거나各

砲兵은그特性을돌날니어서불질의威力으로步兵,을돕으며特히野戰重砲兵

騎兵은敵情을捜索하여時機를일지말고距離의불질을하여써싸홈의進行에조은影響
을주나니라그럼데그陣러의맞고안맞즘과指揮의잘잘못은싸음의效驗에큰關
係가잇음으로高級指揮官은싸음部屬를함에當하여全體의目的을根本삼아
自己의意思를指示하고砲兵陣러의大概를보이어서砲兵指揮官으로그範圍
안에서處置케하나니라

八재 展開함에當하여各指揮官은任務, 地形, 兵力과敵情에根本하여
싸음正面과세루길이의區分을決定하나니라

들러서敵의옆과뒤을威脅함이必要하나니라
掩護하여敵情을일며距離큰싸음을利하게하기爲하여제하며오우리의옆과뒤을
拖護하여敵兵, 砲兵으로그옆과뒤를격정하지안코싸음을專心으로제

싸음의進行에重大한影響을주거나不時의事變을應함은預備뭇남기어둔兵

力을씀에잇나니곳所屬의地點에서판싸음을求하며必要한地點에救援을보
내여파음줄의前進을催促하며또그의호를님을막논것들은다이預備隊의잘
씀을미암는것이라

九재 預備隊는普通步兵과工兵으로이루나니아모쪼록建制部隊로가틈
을避하여야하나니라

十재 預備隊의자리는狀況特히地形을따라서定하는것이나어러境遇에
서는판싸음必하는싸음줄의뒤에配置하나니만일싸음始作할때에敵
預備隊를占期必하는싸음줄의뒤에配置하나니만일싸음始作할때에敵
의눈과敵의싸음의가운데뒤에두어야할때는이뒤에두어야도록注意할지니라
預備隊의隊形을힘쓰어손에넉기에便하고또地形에맞고行進이쉬운것을
달지나그러나敵불질의損害를적제함도또한돌아보아야하나니라

一재 이뒤엣싸음의經過는各部隊의奮鬪함과協同動作함을밀미암아

進行되나니그러므로各級指揮官은決斷코남의움을을依賴하지말고專心으
로任務를이루도록힘쓰어서狀況에變化가잇드라도命令만기다리지말
고各各그마음은區域을따라서時機에맞도록處置하기에머뭇거리지말며特히
各級指揮官은한部分에서얻은勝利를全體에넓히게할勇氣가잇어야하며
이와뒤치어한部分에서받은損害를다른곳에맞이지안케함에當하여는
소그責任을맡아야하나니라

一二재 싸음狀況의變化를應하여살맞게動作하려면狀況의變化와이
로써自己의取할處置를늘下級指揮官에게살니며下級指揮官은살핀敵情, 地
形과自己의行動을진실로싸음에影響을밀실줄을밀리上級指揮官에게報
告하여야하나니라

一三재 싸음狀況를悲觀하며敵情을무크게보는報告는하지말지며自
己가危急한데가까온때는다른部隊도또한같은景況에잇을때임을생각하여

步兵操典草案　一三二

함부로 敎援하는 軍隊를 請求치말지니라

一四재　이옷한部隊나갓은目的을向하여싸우는部隊의指揮官은서로連
絡을保全함이要緊하니라그러나오직連絡에만留意하고自己任務의實行에
는머뭇거리어서는안되나니

一五재　싸음줄에있는步兵指揮官은敵兵의配置、移動파이에對하는우
리砲火의効力을살맛은때에砲兵指揮官에게通報할지니그러한때에砲火
의効力을한層더크게하는것이며또이뒤의處置할것에關하여騎兵指揮官에
게通報함은그近傍에있는砲兵이危急함을當하는때는을救援하여주는義務가있
나니라

一六재　싸우는中에各級指揮官의자리는敵狀을살피며命令、通報、報告를이받비이를
主하여定할지며그밧게이웃部隊를보며命令、通報、報告를이받비이를

步兵操典草案　一三三

一七재　命令、通報、報告들이遲滯없이써자리이를方法을定하여두어야하나니라
도또한들아보아야하며指揮官이必요로因하여만일그자리를옴길때는命令
通報、報告들이遲滯없이써자리이를方法을定하여두어야하나니라

一八재　싸우는中에各級指揮官은늘地形의利用에注意하여軍隊의行動
으로이해맞게하기를쏠지니라그러나이때문에精神을錯케하거나싸음
動作을느리게하거나시긴行動의範圍를벗어나는는일을이있어서는안되나니

　　　　를定하며記號를만드는등모두手段을準備하며또信
號를쓰게되면매우便하니라電報、電話、手旗信

一九재　地形의利用을돕기爲하여器具를씀은막기에서매우要緊하니라
그러나狀況의變化를따라서이미만든工事로서等데언제되엇으면못써밀지
머치기에서는나갈길을열며또는이미占領한地點을維持하기爲하여다른때

步兵操典草案

（라）

步兵操典草案　一三四

용거할地物이없는境遇줄에器具를쓰나니라
어는境遇에서든지步兵은步兵의工事의돕음을기다릴것이없이있을工事를하여야하
나니라그러나工兵은步兵의돕음을指揮하며또도와주어야하나니라

二〇재　싸울地에서는步兵의工事의도음을차츰차츰을에더함은곳
잘못이니와이와갓이하는는곳작은兵力으로만은敵과싸우지안이할수엇
제되어스스로먼저단속하는（先制）利徳을버리고만칠내뿐안이라
마침내軍隊의志氣를꺼림에이르나니라

二一재　싸음의進行을따라서步兵은물질의威力을한것이나다내서마침내
짓치고步兵이짓치기前에砲兵은철點에붓질部隊를모아더고機關銃은
삽시간에가장큰効力을나타내고工兵은必要하면짓칠部隊를爲하여나갈
길을열고騎兵은敵의엽과뒤를威脅하는것을못모든兵種의協同하는行力을
들날니어서써이기도록힘쓸지니라

步兵操典草案　一三五

二二재　이길줄을미리집작함에이르면各級指揮官은時機를읽지말고追
擊할準備를함이必要하니이즘에各級指揮官은아모쪼록알줄에있어야하
니라

二三재　이긴軍隊는그効驗을完全케하기爲하여猛烈하고勇敢히追擊을
하여敵으로滅殺을當케할지니라

二四재　退却은꽃기어다라나는데까지기업어서걸못하면收拾하기가어
려움에이르는것이라그러므로指揮官은비록싸음狀況이利롭지못한境遇에
서라도오히려여러가지手段을다하여싸음形勢를回復하기를꾀할지니이즘
에步兵은붓질을모아하면짓치고砲兵과機關銃은우리에가장損害를
주는敵에對하여붓질을모아더고騎兵은敵의엽에對하여威脅을試驗하는것을
끌못各兵種하여協同하여땐뒤의이김을얻도록힘쓰어야하나니라

二재章　치기（攻擊）

步兵操典草案

二五재　대저치는것은싸흠을이기는惟一한手段이라그러므로指揮官은狀況이엇더하든지不得已한빼에는들치기를힘쓸지니라들치기는要領은엇지못한志氣로敵

二六재　들치기에優勢한兵力을쓸은들部署의要訣이니이즘에한部分의兵力으로敵의줄의다른部分을向케하여主力으로치는것을쉽게함이要緊하니라

二七재　치기는에워쌈(包圍)이利하니라그런데에워쌈에는두어縱隊의나탄히나감을因하든지뒤部隊가나와서參預함을因하든지를不關하고展開할즘에準備하여야하나니라이의展開한部隊를옴기어에워쌀려함과감음은

칠點은狀況特히地形을判斷하여陣터의弱點이나敵에게가장危險한方向을가릴지니라

地形이特히有利하든지敵의눈을가릴수있는境遇에限하나니라
해위쌈은敵의正面과옆옿아울러치는것이니두翼을
優勢한兵力을가지지안이하면正面이薄弱하여危殆함에빠질念慮가있나니라

二八재　指揮官은칠部署를決定하엿으면칠命令을나리어서各部隊의任務를展開할區域과運動始作할時期를보이고또狀況을따라서먼저軍隊를
해위쌈은元來高級指揮官의戰術에서兵力을쓰는法에붙은것인즉直接으로써우는各部隊는그맡은部分에서을敵의正面을向하여치는것이니라

二九재　展開는秩序와連絡을保全하면서하고各各必要한빼·戒
를하여不時의事變을預防하여야하나니라
二九재　展開는前進할時期를보이기도하나니라

騎兵과警戒部隊는앞에있는알맞은땅을占領하여步兵의展開를掩護하며砲

步兵操典草案　一三七

兵을必要하면敵의砲兵을쏘아서우리步兵의展開를쉽게할지니라그러나敵에對하여아모쪼록우리運動을오래숨기려하면步兵의치러나감을기다리어서불질을始作함이좋으니라

三○재　展開한各部隊는敵情과앞地形을偵察하여이뒤의運動을쉽게함을目的할지니이때문에或時는敵의警戒部隊를쳐놀니어야함이나그러나全體의展開進行하기까지아모쪼록무릴즉슴을일이키지안코自己자리를定할지니라

三一재　뒤部隊는그쓰기에便하며展開하기에便하도록그자리를定할지니라
뒤部隊의取할距離는狀況特히地形을따라서變하나니둔人맘(開豁地)에서는싸흠의始初에서세루距離를크게하고차츰그距離를줄일지나步兵의弴彈살이나或은留散彈에게一時에셔루方向의두梯隊로損害받지안케하도록

注意할지니이에必要한距離는三百米이니라
注意勝負을決斷할時機가가까지되면뒤部隊는損害을不關하고싸흠을파히와야하나니이는싸흠의판매는時間은대개짜름으로아直쓰지안은은軍隊를區處함은이暫時에있는는까닭이나라

三二재　뒤部隊는地形에맞기쉽으며또運動이쉽은隊形을가리어야모쪼록모이어있어야하나니라그러나敵의效力있는분질아레에환히들어나제되짓으면가루옮은部隊의間隔을넓힘이좋으니라그러나

三三재　展開한各部隊는치러나감을始作하여專心으로敵에게가까히하이때문에指揮官은그部下가손안에서벗어나지안도록注意할지니라
기를힘쓸지니라

步兵操典草案　一三九

步兵操典草案

一四〇

砲兵은그불님으로敵을잡아눌러서步兵의치러나감을쉽게할지나라그러나 地形을利用하고또步兵은한것砲싸음의結果만기다리지말고彼我砲兵의싸 우는中에서前進하여야하나니라

三四재　맨앞줄의各部隊는아모쪼록오래密集隊形으로前進하여우리의 力을덜기爲함이며한곳前에서散開隊形으로變할지니이는敵불질의效 力을덜만한곳은맨처음붓허오맛은散兵을配布함이좋으나 숨어서敵에게가가히갈만한때는必要하나니라

三五재　불질의效力은敵에게가가히감을따러서더욱크니라그러므로各 級指揮官은그싸음줄을늘나가게하기를힘쓸지며敵의抵抗하는힘을잡아눌

步兵操典草案

一四一

러서우리의前進을쉽게하려면불힘을强케하고또維持함이要緊하니라 地形과敵불질의關係는散兵줄의各部分이한결갓지안이하여한部隊는다른 部隊보다쉽게나갈수도있나니이와갓은境遇에서는그機會와利益을어기 를힘을지니라

三六재　步兵싸음이이믜醉함에이르면砲兵은비록敵砲에게甚한損害를 받드라도이를不關하고그砲火를敵의步兵中판싸음을하려는方面에모아 더고또敵의機關銃의자리를찾아서이를패치기를힘쓰어서써步兵의치는것 을도아줄지니라

한部隊로살마은地點例컨머散兵줄의돕음을받미암아우리散兵줄의前進을 領케하여그불질의돕음을받는그등뒤에있는높은곳을占……나라

이즘에步兵의勇猛한前進은敵으로自然그軍隊를들어내게하여우리의步砲

步兵操典草案

一四二

두部隊의協同하는불질에因하여敵으로다시살어나지못하게하는것이니라

三七재　한번占頓한地區는한조각이라도다시敵에게버리지말지니라 이는이때문에必要한면器具를쓰기도하나니라그러나만들어놓은掩護物에 꼭박이어서치기에必要한器具를遲滯케하여서는아니되나니 뜻이곳곳하고生々이이周密한步兵은敵의불질때문에前進이매우어려운境遇 에서도또敵器具를쓰면서前進을이어야하나니라

三八재　敵은다만불질의效力만으로불니철수가없나니라그러므로步兵 은늘깃쳐들어가서맨뒤의敵陣에쑥들어가기를期必하여야하나니라 砲兵은步兵이敵陣其을쓰면서前進하여더욱그한部分을가장效力있는 距離까지步兵과나가게 모아댐지니이즘에特히그한部分을向하여猛烈한불힘을가게 合이利하나니라 機關銃은勝負를決斷할時機가되면危險을돌아보지말고힘쓰어앞으로나가

서敵을猛烈히쓸지니機關銃의效驗은이삼시잔에서가장큰것이니라

工兵은普通步兵을爲하여그나갈길을열며障礙物을없이하며또빼앗던地區를단단케함을맡나니라

三九 째 앞줄에있는指揮官은분질의效驗과 그밖에敵에빡한한利益을가장잘보아낼수가있으므로機會를넘기지못짓쳐야하나니줌에뒤部隊는뭇앞줄을따라와서그效驗을完全히하기를힘쓸지니라그러나上級指揮官은앞줄에있어서짓칠機會를만들어내어서짓침을命令하며도또는뒤部隊를앞으로더하여짓칠機會를보아내서짓침을命令하며그러나이웃部隊가짓침을始作할때는各部隊는協同하여짓칠지니짓처듬으가면敵은온갓手段을다하야막거나或은뒤돌녀치기(逆襲)를試驗함이있나니그러므로指揮官과兵丁은힘을다하여거꺼싸우어서짓치는效驗을完全히하여야하나니라

步 兵 操 典 草 案

一四三

四〇 째 짓치는部隊에는必要에應하여破壞器其와手榴彈들을가지가체할지며必要하면工兵도불일지니手榴彈을쓸때에는敵의뜻밖에나가서이를뒤집고그던진곳매를라더개敵과手榴彈의싸움을한뒤에서짓치려함과같음은도리혀進襲의氣勢를꺽는것이니라

四一 째 짓치는部隊는그陣러를빼앗음을滿足히녀기지말고敵을滅殺시기기爲하여追擊불질을할수있는地點까지이어칠지니그린데追擊불질에參預치못할部隊는빨리隊伍를整頓하며必要한警備를하여敵의回復하려는치기를防備하고또이뒤의追擊運動을準備하여야하나니라砲兵과機關銃은한部分이라도빨리불질하기便한자리로나가서追擊불질을할지니라다만은軍隊를한데모거나또는뚜렷한目標를들어내는때는그잔에敵陣의다른部分特히敵의砲兵에제만은損害를當함이있음을注意할지니라

步 兵 操 典 草 案

一四四

四二 째 짓치다가退却을當할境遇에서오히려密集部隊가있는때는그따라나를을맡미암아다시두번세번이어짓칠지오비록따나오는部隊가없는때라도幹部와兵丁의勇氣를지하여야가迨오는猛烈히불질하여氣勢를回復하여어려히다시짓쳐서마침내그目的을이루고야말지니라

四三 째 닥침싸움을(遭遇戰)
닥침싸움은特히먼저단속하는利를차지함이要緊하니이때문에果斷한決心으로빨리軍隊를部署하여야하나니라地形을周密히偵察하거나或은時時刻刻變化할敵情에關한어러報告를곤뒤에야비로소處置를하려함과같음은더개失敗에빠지는것이니라그러므로指揮官은힘있어앞에자리하여自己의살핌과미더음은모든報告를根本삼아大體의狀況을判斷하야그뜻을단단히定하고빨리部下모든隊長特히前衛司令官에게指示하여그動作에遜據를주고또本隊의各部隊로야모쪼록빨리戰場에이르게하도록

步 兵 操 典 草 案

一四五

規定할지니라
各級指揮官의獨斷專行을바람이닥침싸움보다더善함이없나니라그러므로온갓手段을다하여써上級指揮官의意圖를滿足케하도록動作함이必要하니라

四四 새 前衛司令官은指揮官의指示를좇아서또는必要하면獨斷으로써衝를部署하며時機를임의지말고그任務를完全히함을힘쓰며옷의支撐됨要緊한땅은비록싸음을일으키거나또는正面이너무넓을念慮가있을지라도이를占領함을망서리지말지니前衛안의各指揮官도또한이要領에전주어서動作할지니라

四五 째 닥침싸음에서는敵보다먼저展開를마치게함이必要하니이때문에指揮官은各部隊로行軍縱隊로불어나누어나가는各部隊는各각빨리（減少,減員展開하기爲하여行軍縱隊로불어나누어나가는各部隊는各각빨리

步 兵 操 典 草 案

一四六

할지며또차츰展開에便하도록그길이를죽일지니라

四六재 指揮官은各隊를統一하야싸음에參頂케함을힘쓸지니라그러나時機를일을지안코前衛의얻은利益을確實히保存하거나或은크게하려함과같은境遇에서는연방오는本隊의各隊로못싸음에參頂케합이必要하니라

四七재 敵兵이만일우리보다먼저展開하면싸음을整頓하여敵의에위쌍을損害를파덜어저서싸음을準備를免하기爲하여녁々한兵力을展開하기까지는졍싸음을싸우는利롭지못함을免하기爲하여녁々한兵力을展開하기까지는終始優勢한敵과避하여야하나니라

四八재 막을陣러를占한敵에게더드러서서치는이는普通敵情과地形을偵察하며칠時期方向과方法을가림에게더時間의남어지가있나니라그러므로指揮官은미리周密한計劃을定하고또녁々한準備를하여야하나니라

敵의陣러의값은칠計劃에큰影響을주는것이니라그러므로그偵察은오직騎兵과前衛의報告에만의지하지말고指揮官이몸소온갓手段을다하여이를하여야할지니라

四九재 指揮官은命令이나먼저軍隊를開進케할지니이즘에前衛는싸음을일이킴을避할지니라그러나敵의칠形勢로옴기로옴김을막어남을야하나니더開動作에敏活한막는이의머리가클어남을機會삼아칠形勢로옴김이있는까닭이니라

五〇재 칠計劃을定하엿으면高級指揮官은各指揮官을모아서살맞게命令을나리어서軍隊를칠準備할자리로가게할지니안乎땅을가리어야하나니라가깐제할지니라그러나敵의損害를입을지니안乎땅을가리어야하나니라軍隊를칠準備할자리로가제하여연各部隊는各各살맞제命그칠目標를보실지니各部隊는各各살맞제警戒를하고그展開할區域파될수있으면그자리로가나니라고

第三章 막기(防禦)

던데一재줄이될各大隊는모이어있는지또는展開할는지는狀況을따라서決定할것이니라

五一재 各部隊가칠準備할자리로잔뒤에砲兵의붙질始作과步兵의려나감은칠準備할자리로잔뒤에砲兵의붙질始作과步兵의치려

五二재 우리砲火의效力이잘나지못하고또낮에힘쓰어질것이었는때는어둡은밤을利用하여敵에게가까이감이도리혀利가있나니라

·五三재 매우른밤을利用한陣러를칠陣러를不得已차츰칠陣러를먼서敵에게가까이가지못함이있나니라그러나이때문에날만虛費하고히野戰重砲兵의效力이가장른것인데普通무덕이(集團)砲兵의效力을늘날그막기를더욱른게하는게하는利롭지못합이있나니라이와같은지기에서는砲兵特날것이니라

五四재 막기는결웃하면여주딸리어다니는地位에빠지어서나의動作의自由를일흐제되기쉽으니라그러므로時機를엇으면선듯칠形勢로옴기어야하나니라

대저막기에서는반듯이敵情그中에그企圖를잘살피어삶이必要하니라그러므로騎兵은온갓手段을다하여이要求를녁々히재우어야하나니라

五五재 판싸음인(決戰的)이김을얻으려여는막기에서는온힘을다하여그陣러를올아울러하여야하며다만막기만目的의할때에서는온갓手段을다하여그動作제지킴에그치나니라

五六재 陣러를占領하는部隊는特히火器의效力을장틀날님이要緊하니라그러므로指揮官은이目的을根本삼아特히砲兵의쏟길을돌아보아서陣러를가릴지니라그런데陣러는늘칠形勢로옴길만한곳(地帶)이있어야하나니라

步兵操典草案
一五一

陣러는兵力에 알마추어야 하나니 높은땅、村、나무숲들을 利用함이 좋으니라

그러나 이때문에 칠形勢로 김에 妨害되게는 하지 받지니라

陣러앞의 地形이 환하 뜨이어서 먼불질 地界가 있으고 또 그안과 뒤의 交通이 任意롭고 敵에게 제보이지 안이하며 그 翼을 튼튼한 支撐點에 依托할수 있으면 매우 利하니라

五七재 陣러를 占領코저 할때는 普通 그안에 한部隊를 써서 우리陣러占領을 掩護케 하며 敵에게 가깝은 때는 이를爲하여 若干의 步兵部隊를 一時抗拒 케하여야 함이 있나니 그러나 普通騎兵으로 敵情을 搜索케 하며 될수있으면

掩護隊는 알맞은 時에서 退却할지니 그러하는 때에는 이陣러를 占領한 우리 部隊의 불질을 妨害치 안토록 注意하여야 하나니라

五八재 陣러는 막을目的에 應하며 地形과 指揮의 便코안便함을 돌아보아

步兵操典草案
一五二

서若干의 地區로 나누고 各地區마다 스스로 預備隊를 가추어 두나니라

地區의 數와 이에 가추어둘 兵力은 狀況을 따라서 각지 안이하니 例컨댄 칠形勢를 取하려는 方面이나 또는 불질地界가 적을 地區에는 그數를 잊과 갈음으로 하고 陣러안의 交通이 어렵은 때는 그 地區의 數를 늘일과 갈으니라

五九재 陣러의 各部는 그不足한 것을 채우어야 하나니 兵力의 分配와 工事로 그不足한것을 채우어야 하나니라

六〇재 步兵의 싸움줄은 普通砲兵陣러의 앞에 定하여 敵의步兵에 對하여 우리步兵의 불힘을 나타내는 同時에 우리砲兵을 掩護할만이 도록 가리어야 하나니 그런데 그距離는 地形을 따라다르나 平坦한 땅에서는 五百米쯤이

砲兵과 機關銃은 預想하는 敵의 칠方向에 對하여 불질效力을 잘낼며 또 칠形勢

步兵操典草案
一五三

六一재 陣러는 時間이 될수있는 대로 단단히 하는 工事를 베풀어야 하나니 라그런데 工事는 普通地區마다 그지키는 軍隊가 行하는 것이며 그全體의 目的에 맞도록 統一함은 普通地區마다 다나누어 敵에게 安全한 곳을 주지 안케 하기爲하여 高級指揮官의 任務이라

모음김에 當하여 그곳을 매우 效力있게 쓰도록 하여야 하나니라

工事는 비록 必要한程度가 작은 方面에도 주로 輕忽히 녀기지 말지며 또 狀況의 變化에 當하여 必要치의하여 놓은 工事를 버리기를 새끼지 말지니라

六二재 막을工事는 차례차례 막을수있도록 두어줄 或세줄을 連하여 무덕이로 或나 놓지며 또 불질줄마다 모이게 함이 좋으니 라그런데 各무덕이

나地區의 兵力이 큰때는 普通大隊마다 모이게 함이 좋으니

步兵操典草案
一五四

工事의 間隔과 그앞땅은 이웃무리에서 效力있게 쓸만하 도록 하여야 하나니 이때문에 機關銃을 쓸수있으면 가장 便利하니라

工兵은 工事를 指導하며 또는 돕아줄뿐만 안이라 陣러中 特히 重要한 部分의 工事를 맛기나니라

六三재 陣러特히 막을工事는 아모쪼록 敵에對하여 오래숨기어야 하나니 이때문에 여러가지 手段을 쓸뿐만 안이라 各地區에서 앞땅에 斥候를 내보내거 나 監視部隊를 配置하여써 敵의 搜索을 妨害하여야 하나니라

六四재 지킬軍隊를 陣러에 配置함이 무실은 敵에 對하는 地에 應하여 配備를 그릇살게 하기爲하여 陣러 或時는 거짓工事를 함하여 놓음이 있나니라

이들어비롯할뿐만 안이라 敵情에 應하여 配置를 變更함도 있는 때는 敵에 對하는 地에 應하여 配備에 가 工事때문에 끌닐念慮가 있고 반일 時機에 눈은때는 敵으로 損害없이 우리에

제가가히오지못하는利롬이잇나니라그런데그알맞은時機는온陣러가
감히안이하므로좋은時機에서지길軍隊를配置함은各地區엣指揮官의責任
이니라
六五재　各地區의預備隊는알맞은때에一재를救援할만하도록地形을
利用하여야쏘록앞에까지와잇서야하나니이때문에必要하면차렴（
掩體）을만들며나가기에쉽게危險工事를할지니라
六六재　總預備隊의자리는그兵力、싸움狀況、地形을따라서좋은機會
를다라서칠形勢로쉽게쓸길만한힘을가미어하나니아자리는普通으로陣러
의翼옆의뒤에서求할지니그이의반翼또는엎옆에위쌈에便
하니라
六七재　各部隊사이의交通連絡을爲하여電話줄을걸며傳令을配置하며
交通길을만품은막기에서더욱要緊하니라

步兵操典草案　一五五

各級指揮官은알맞은때에各그方面의狀況을報告하여야할지니이는
高級指揮官으로조곰이음길에음길기안코곳칠形勢음기기가장必要한
條件이니라
六八재　陣러의가립과工事의設施와交通網의設備와軍隊의配從들이다
알맞음을따라서이길基礎를催實하게하는것이니라
六九재　불질을始作할때機는싸음의目的이달함질피기에흠님
이잇으나나불질은敵兵이우리의效力잇는불질地界안에이름을따라서始
作하나니라
七〇재　彈藥을만이準備함은막기에서더욱緊要하니라
막는싸음經過의더되고빠름은敵의前進의느리고빠름에달니엇
나니라그런데陣러의지키는군사는敵의가까히음을따라서더욱더沈着하

步兵操典草案　一五六

여火器의效力을한껏나타내서써敵을滅殺시기기를힘쓸지니라
七一재　지키는군사의물질로敵의치는것이弱하게한때나或은敵
의그곳을보아낸때는高級指揮官은그곳總預備隊를써서칠形勢로음기며또
必要하면그同時에陣러에잇는軍隊의全體나한部分을써서치러나아가지게할도잇
나니이음에陣러에남아이는軍隊는물질의效力을한껏치러나아가지게할지니
로다른것들을돌아볼겨를이업서야할지니라
七二재　싸움經過中에마침내할내할機會는업고敵兵은벌서가
에온때는잇는火器대로다서서敵을벌벌떨게하고或은줄을끌고나갈지니이
줌에砲兵과機關銃은비록아주환하게들어나드라도조곰도돌아보지말고가
쟁便한자리로나가서猛烈한물질을勝負를내려는方面에모아딸지나
七三재　敵兵이만일우리陣러에쓸들어오면그지키는군사는끝까지쌈
싸울지니이음에만일뒤에密集部隊가잇는때는그混亂함을롤라서勇敢하게쳐

步兵操典草案　一五七

步兵操典草案
서陣러를도로찾기을힘쓸지니라

四재章　추격、퇴각（追擊及退却）

七四재　머저싸음의간곳뒤엣一般의狀態는걸우하면앞의狀況에따
혹하며조곰이김을滿足히녀기고勇敢히追擊함을망서리나하삼래흠에功
이이즈러들짐이만으나그러므로各級指揮官은敵兵이退却하면곳猛烈한
追擊을始作하여어데까지든지쫓아가서敵을滅殺하여이진效驗을完全히하
도록힘쓸지니라
七五재　敵兵이退却하려할즘에는짐짓한部隊로우리를向하여되돌녀치고그機會를
라서戰場에서벗어나기울꾀합에는데밤새나는안개낀때에서더욱그러
하나니이러한境遇에서는그되돌녀침에끌니어서追擊의좋은機會를넘기지
안도록하여야하나니라
七五재　敵陣을짓친各部隊는追擊불질을하되敵兵이우리의效力잇는꼴

步兵操典草案　一五八

질地界를벗어나자마자못運動을始作하여猛烈코果敢히敵을追擊할지니이
즘에騎兵의機敏한動作은敵을어지럽게하여追擊의結果에큰影響을주는것
이니라

高級指揮官은比較的큰部隊로빨리追擊隊를파서追擊을
말기고의의追擊中에있는各部隊로秩序를整頓하고다시前進準備를하게
할지니라

七六재　싸홈뒤에는이긴이의가볍음도至한만지마는진이는큰힘과氣力이
모다이하여하여맨끊의이김을完全히할지니이즘에各級指揮官은部下에對하여
몹시가뿐動作을시기기를避치말지니라

七七재　싸홈의經過가利롭지못한때는판싸홈을으로이를回復할지오또는
싸홈을斷念할는지는高級指揮官이살맞은時機에서決定하여야하나니라

步兵操典草案　一五九

軍隊가오히려세루길의配置로있는때는살맞게退却의部累을할수있으나
그러나이기기爲하여預備隊를쓰지안코退却掩護를爲하여이를남기어둠은
큰잘못이니라

七八재　退却하는싸홈을指揮하는要領은빨리敵과남에있나니이때문
에高級指揮官은아모쪼록뒤어縱隊가되어나탄히나갈만콤處置하고또行進
目標、收容部隊、收容陣러들을分明히보이고退却을始作한뒤에는살맞은
곳으로먼저가서退却하여는軍隊를기다려서다시그뒤의處置를할지오
그밖의일은모도下級指揮官이맡나니라

各縱隊의指揮官도또한위에전주어退却하는싸홈을指揮하는것이니라

收容陣러는全體의狀況을돌아보아가리어서退却하는軍隊로그掩護야러
서모이며또는떠날수이게하여야하나니라

收容部隊에는아모쪼록날라움은兵力을쓰며特히砲兵과機關銃을붙일지니라

步兵操典草案　一六〇

그런데이收容部隊가못後衝로되게되면큰利가있나니라

七九재　싸홈줄에있는各部隊도또한必要하한세루길이로있는더已兵力
으로敵의急을收容할수있으면물너갈길엽에가리어그붙힘으
로敵의急히뭇아옴을妨害하여어써앞줄로무너짐에빠지지안케하여야하나
니라

八〇재　軍隊가이미뒤部隊가없은든지또는이가敵에게물너치어진대는步
兵은오직그當時의隊形이正面이나直角되는方向으로退却할지니다만저
즘에砲兵과機關銃은損害를不關하고敵의步兵을쓰어서우리步兵으로敵
과떠나게할합을힘쓸지니라

騎兵은主張으로열과뒤의警戒를맡아서退却하는步兵을爲하여不時의危險
을損防하고또싸움마라서군사를危始한곳에서벗어나게하기爲하
어勇敢한動作을하여야합이있나니라

步兵操典草案　一六一

八一재　戰場을벗어나려하면敵의치는것이가장激烈한곳에서가장오래
抗拒할이原則이며狀況이될수있으면어듬은밤을利用하여退却함이유으며
또우리의企圖를숨기어或時는한部隊로猛烈코勇敢히되돌너치게하
고그機會를利用하여敵과떠남을힘쓸이있나니라

五재章　밤싸움(夜戰)

八二재　밤은兵力과企圖를숨기어損害를避하고敵에게가까히하기좋은
利益이있나니라그러나내다보기가어렵고運動이不便하며때라서軍隊의協
同動作과指揮의統一이어려우며결못하면잘못생기기쉽은것이니라

八三재　밤싸움에서는指揮官은온갓手段을다하여精密한計劃을定하고

步兵操典草案　一六二

步兵操典草案

아모조록낮에各部隊의行進目標、行進할길、서루의連絡과分隔法、必要하
면이를곳곳을밝히보일지며또일뒤엣一齋處置를미리보이어둘이利함도있
나니라

八四재 든든한陣터에對하여붙이하여치게하는境遇에서軍隊가豫
定한자리에이르면다만들을만들지니땅이단단하여파기하려는
과는소리를敵에게알리게하려는흠자루(土囊)를씀이옳으며工事에
從事하는이는그곳싸움에參預할만하도록準備하며警戒하는斥候만으로시기고
特別한掩護部隊를配置함을避할지니라
砲兵野戰重砲兵은낮붙이어敵의砲兵과막을工事에對하여붙이하며必要
하면밤에도또히려붙질을이어할지니라그런데步兵이맨끄틀의칠陣터를占領
하기까지에밤을利用하여알맞게砲兵陣터를내잡아서步兵의짓침을돕기에

一六三

步兵操典草案

遺憾이없도록힘쓸지니라
工兵은步兵과協同하여障礙物을없이하며또敵의回復工事를妨害할지니라
맨끄틀의칠陣터에서짓칠時機를普通敵의陣터에쑥들어가서장차追擊을하려
할때에날이밝도록함이좋으니이와가이할때는追擊을함에騎兵과砲兵으
로各各그特性을한껏나타내게할수있는利가있으며만일敵情을分明히알지않은
때는밤에짓치기도하나니라

八五재 밤掩襲은거의步兵의專任하는바이니그成功의要缺은뜻밖에敵
을壓追하여銃鎗으로단번에판싸움을함에있나니이는불힘을잘넘을수
가없을뿐만안이라이를하려는것을들어내며또는行進을漏洩케
하는利롭을뿐인까닭이나니라
밤掩襲의部署는판싸움을처음붙여一齋줄에配置하고그各部
隊로하여곰힘을쓰어모이게함이必要하며또豫備隊는아모조록一齋줄에가까

一六四

步兵操典草案

히따르게할지나너무일즉싸움흥에들지안도록注意하여야하나니라

八六재 밤의짓침은매우가까운距離에서始作하되各級指揮官은될수있
는대로部下를손에쥐고敵陣의한部分을猛烈히무리를지나그런데짓침에
成功하엿으면各部隊는빨리秩序를整頓하고警備하며
려는치기를防備하며아모조록빨리敵을追擊할지니라

八七재 밤의막기는매우어렵으니그러므로막는이는막는대앞에警戒
兵을내보내며앞땅을빛우어보는들여러가지手段을다하여敵의가까이옴을
警戒할지며또陣터를지키는軍士는敵의칠方向에對하여미리밤분질의準備
를하되特히敵의들어올길을세루붙진한곳에機關銃을가추어두어야하며
敵兵이우리陣터에가까이와서工事를함을알면작은部隊를내보내서치게하
여이를妨害함이利롭도가곰있나니라

八八재 밤에敵의치는것을받을줌에는軍隊를部累코저할때에는흔히는

一六五

步兵操典草案

掩護의任務를가진部隊가싸움을하지안이할수없는때는普通버팀싸움을하
라

六재章 버팀싸움(持久戰)

九O재 버팀싸움을판싸움운避하고時間의녀녁함을얻기로目的하나니
앞줄을救援할수있을만큼불질에나가게하고뒤隊를가깝게配置하고또빨리
지키는군사를쓸만큼불질의處理를하여야하나니라

八九재 밤에막기에이곳은뜻밖에이우部隊의協同과뒤部隊의救援을
꼭얻지는못하나니라그러므로各部隊는굳은決心으로各各그자리를꼭지키
고매우가까운距離에서붙힘을날니어敵을滅殺하기를힘쓸것이며곳敵듯이
尺에올때는이를猛烈히쏘거나삼시잔에銃鎗을내서선뜻되돌녀칠지니라
한갓混亂할뿐이나그러므로밤에敵의치는것이있음을미리짐작한때는

一六六

九一재 버틤싸옴에는아모쪼록敵을먼距離에서옴죽못하게함으로니이줌에만은砲兵을쏘면特히利하나니라

는것이며또正面의部隊로에위쌓이나돌아감을말은部隊가조흔機會를따서그任務를實行하기爲하여버틤싸옴을하게함이있나니라

九二재 버틤싸옴엣앗軍隊의部署는目的、時間、地形을따서큰틀님이있나니라그런데指揮官의이뒤決心을根本삼아다시軍隊를區分하려는境遇에서는만은兵力을뒤에남기어두어야하나니라

九三재 버틤싸옴을맡은部隊는그目的을을이루기爲하여힘動作을거읏하여야함이있나니라

七재章 산싸움、강내싸움(山地戰、河川戰)

步兵操典草案
一六七

九四재 山地는그幅圓과高低틀을따라서戰術엣갑이다르나니라普通展開할區域이좁음으로交通이不便하고運動이쉽지안이하여큰部隊의指揮를어렵게하나니라그러나兵力과運動을敵에게숨길수가있고또적은兵力으로만은敵을막을수가있나니라

九五재 山地에서는치가나막기에서더敵을나려다볼만한자리를차지하고砲兵特히山砲兵과機關銃을利用하여길、꼴、비탈들을빌어쏘(播射)게할지며또交通網의設備를完全히하여運動을쉽게함을힘쓸지니한部隊라도만일제실놓은곳을차지하게되면敵의動作을살피기가쉽고그志氣를꺽는利가있나니라

山地에서는껴볼질(重層射擊)을할機會가만으니라

步兵操典草案
一六八

九六재 山地싸움에서치는이는敵편으로通하는길、꼴、마루줄(稜線)을利用하여나가서敵을에쌓거나或은멀이돌아서敵의동뒤를威脅하며그물너갈길을끊음이必要하나니라

칠때에는各部隊는아모쪼록死角을利用하여敵陣리의支撑點과要緊한山자리목을앗기를힘쓸지니이줌에한部隊로山우에서敵의陣터를쏘아서그前進을쉽게할지니라

짓치는部隊가비인한에올라갈즘에는敵은間或돌녀침이있나니라그러므로뒤部隊는앞즘에가까이있음이必要하니라

敵에게큰損害를줄만한時機는普通敵은山꼭머기에서나려꽂을때니이즘엣敵이나그므로이줌엣猛烈한追擊을特히要緊분질은特히要緊하니砲兵과機關銃의한部分은온갓어려움을돌너치고매우빨리追擊분질에參預하여야하나니라

步兵操典草案
一六九

九七재 山地의막기에서는敵편에通하는모든길을단단히守備하여야하나니라만일交通이便利한때는各地區에守備할兵力을둘고만은總預備隊로삼아서나가기便한곳에둘지니이는敵兵이나누어있음을따라빨리칠形勢로흠기기爲함이니라

交通이不便한때는總預備隊를뒤어곳에나누어둠이옳으며또처음붙어各地區의兵力을늘이어서地區마다獨立하여우게함이도옳으나니이境遇에各地區는싸울줄의擴張을免치못하나山地에서는한部分의勝敗가全體에밋츰이比較的적음으로各地區마다힘기爲함이니라

九八재 山싸움에서막는이는要緊한山자목을占領하며山꼭머기에서골、버틈을나리쏠한하도록軍隊를配備하며特히死角을엎으로막을設備를할지며砲兵과機關銃을알맞게쓰면山地의막기에큰效力을나라내는것이니라

山꼭머기와山허리에만든막을工事는敵의못彈알받이가되기쉬움으로온갓

步兵操典草案
一七〇

手段을다하여이를가리도록힘쓰어야하나니라

歐兵이쳐들어오면막는이는불질로이를擾亂케하여그損害와비를탈을라오기
니라
해混亂하고가끔을라서猛烈하고勇敢히되돌녀쳐서敵을滅殺하기

치기를敵의엽이나등뒤로나或은敵地區의지키는군사는이웃地區를
해南기어늘지니라

九九재 江내싸움에서敵앞에서분을건너기는매우어려운으로그러므로
치는이는敵의짓運動을하여或은敵을속이고빨리물을
건너야하며或다리감이나배、때를秘密히미리整頓하여둘지니라
다리놓기는아모쪼록밤에始作하야돗기前에마칠지니이즘에普通步兵의
한部隊로먼저배、때를利用하여물을건너가서앞언덕의要緊한곳을차지하

步兵操典草案 一七一

砲兵은必要한뒤언덕에陳러를잡고물건넘을妨害하는敵에對하여불질을
모아대도록準備할지니라

다리놓는中에라도指揮官은步兵部隊로掩護部隊들이어서배、때、막건널
목(徒涉場)을利用하여앞언덕으로건너가기를힘쓸지니라

百재 江내막기의要訣은敵의兵品건널때若干의警戒部隊를配置하고地形勢를
이를모아서敵兵이비록이뭇길에若干의짓못建할만한곳에자리하게하고
直接江내를따라서兵力을配置하여막음은地形이特히利롭든지或은버희고
있을目的을가진때에는敵의거짓運動에속지안토록注意할지며또참으로물건넘

江내의막기에서는敵의거짓運動에속지안토록注意할지며또참으로물건넘

步兵操典草案 一七二

에對하여는빨리이에應하여야하나니이때문에멀니騎兵을앞언덕으로내서
내서敵情을搜索함이必要하며또變通連絡의設備를完全케하여도록힘쓸지
니라

敵의利用할다리는미리헐거나또는철準備를하여두어야하며그밖의막건널
목을偵察하며또必要하면敵의물건넘을어렵게하기爲하여야쓸만치工事를할
지니라

八재章 〔숨싸움、마을싸움(森林戰、住民地戰)〕

百一재 戰場에헤메이는이는무숲과마을(住民地)은가끔싸음의모의點이
되나니막는이는이를占領하여든든한支撐點을삼고치는이는이를利用하여
據點을삼음이있나니라그러나나무숲과마을은一般히運動과내다봄이不便
하여指揮가어려우니라그러므로指揮官은部下손안에서벗어나지안케하
도록指揮함이特히要緊하니라

步兵操典草案 一七三

나무숲이나마을을침을當하여는치는이는아모쪼록군데(局地)밖에서판싸
음을하기를힘쓸지니라

百二재 나무숲안을通行하여敵을칠때에그숲풀곳에들어자部隊는敵을
일지말고이아前進하되빨리隊伍를整頓하고連絡과行進方向을保存하고나
무숲의앞끝까지이르기를힘쓸지니라다만나무숲이성기고작은때는그앞끝
마지이어짓칠지니라

百三재 나무숲안을通行함에當하여는特히方向을그뭇치지안토록注意
하며또는나무숲안에一재줄의各部隊는아모쪼록注意
이묘그正面앞에또必要하면엽에若干의散兵이나斥候을配布합지니라

步兵操典草案 一七四

百四재 나무숲을占領함에는살아보기쉽은숲풀가를避하고나무때문에

隊는군데밝의配置함이普通이니라

불질이妨害되지안이할만큼限하엿숲을가의뒤에불질줄을앞에定함이옴으니성
直뒤部隊를가림애쓸이利함도있나니라

敵兵이숲풀가에들어오면그混亂함을타서되돌녀쳐서불니치기를힘쓸지니
라

百五재 집들을벽둘이나돌로낏고또튼든한담、을들이있는데敵의
彈살애對하여조혼掩護가이되는것이오그집일은避하여야하나니라
라그러나마을에만은敵의軍隊를들임을쉽기쉽으나니
나무집들로된마을은敵의彈살때문에火災가일쉽으므로차라리그앞에불
질을만들고마을은다반뒤部隊를가리게함이옴도있나니라
軍隊를나누어집안에들임은必要不得己한때에限하나니그런때는工事를하
여交通連絡을便하게하여야하나니라

步兵操典草案
一七五

百六재 마을을침애서는砲兵特히野戰重砲兵은짓칠點을向하여불질을
모아대서이을헐며또는火災를일제하도록힘쓸지며工兵은爆發彈으로담、
을들을무너러리는들協同하여步兵의치는것을쉽게할지니라
마을에들어잔部隊는敵을마라서그앞끌에이르기까지이어짓칠지니라
敵이오히려지니고있으면한部隊를남기어서그민로向而하여야하
나니라
마을의막기에서는담、을、집들의景況을따라서各部隊의지킬
區域을定하여지키기하되비록敵兵이그한區域에들어오드라도다른區域에
밋치지안토록設備함이必要하나니
마을에서는오직그周圍만지킬뿐안이라안에서도길을막으며불니
傾하는들의設備를할지며또는火災를막으며불니治備를하여야하나니
敵兵이마을안에들어오면되돌녀쳐서불니치기를힘쓸지니라

步兵操典草案
一七六

維持할수있는것이니라

九章 다른병종에대한보병의동작（步兵對於他兵
之動作

百八재 沈着하게불질하는步兵은어떠한隊形으로든지優勢한敵의騎兵
의掩襲을받음에當하여도이에對하여야할部隊밖에는그대로自己任務
또는運動을遲滯함이이른때는이의敵에게끌니어이때문에隊形을바꾸거나
싸우는中에있는步兵이만일敵의騎兵에게끌니어이때문에隊形을바꾸거나
掩襲을받음에當하여直接으로이에對하여야할部隊밖에는그대로自己任務
를行하고이와싸우려고하지말지니라

百九재 것은騎兵에對하여는比較的작은步兵이라도成功을꼭할수있나
니이즘에特히빈말（手馬）을쓰기를注意할지니라

步兵操典草案
一七七

百十재 砲兵에對하여敵한싸움은먼距離에서는砲兵의불힘이步兵보다낫고그
米品의距離에서는그效力이거의외갑고이안距離에서는步兵은砲兵보다
낫으니라
步兵은砲兵에對하여그運動하거나放列하거나車메이거나세루쏠수
있는때나또는砲兵에對하여있는砲兵에빗겨쏟거나세루쏠수있는때는비록
먼距離에서도오히려利刺가있나니라
一一재 步兵이敵의砲火를받을때는날센運動으로地形
을利用하며또는기를速度를빠르게하는들은잣手段을하여그效力을적제하
도록힘쓸지니그곳距離가먼때는正面을좁히어서겨눔을려계하고그의效力
있는들地界안에들어잔때는성건隊形을取하여그빌어쏘는地域을지
나갈지니라
대저軍紀가嚴肅하고沈着한步兵은비록敵砲兵의猛烈한불질을받을때에서

步兵操典草案
一七八

步兵操典草案

도그문질의間斷하는동안을타서前進運動을이어하나니라
一一二재 機關銃은優勢한敵騎兵의掩襲을처물니칠수있나니라그런데
이줌에불힘을은줄에고르動作이옴으며또면距離에서砲兵과그威力을다톰으
묘自己의任務라고생가치말지니그러나쉽게가까히갈만한때나威은빗겨
쏘거나세루쏩수있는때는이에對하여이믜이길수를가진것이니라

一七九

步兵操典草案

一八○

三재部　경례와觀兵의법식、軍刀와나팔의다룸
（禮式及軍刀喇叭之操法）

머지（要則）

一재　敬禮와觀兵의法式은⋯軍隊의練習하여두어야할것인데가장嚴正
하게할것이니라

二재　바뜸어銃의動作에關하여는一재部에보인銃다룸을爲하여定한모
든法을좃나니라

三재　行進中의敬禮와分列에는正規의거름法을쓰나니라

四재　세워銃으로붙어　바뜸어銃을시기려　면아레號令을나리나니라

바뜸어　총（捧銃）
종

一八一

步兵操典草案

一재動作　옳은손으로銃을올리어몸의中央앞에가저오되銃녑을뒤돌
하고꽃꽃이하며그同時에왼손으로銃녑덮개위손을살작몸에붙이되이들
가락은銃개를따펴고팔꿈을살팍몸에붙이되이들기의水準허하나니라

二재動作　옳은손으로살팍개머리목을잡나니라

세워어　총

一재動作　옳은손으로모녑덮개를잡되팔꿈을살작몸에붙이나니라

二재動作　옳은손으로銃을나리되새끼손가락을녑덮개위에담이어서
허리에支撑하고그同時에왼손을나리나니라

三재動作　銃을가만이땅에나리어손을나리어놓나니라

五재　보아올（회）를시기려면아레號令을나리나니라

보아　올（회）

一八二

머리를四五度쯤을으로(외로)돌나니나라
正面을다시하게하려면아레號令을나리나니
바루
머리를正面으로向하나니라

六재 軍旗를바뜯음과깔경레법(軍旗之捧持及敬禮法)
軍旗를바뜯음에는旗대죡(鏃)을손은다만콤하고旗머리는若干우앞으로숙이나니라旗대
七재 敬禮를함에는旂官은손을旗대를따라눕혀우앞으로숙이나니라旗대
측을옴은신다리에서떼지말고손을한껏앞으로펴서旗를드리나니라

八재 閲兵式의隊形은大隊橫隊를한줄이나세줄(一재그림)로配置하고
판병식(觀兵式)
分列式의隊形은中隊縱隊(二재그림)를쓰나니라

九재 中隊縱隊의各小隊사이의距離를줍히려면아레號令을나리나니라
거리줍히어
가운데와끝에있는小隊는앞小隊에對하여거리를줍히어서二재그림ㄴ의隊
形을짓나니라
넷隊形을다시取케하려면아레號令을나리나니라
거리넓히어
가운데와끝에있는小隊는앞小隊에對하여正規의距離를取하나니라

十재 分列行進을始作케하려면大隊長은아레號令을나리나니라
분열앞으로
가
預令에押伍列에있는이들은列中으로들어가나니라

一一재 各級指揮官、準士官、下士는密集隊形과모심隊形에서는軍刀
군도와나팔의다룸(軍刀及喇叭之操法)

를빼나니라다만싸움할줌에는中隊長以下는軍刀를빼고그밧사람은빼만한
때에서반매는것이니라
敵의봄을避하여야할때는一재그림를빼지안이하여도無妨하니라
一二재 軍刀를참에는一재그림에는갈구리에걸고자루를뒤로하나니발위
에서는갈구리에달지안나니라
一三재 停止中에서軍刀를뺄에는차렷姿勢를取하고옴은손으로軍刀자루
를앞으로하며그업지손가락을빼안이고옴은손으로칼자루를잡아서軍刀집을
왼신다리에살팍닥단이고옴은손으로칼자루를잡아서칼몸(刀身)을그집에서
빼어서옴은팔을옴앞으로높이떨히히들며옴은손으로칼자루를뒤제하고팔리어
매칼을하고그同時에왼손을나리나니라
어매칼하는法은軍刀자루를옴은손외업지손가락과二재손가락、장손가락
사이에保全하고다른두손가락은軍刀자루밧해붙이고그손을옴을기며(

腕骨) 칼끔아레에붙이되칼몸은옴옴이세우고칼등은어깨에依托하고팔굽
치는뒤로조끔내미나니라
停止中에서軍刀뺀대로신나니라
一四재 停止中에서軍刀앞에들으려면옴은손으로칼자루를꼿
을몸앞으로가져오고왼손으로칼몸을바치며칼몸을옴은팔에依托하나니라
곳이울이어서얼골나中央앞에對케하되막쇠(鍔)와의距離는十糎쯤하고또그
높이는입과나란히하며칼날은외로하고팔굽치는제로몸에닿이나니라
이同時에왼팔을곡잡아서軍刀집어구를앞으로向하고칼몸
을왼팔을따라끔을뒤로하고나린면서옴은주먹을높이들고머리를조끔외
로기우리어서軍刀집어구를보고칼끔을진헤넣어칼몸을단히히꼿고칼자루를
뒤로하여팔비린뒤손을나리고머리를正面으로하나니라
一五재 軍刀를뺀대로行進하는때는옴은손등을앞으로하여막쇠를잡고

팔을늘이며軍刀등을어깨에依托하고軍刀집을갈구리에걸은대로왼손으로 잡고두팔은제대로치나니라

一六재 말위에서는왼손으로고삐를잡고오른손을손을갈고리로붙여오른녑으로 신다리에依托하고오른손목(그脈部)을놓기펴끝에달음반더르나니

一七재 軍刀를빼어가지고있을때는칼끈(刀緒)은觀兵式때에、그밖에 는必要함을따라서옳은손목에미이는것이니라

一八재 軍刀의敬禮는어깨칼로하고주먹을막잡아軍刀칼날을막잡아軍刀칼날을아레로하는것이니라

一재動作 옳은손으로軍刀자루를막잡아軍刀를빛빛이울리어서얼굴 中央앞에對하게하되「막쇠」와의距離는十糎쯤하고또그놉이는입과나란 히하며軍刀칼날을외로하고팔꿈치는제대로몸에달이나니라 (바뜰어칼이

步兵操典草案 一八七

步兵操典草案 一八八

라하나니라

二재動作 옳은팔을폭퍼서軍刀를빗겨나리되손동을아레로하고주먹 을옳은신다리에조끔뜨이고머리를向하여禮받는이의눈에나或은敬禮 할때에注目하나니라

一九재 나팔을가짐에는그끈을목에걸오옳은손에나팔을잡나니그法 은엄지손가락을위로하고二재손가락을죄잎못(開闊標)에달이고그밖손 가락은二재손가락파합페붙이며붙음몸(接着管)을옳은손목에달이고장손 가락을바지솔기에달으어서이를水平히保全하고바루앞을向하게하나니라

二〇재·나팔을붙을때는붙음몸을외로하고이를水平히保全하나니라 行進할때에는이를제대로치나니라

보병조전초안

備考

一 聯隊사이의間隔은二四거름이니라 세줄로大隊를벌릴때는大隊사이의距離는八거름으로하고各中隊는앞 中隊에바루거름하고各中隊의오른팔붓,軍醫正、軍醫、主計와列中小 隊는맨끝大隊의뒤에자리하나니라 모든隊의距離、間隔은줄、늘이기도하나니라

二 士官候補生은中隊에자리하나니라. 列밖小隊는旅團、聯(大)隊本部附正士、副士、參士、看護長、主計 候補生、計手、모든丁長、看護兵의차례대로舊参正士、副士、主計가 指揮하나니라

三 見習主計、見習軍醫는主計、軍醫의列中에드나니라

四 步兵操典草案 一八九

步兵操典草案 一九〇

備考

一 ㄱ隊形에서는押伍列에있는이、ㄴ隊形에서는옳은翼分隊長과押伍列 에있는兵丁은그小隊의왼翼에이르러뒤列로파가되나니라

二 各列의兵丁이작은때는各小隊를줄列로파가도하나니라

三 모든隊사이의距離는隊마다距離들줄、늘이기도하나니라

四 敬禮는中隊마다하나니라다만隊形에서는大隊마다敬禮를하기도하 나니라

五 聯隊사이의距離는앞聯隊외뒤끝으로붙어뒤聯隊長의선자리까지는二 〇거름으로붙어四〇거름까지로하나니라

六 모든隊사이의距離는中隊마다하나니라

七 小隊長은分列式에參列치안나니라

八 副官은分列式에團隊長의왼뒤半말길이品에자리하나니라 軍樂隊가없는때는나팔兵은머리隊長의一六거름앞에자리하나니라

부록(附錄)

附錄

一、바른소리와읽기어려운글자의읽는본(正音及難讀字之讀法例)
（다만이책에쓰인것만을보일이란）

ㄱ、

본글자	읽는본	본글자	읽는본	본글자	읽는본
굴제	굿제	밋기	밋기	반울	바둘
굴고	굿고	밋는	밋는	반음	바듬
굴은	구룬	믿어	미더	반이	바치
굴다	굿다	믿음	미듬	반지	밧지
굴	굿	믿	밋	반	밧

ㄴ、

본글자	읽는본	본글자	읽는본	본글자	읽는본
단제	닷제	밧제	밧제	덥고	덥고
단고	닷고	밧는	밧는	덥는	덥는
단하	다타	받어	바더	덥어	더버
단아	다다	받음	바듬	덥음	더붐
달다	닷다	받운	바둔	덥운	더분
단으	다드	받우	바두	얻으	얻드

ㄷ、

본글자	읽는본
밀고	밋고
밀기	밋기
밈	밋

一

ㅅ、

본글자	읽는본	본글자	읽는본	본글자	읽는본
언나	언나	곳	곳	벗이	벗시
없은	엇은	곳에	곳세	벗어	버서
없는	엇는	곳의	고싀	벗으	버스
없도	엇도	곳을	고슬	벗	벗
없드	엇드	곳이	고시		
없어	어더	곳곳이	곳구시		
없으	어스	곳곳이	곳구시		
없은	어든	곳	곳		
없나	어나	돗	돗		
것이	거시	돗이	돗시		
것은	거슨	돗	돗		
것을	거슬	뜻이	뜻시		
것인	거신	뜻을	뜻슬		
것임	거심				

ㅈ、

본글자	읽는본
갓	갓
잇음	잇음
잇을	이슬
잇으	이스
잇어	이서
잇	잇
뜻이	뜻시
쓰슬	쓰슬

二

ㅊ、

본글자	읽는본	본글자	읽는본	본글자	읽는본
갓다	갓다	낫제	맞제	맞고	맞고
꼿고	꼿고	낫고	맞고	맞지	맞지
꼿음	꼿음	낫에	맞도	맞은	맞은
낫에	나제	낫붙어	맞붙기	맞지	멋지
낫	낫	낮	맞	맞은	맞즌
늦제	늦제	맞기	맞기	맞는	맞는
늦은	늦즌	맞고	맞고		
늦치	늦치	맞	맞		
늦	멋	맞	마치		
부딪는	부딪는	맞음	마즘	멋	멋
부딪은	부딪즌	맞을	마즐	멋침	멋침
		맞은	마즌		
		맞붙기	마붙기		
		맞음	마즘		
		마	마즘		

三

ᄎ、

젓보다	젓보다
젓으	저즈
젓어	저저
찾기	찻기
찾아	차자
찾으	찻자
젓제	젓제
밋	밋
밋이	밋치
밋이	밋치
빗이	빗치
빗있는	빗있는

특갑 · 갓기

꼿	꼿
꼿되	쏫차
꼿아	꼿되
꼿운	쑤츤
꼿음	쑤출
꼿기	꼿기
꼿나	꼿나
꼿외	조출

끔小隊 · 꼿小隊

갑제	갓제
갑고	갓고
갑은	갓은
갑지	갓지
감이	갓이
감모양	갓지처럼
거반	갓반
걸것	것모양
걸해	것모양
끔분이	꼿부러
끔小隊	꼿小隊

附錄

꽅에	쏫례
끔없에	쏫엽혜
끔으	쏫든
끔의	쏫ᄎ리흘
끔이	쏫의
끔을	쏫ᄎ리를
맘	쏫엽해
맘길고	쏫치흘
맘나	쏫례
맘다	맛든
맘야	맛나
맘은	맛든

맑을	맛지
밀에과	밋처
밀울	밋데
밀이	밋처흘
밀어기	밋러리
밀은	붓처
밀일	붓칠흘

五個

덥으	덥개
덥이은	뉴히
놉은	놉흔
놉이은	놉히
깊어	김흔
김이음	김히
깊	깁회
혐어	힘혀
혐어음	힘혔혀
혐어	힘혀
혐	힘러

附錄

덮으	덥호
앞의	암회
숲의	숩회
숲에	숩헤
앞끌	암꼿
앞뒤	암뒤
앞땅	암짱
앞列	압列
앞面	합面
앞兵丁	압兵丁

六面

엽에	엽面
엽으로	엽뜻丁
엽에	엽헤
엽의	엽회
엽을	엽돌
엽으	엽듸
엽어	엽허
엽과	엽파
엽뒤	엽뒤

집이	집히
진을	집홀
집으	집호
집어	집허
집고	집

ᄎ、

놉는	놋는
놉기	놋ᄏ
놉나니	놋나니
놉교	노코
놉	노회
너지	넛치
너음	너홈
너어	너허
너다	너라
너고	너코
너	너호
집시	집지

附錄

좋아	조하
좋다	좃다
좋고	조코
좋	조호
달이	다히
달을	다홀
달도	다도
달	다호
놉음	노홈
놉은	노혼
놉앗	노핫
놉되	노회

七

석바구	석바우
석	석
검은	걱길
꺾은	꺽군
꺾어	꺽허
꺾는	꺽는
꺾기	꺽기
좋지	조치
좋음	조흠
좋은	조흔
좋으	조호

附錄

九 사람 아홉사람

一,二,三,十,百…… 하나,둘,셋,열,백――

五六九 오백예순아홉

四〇四 사백넷

粳 메튿르(미돌)

粘 센지메튿르(미돌),

籼米 밀리메튿르(미돌),
길로메튿르(미돌)

附錄 二一

부록 12쪽 원문 유실.

낫의모든動作을가드치어서어에익게하여야하나니라

맨 손교련(徒手敎鍊)

차립자세(不動姿勢)

二二재 차립姿勢는軍人의根本姿勢라그러므로늘嚴肅히하고端正히하여야하나니軍人精神이속에차련컨모양이저절로嚴正하여지나니라

차립姿勢를시기력연아레號令을나리나니라

차리어)

두발금치를한금위에모아드듸고두발을四五度로붓어六〇度까지쭘발이어

나란히반으로向하게하고무릅을펴ㅅ이말며웃몸이펴고방등이펴고물을바루로기우리고두어매는조금뒤로당기여가즈런히나리며두팔은제머러느리어

가지며허리를웃제히위에세운듯이하되조곰앞으로

서손바닥을신다리에붓이고손가락은살곽펴모아서장가락을바지솔기에달

步兵操典草案

一三

附錄

一四

二, 중대교련의호령

1 소대교련

ㄱ, 밀집교련

빈호세어

향도(벳)거름앞으로

옴으로(외로)나란이

바루

물불질호

령의한분

솔나무엎의발집부며

서서(굴어, 엎듸어)붓질 총

八百(七百) 五百

서서(굴어, 엎듸어)붓질 총

물질머물러

불질그치어

끌(엎듸)어

실어나

짓치어돌아 가

짓치어

머물러

ㄷ, 산병교련

앞으로(뒤로)

옴으로(외로)빗기어

닷거름, 一앞으로

附錄

一五

향도옴으로(외로)제

느리(빠러)제

느린(빠른)붓질

九곰(七곰)

서서(굴어, 엎듸어)붓질 총

나무숲의엎의포병

령의한분

갸붓질호

쏘아

쏘아)

겨누어

겨누어)

쏘아

외료(옴으로로)

(벳)거름앞으로(뒤로) 가

(벳)거름외료(옴으로) 가

옴으로(외로)방향바꾸어 가

옴으로(외로)꺽어 가

외료(옴으로) 지어

옴으로(외로)횔머 지어

옴으로(외로)돌아一외료(옴으로)펴

어 가

감거름으로

충겨리

충가지어

총가지어

해지어 가

모이여

측면종대로、모이여

ㄴ、헐틈읍편련

(멧)재긔준(-어뎨)에)、헐틔어

(멧)재긔줄(, ㅡ거긔서헐틔어

외로 (올흐으로)헐틔어

외옴으로헐틔어

거긔서외옴으로헐틔어

올흐으로서외옴으로헐틔어

ㄴ、방향바꾸어

ㄴ、허틈읍편련

령외한분

막모이여)

2 중대편련

ㄱ、밀집편련

황대 지여

올흐으로 (외로)황대 지여

중대 지여

올흐으로 (외료)중대 지여

병대 지여

올흐으로 (외료)병대 지여

지여

一六

步兵操典草案

하나니라

다시正規의긔를을取케하려면아레號令을나리나니라

본거름으로

二八재 兵丁을서게하려면아레號令을나리나니라

그만

서

가

뒤에있는발을앞에있는발에갖다붙이나니라

二九재 멋거름을서긔하려면아레號令을나리나니라

멋거름

해

나가지안코무름을조곰굽히며두발을엇바구어드듸되定한速度를取하나니

라

다시行進을시긔려면아레號令을나리나니動令은普通인발이땅에닿으려할

때에하나니라

一七

步兵操典草案

앞으로 가

왼발붙어내드듸고이어나가나니라

三〇재 行進中에서올흔(왼)편으로돌(외료)하여가제하려면아레號令을

나리나니動令은普通올흔(왼)발이땅에닿으려할때에하나니라

올흐으로 (외료)돌아

올흔(올흔)발을앞에드듸고그발뒤츰으로몸을올흐으로(외료)돌고올흔(왼)발뒤

여새方向으로나가나니라

三一재 빗겨行進을시긔려면아레號令을나리나니라行進中에서는動令은

普通올흔(왼)발이땅에닿으려할때에하나니라

올흐으로(외료)빗겨 가

올흐으로(왼)발을앞에드듸고그발뒤츰으로몸을半올흐으로(외료)돌

고올흔(왼)발붙어써方向으로나가나니라

一八

步兵操典草案

서서나가나니왼발붙어써行進하나니라

왼발을왼발에드듸고그발끝으로뒤로돌며올흔발을왼발에갖다붙이고그대로

뒤로돌아 서

나或은 가

돌아 서

三二재 行進中에서뒤로안(向)하게하려면아레號令을나리나니라

普通올흔발이땅에닿으려할때에하나니라

빗겨行進을할때와같은法으로다시바두로行進을하나니라

외료 (올흐으로)빗긔어 가

바두로行進을도루시긔려면아레號令을나리나니라

으로나가나니라

停止中에서곳빗겨行進을합에는먼저半올흐으로 (외료)돌고인발붙어써方向

一九

三재中대머긔준、 목표「아모굿」、 세줄로、 三재중머 一재줄、

一、 四재중머、 거리 (멧)거름、

二재中머는三재中머뒤에三재줄、 거리 (멧)거름、四재중머외로제머간격
(멧)거름、 거리 (멧)거름、
머머횡대로서한의
을념호하는전개

二재中머긔준、 목표「아모굿」、 두줄로、 二재、 三재中머

一재、 四재중머、 二재줄、 간격 (멧)거름、
一재、 三재중머 二재줄、
거리 (멧)거름、 四재중머는외로제머、 一재줄가운데뒤、 전개
머머중머묘서적의불질
아러서운동하는전개

二〇

적의포병은「아모굿」해서우리를쏜다
一、 재중머긔준、 목표「아모굿」、 네줄로、 올으로제머、
잔격 (멧)거름、 거리 (멧)거름、 전개

긔동
ㄱ、 련머교련의한복

二、 전개명령의한복

전개
二재머머긔준、 목표「아모굿」、 두줄로、 二재머머 一재줄、
전개

一、 三재머머二재줄、 一재머머올으로제머、 二재머머 一재줄、
一재、 三재머머 二재줄、 一재머머외로제머、 三재머머외로제머、 잔격
(멧)거름、 전개
한의올념호

二一

一재머머긔준、 목표「아모굿」、 두줄로、 一재、 二재머머 一재줄、 二재머
대외로、 잔격 (멧)거름、
三재대머二재줄、 올으로제머、 잔격 (멧)거름、
원제머묘의전개

一재머머긔준、 목표「아모굿」、 세줄로、 二재머머 一재줄、二재머머二재
줄、 三재머머三재줄、 외로제머、 잔격 (멧)거름、 거리멧거름、 전개。

불입맛、

一、 어러가지 교련의호령중에서로갈은것은오직하나만보이나니라

二、 중대산개와머머、 련대전개의명령은그한복식만보인것인즉그남아지
는이분을따라서변후하여쓸지니라

하려는전개

二二

대대와련대의전개하는함복

一、 大隊展開의한복
機動展開의한복

大隊橫隊를세줄로展開시기려면大隊長은아레命令을나리나니라
三재중머긔준、 목표아모굿、
一、 四재중머 二재줄、 목표아모굿、 세줄로、 三재중머
四재중머외로제머、
二재중머는三재중머뒤에三재줄、 거리멧거름、 거리멧거름

二재중머는三재중머뒤에三재줄、 잔격멧거름、 一재중머 一재줄、
전개

三재中隊長은아모丁멧名을불너서傳令을삼으며或은斥候멧名을내보내
고「目標아모굿、 앞으로가」號令을나리어서걸기이나닷거름으로며目標
를向하여나가서指定한距離에이르어서停止하고大隊長의命令을기다리
나니라

二三

附錄

一재(四재)中隊長은곳兵丁몟名을뽑아서傳令을삼고「빗기어외로(외로」가 號令을나리어서길거름이나닷거름으로指示된間隔의곳에이르러서正面하고暫間停止하여基準中隊의運動을따라協同하나니라

二재中隊長은곳兵丁몟名을뽑아서傳令을삼고「빗기어외로가」號令을 나리어서길거름으로基準中隊의뒤(一재줄뒤)指示된距離에이르러서停止하거나또는基準中隊의運動을따라協同하나니라

二, 한翼을掩護하는展開의한본은 大隊複隊를掩護하는展開를시기려면大隊長은아레命令을 나리나니라

二재중머거 준, 목표아 모곳, 두줄로, 二재, 三재중머 一재줄, 三재

二四

중머외로잔격몟거름

一재, 四재중머二재줄, 一재중머는一재줄가운데뒤, 거리몟거름, 전개。

二재中隊長은곳兵丁몟名을뽑아서傳令을삼고或은斥候몟名을내보내며「목표아모곳, 앞으로가」號令을나리고길거름이나닷거름으로指示된距離를問하여나가서指示한距離애이르러서停止하고大隊長의命令을기다리나니라

三재中隊長은곳兵丁몟名을뽑아서傳令을삼고또는앞地形을둥아보아斥候몟名을내보내며「빗기어외로가」號令을나리고길거름이나닷거름으로指示된間隔의곳에이르러서正面하고基準中隊와한줄에나란히벌이어停止하나니라

四재中隊長은곳兵丁몟名을뽑아서傳令을삼고或은斥候몟名을내보내며

附錄

二五

「빗기어외로가」號令을나리고길거름이나닷거름으로指示된間隔距離되는곳에이르러서正面하고停止하거나或은基準中隊의運動을따라協同하나니라

一재中隊長은곳兵丁몟名을뽑아서傳令을삼고「빗기어외로가」號令을나리고길거름가운데뒤指示된距離를取하여正面하고停止하거나或은基準中隊의運動을따라協同하나니라

三, 敵의불짐아레서運動展開하는본은 大隊縱隊를네줄로만들어오는梯隊로展開하지하려면大隊長은아레命令을나리나니라

적의포병은아모곳에서우리를쏜다

一재중머거 준, 목표아모곳, 네줄로, 옴으로제머, 一재중머 一재줄

附錄

二六

김 그의 開展는 하 模樣을 멋 원로 슬 두

그 運動에 아하불 敵어만 H 들을 梯으로 내 김반 動서 려 는 질의 隊로 좀 즐

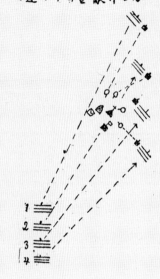

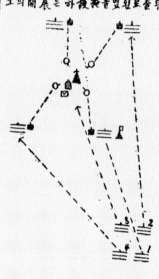

二재중머二재줄、三재중머三재줄、四재중머四재줄、간격멧거름、거리멧거름、전개。

一재中隊는끗候을내며또는斥候을내고指示된目標를向하여닷거름으로展開하여前進하고그밧各中隊를基準삼고닷거름으로指定된間隔과距離를取하여옴으로梯隊가되고各各傳令을보내여連絡하고基準中隊의運動을따라서協同하나니라

이그림은아레와같으니라

一、機動展開의한본

大隊複隊로 한줄에 벌인 聯隊로 두翼을 掩護하도록 두줄로 展開하게하려면 聯隊長은아레命令을나리나니라

二재더머리준、목표아모굿、두줄로、二재더머리 一재줄、

附錄

二七

附錄

一재、三재머머二재줄、一재머머움으로제머、三재머머외로제머、잔격멧거름、거리멧거름、전개。

二재大隊長은끗傳令을聯隊長에게 보내고「목표아모굿(聯隊長의보인바目標를大隊旗로指示하고) 앞으로가」號令을나리고길거름이나닷거름으로大隊旗는目標를向하여가서指定한距離에이르어서停止하고命令을기다리나니라

一재(三재)大隊長은끗傳令을聯隊長에게보내고「빗기어옴으로」(외로가」號令을나리고길거름이나닷거름으로指定한間隔에이르어서正面하고停止하나基準大隊맛一재줄과의距離를取하거나또는基準大隊의運動을따라協同하나니라

이그림은아레와같으니라

二、한翼을掩護하도록展開하는한본

二八

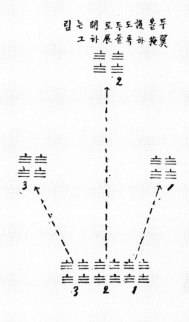

翼을 掩護하도록 두 줄로 展開하게 하
는 그림

大隊複隊로써세줄로벌인聯隊로옴은翼을掩護하도록두줄로展開하게하
려면聯隊長은아레命令을나리나니라
一재머리외로、잔격멧거름、
三재머리二재줄、옴으로제머、잔격멧거름、
一재머리기죤、목표아모못、두줄로、一재、二재머리一재줄、二재
一大隊長은곳傳令을聯隊長에게보내고「목표아모못(聯隊長의보인
목표를大隊旗로指示하고」앞으로가)號令을나리고길거름이나닷거름
으로大隊旗는目標를向하고나가서指定한距離에이르어서停止하고命
을기다리나니라
二大隊長은곳傳令을聯隊長에게보내고「빗기어外로닷거름으로가」
號令을나리고빨리基準大隊의왼편指示한間隔에이르어서正面하고一재
줄기다리고基準大隊의運動을따라協同하나니라

附
錄

二九

附
錄

三재大隊長은곳傳令을聯隊長에게보내고「빗기어옴으로가」號令을나
리고길거름이나닷거름으로指示한間隔에이르어서正面하고一재줄파외
距離를取하고基準大隊의運動을따라協同하나니라
이그림수아레와같으니라

三二
大隊複隊로한大隊는안에、뒤줄로展開하는한본、
왼翼을掩護하도록右翼된梯隊로展開하는한본、
하도록세줄로展開하게하려면聯隊長은아레命令을나리나니라
一재머리기죤、목표아모못、세줄로、一재머리一재줄、二재머리二
재줄、三재머리三재줄、외로제머、잔격멧거름、거리멧거름、전개
一大隊長은곳傳令을聯隊長에게보내고「목표아모못(聯隊長의指示
한目標를大隊旗로指示하고」앞으로가)號令을나리고길거름이나닷거
름으로大隊旗는目標를向하고나가서指定된距離에이르어서停止하고命

옴은
翼을 掩護하
도록
두줄로
展開하
는 그
림

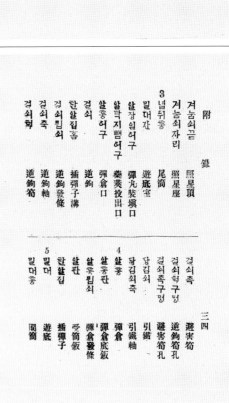

三二

보병총파 그탄알、총창、군도、나팔에 당한이름

步兵銃에關한이름

小銃은총녑、겨눔틀、념뒤홈、살홈、밀머、총개、장식、딸린것들이니 그이름들은아래와갓흐니라

1 총녑 銃身

탄알잔	彈藥室
총부리	銃口
념구멍	銃腔
구멍줄	腔線
총녑축	銃身軸

2 겨눔틀 照準機

겨눔자	照尺
겨눔문	照門
겨눔자눈	距離劃線
겨눔줄	照準線
겨눔	照準
겨눔자자리	照尺座
겨눔판	座鈑
겨눔표	遊標
겨눔쇠(點음쇠)	照標
	照眼

三三

겨눔쇠끝	照星頂
겨눔쇠자리	照星座

3 념뒤홈 尾筒

밀머잔	遊底室
살장일어구	彈丸裝塡口
알막지뺌어구	藥莢投出口
살홈어구	彈倉口
걸쇠	逆鉤
탄알집홈	插彈子溝
걸쇠축	逆鉤軸
걸쇠립쇠	逆鉤發條
걸쇠뒤	逆鉤筍
걸쇠촉	避害筍
걸쇠령구녕	逆鉤筍孔
걸쇠종구멍	避害筍孔
당김쇠	引鐵
	引鐵軸

4 살홈 彈倉

살홈판	彈倉底鈑
살홈립쇠	彈倉發條
탄알집	插彈子
살판	受筒鈑
살홈집	遊筒

5 밀머 圓筒

밀머홈	圓筒

三四

밀머자루	槓杆
밀머통귀	圓筒駐杚
밀머걸쇠	遊筒駐杚
밀머덮개	遊底蓋
버팀쇠	抽筒子
갈장쇠	駐退杚
밀쇠	蹴子
침쇠	撃鍖
침쇠집	撃鍖駐肶
침쇠마구리	撃鍖駐肶
침쇠발동	撃發段
침식턱	撃鍖
침쇠잔	撃鍖室
떤실홈	撃發機關
멎힘쇠	安全裝置

6 총개 銃床

종개머	韵床
개머리	銃把
개머리목	床尾
개머리뒤목	床尾踵
개머리끝	床尾尖
개머리코	床鼻
개머리판	床鈑
개머리판	床尾鈑

7 장식

우가락지	上帶
	銃鑅

三五

三六

아래가락지 下帶
위그물쇠 上支鐵
아래그물쇠 下支鐵
널덮개 木筬
굼벙쇠 用心鐵
삭장 棚杖
나사못 螺釘
8 딸린것 附品
총부리뚜껑 銃口蓋
씻음대 洗管
한살잔닦개 銃室掃除器
나사뽑이 轉螺器

총丸 負革
한살갑 彈藥盒
한살곽뚜껑 彈藥盒蓋
한살갑끈 留革
한살에關한이름
한살 彈丸
살곽지 彈身(彈子)
살곽쇠 雷管
세발쇠 藥莢
軍刀에關한이름 藥莢의起線部

三七

군도 軍刀
칼몸 刀身
칼등 刀背
칼홈(血條) 彫溝(血條)
칼등 刀背
칼날 刀刃
칼날 釖
칼심베 刀柄
칼자루 刀柄(欛)
칼집 刀鞘
칼고리 鉤鐶
칼집 護拳(錔)
막쇠
칼집굽 鐔

칼끈 刀緒
칼칼구리 刀鉤
銃釖(劍)에關한이름 刀身
총창 銃釖
창몸 釖身
창등 釖背
창홈 彫溝
창날 釖刃
창끈 釖緒
창심베 釖柄
창자루 釖柄
창집 釖鞘

三八

위고리 上環
아래고리 下環
창집굽 鐔
막쇠 鍚
사술 鎖

앞몸 前身
가운데몸 中身
뒤몸 後身
불음몸 接着管
피리동 口管
피리 嘴
소임못 開閘螺

위고리 上環
아래고리 下環
나팔입 喇叭口
일데두리 周邊
나팔끈 喇叭鈕

손긔보람하는법

一. 재절 모둠뜻

一. 손긔보람.

손긔보람은 흰긔와 붉은긔의 두긔를 가지고 그긔의자리로 글씨를보이어서 통신하는것이니라

二. 손긔보람에쓰이는사람수와그의이름.

보람을 보내고받는 두곳에 각각 두사람씩드나니 한사람은보람을 보내며 또는 받나니 이를 거잡이라하며 한사람은통신하는을 읽으며 또는 적나니 이를 적는이라하나니라

三. 긔가지는법.

붉은긔는 옳은손에 흰긔는 왼손에 쥐되 둘재손가락을펴서 긔대끝에서 스무센지메틀(일곱치쯤)쯤되는곳에 달이고 긔머끝이

三九

손바닥에서 팔뚝안녚에 닿도록 꼭쥐며 거머와팔은 한 곧은줄
이 되게하나니라 다만 긔가없는때는 모자나 수건을 더신쓰기
도하며 또는 맨손으로도하나니라

四、긔의폭원。
긔발의 길이와넑이는 맘대로정하여도 무방하니라 그러나 길이
와 넑이가 가가 마흔센지메틀(한자두치푼)품됨이 살맞으니라

五、보람에쓰는글씨。
우리나라글씨의 으뜸소리의 스물다섯낫을 쓰나니라

六、으뜸소리의나눔파그수。
1 첫소리。는ㄱ、ㄴ、ㄷ、ㄹ、ㅁ、ㅂ、ㅅ、ㅇ、ㅈ、ㅊ、ㅋ、ㅌ、ㅍ
、ㅎ、들의 설메낫이며
2 가운데소리。는ㅏ、ㅑ、ㅓ、ㅕ、ㅗ、ㅛ、ㅜ、ㅠ、ㅡ、ㅣ、들

의 열한낫이며
3 끝소리。는 바침이라하는것인데 첫소리와 꼭같으니라
다만 첫소리에는 거듭쓰는것 ㄲ、ㄸ、ㅃ、ㅆ、ㅉ、외 다섯낫이
또있나니라 그런데 이는 「보통으로 편신읏하는것이라하나 이는
원뜻을읽은 잘못된말이니라

　　二재절　으뜸소리와차렫의자세콛보이는법
一、ㄱ을보이는법。
옴은팔은 고추풀고 왼팔은 옆으로 수평이드나니라
二、ㄴ을보이는법。
옴은팔은 옆으로 수평이드나니라
三、ㄷ을보이는법。
옴은팔을 앞으로 수평이굴려서 왼편으로 당기엇다가 꼿 본자

옴은팔을 마흔다섯도 위쁠로둘고 두어번혼드나니라 다만 왼팔
은 제머로 느리나니라
一一、ㄱ을보이는법。
두팔을 마흔다섯도 위쁠로둘고
一二、ㄴ을보이는법。
두팔을 왼편 마흔다섯도 위쁠에서 읔은편 마흔다섯도아 레쁠로
한번두두르나니라
一三、ㅁ을보이는법。
두팔을 옴은편마흔다섯도 위쁠에서 왼편마흔다섯도 아래쁠로
한번두르나니라
一四、ㅎ을들보이는법。
왼팔로 옴은편아레서붙어 머리위율지나서 재쌀큰둥그럼이율 그

부록 42-43쪽 원문 유실.

리나니라 다만 오른팔은 제머로느리나니라

一六、ㅑ를보이는법。
두팔을 옳은옆으로 수평히 나란히 드나니라

一七、ㅓ를보이는법。
위팔을 옆으로 수평히 드나니라 다만 오른팔은 제더로느리니

一八、ㅕ를보이는법。
두팔을 왼옆으로 수평히 나란하게 드나니라

一九、ㅗ를보이는법。

왼팔을 고추드나니라 다만 오른팔은 제머로 느리나니라

二〇、ㅛ를보이는법。
두팔을 고추드나니라

二一、ㅜ를보이는법。

二二、ㅠ를보이는법。
왼팔을 마흔다섯도 아래쁠로 느리나니라

二三、ㅡ를보이는법。
두팔을 마흔다섯도 아래쁠로 느리나니라

二四、ㅣ를보이는법。
두팔을 두옆으로 수평이 드나니라
오른팔은 마흔다섯도 위쁠로 왼팔은 마흔다섯도 아래쁠로드나

나라

二五、ㆍ를보이는법。
왼팔은 마흔다섯도 위쁠로 오른팔은 마흔다섯도 아래쁠로드나
니라

二六、차렷자세。

三재절 글씨보이는법

글씨는 으뜸소리외낫낫을 모아서 판것이니 가령 [갑]은 ㄱ、
ㅏ、ㅂ、글로、[단]은 ㄷ、ㅏ、ㄴ、글로、[앉]은 ㅇ、ㅏ、ㄴ、ㅈ
、글字、[넓]은 ㄴ、ㅓ、ㄹ、ㅂ、글로 모아판것이니라

一、글씨외파심。
귀외자루를쥐고 이를 바지외밧옆또혼슐을조차 느리나니라

二、한글씨를보임에 당하여 으뜸소리를보일줌세하는일。

한소리를보인뒤에는 곳 차렷자세를 취하는일。

三、한글씨를보인뒤에하는일。
한글씨를마친뒤해글씨팜자세를 취하나니라

四、글씨팜보람。
두팔을 앞에느리어 어금막끼나니라

四재절 보람의보범파받음

一、보람보내는이외하는일。

1 먼저 시작보람을보이어서 보람받는이의 머답보람을
받은뒤에 시작하나니라

2 보람을 다보낸때는 마침보람을보이고 보람받는이의 머답보람
을 받은뒤에 그치나니라

3 한구절을보낼때마다 구절보람을보이어서 그뜻외 뚝뚝함을다지

四、 마침보람。

두팔을 나란히하여 앞으로 수평히들고 외옴으로 두어번두르나
니라

五、 더답보람。

두팔을 끄추번갈아드나니라

六、 구절보람。

두팔을 나란히하여 앞으로수평이드나니라

七、 구절버림보람。

두팔을 나란히하여 함께 위아레로 두어번흔드나니라

一、 줄임말。

정한약속으로 어떠한긴말구절을 한글씨나 두어글씨로 보이는말

五재절 줄임말

附 錄

五〇

고 그더답보람을 받은뒤에 그답귀절을 시작하나니라

4 보람을 보내는중에 글구절을 잘못보번때는 보
이고 보람받는이외 더답보람을 보
니라

二、 보람받는이의하는일。

1 보람보내는이의 시작보람、 마침보람、 구절버림보람들을 받은때
는 반듯이 곳 더답보람을 보이나니라

2 보람보내는이의 구절보람을받은때에 그구절의뜻이 똑똑한때는
더답보람을보이고 만일 똑똑치못한때는 구절버림보람을 보이
나니라

三、 시작보람。

두귀를 머리위에 어러번 어금마피나니라

附 錄

四九

一、 줄임보람。

두팔을 앞으로들이어 여러번 어금막피나니라

四、 줄임보람。

먼저 줄임보람을보이고 그담에 줄임말을보이나니 보람받는이도
또한 줄임보람을보이어서 더답의뜻을 보이나니라

三、 줄임말을보이는법。

따로 보람책이있으며 또는 군데에서 줄임말을 전하여둠도 좋
으니라

二、 줄임말의정함。

하는글씨만으로 보임파갈으니라

이니 가령 「똑똑이보이시오」라하는 한귀절을 다만 「똑」이라

六재절 손귀보람의거리。

一、 홍신곳의거리。

附 錄

五一

정에는 편평한땅에서 오백메를묘봄어 칠팔백메는 거리묘정
하고 연습이 익숙함을따라서 실천메를넘게 정할지니라

二、 보람의시행。

1 ㄱ、ㄴ、 두홍신곳에 각각 기잡이와 적는이나 전령한사람씬을
두고 ㄱ곳에서 전령은 홍신하는글을 한자식임고 기잡이는
손귀로 글씨를보내며 ㄴ곳에서는 기잡이가、 이것을받아서
한자식이지안는 이를 듯고조회에 적나니라

2 서묘보이지안는 ㄱㄴ두홍신곳의중잔에 ㄷㄹ들의홍신곳을두어서
가운데를 읫게하기도하나니라

三、 연습에쓸것들。

1 적의보병척후가、 근방에서、 출몰하오。

아레와같온것으로

附 錄

五二

2 적의긔병한즁대쯤이 ㄴ쯘으로쓸어오오。

3 지금、그홍신굿에서、적의큰즁대가、삼천메틀쯤앞의、산자드목을、이어넘어오다는보고를、받앗소。

4 산꼭대기에서보니、적의군사힘은、보병아흡즁대 긔병멧소대와갑이보이니、이것을、사단사령부에보고하라。

四、
좋신굿의자리를정한에다함주의。

四、
1 서로 쯕쯕이보이는곳
2 아모쪼록 적의눈이나 적의탄알을 가릴것
3 홍신굿은 그부머에 가까히할것
4 그군방지롤 특별히 뒤편의경황과 해빛을돌아볼것
5 거리가멀면 빠튼분수롤 늘이게하여야하며 또 먼눈으로보기어렵으면 안경을쓸것

부록끗

大韓民國六年五月一日印刷
大韓民國六年五月二十五日發行 （定價大洋一元）

發行人　金承學
印刷所　三一印書館
發行通信所　上海郵務信箱二八三號

부 록

독립군 군사훈련교범
관련연구 논문

『新興學友報』를 통해 본
신흥무관학교 군사교육 내용의 현대적 解釋[1])

Ⅰ. 머리말

그동안 신흥무관학교 및 신흥학우단에 대해서는 신흥무관학교 출신이자 교관이었던 원병상의 수기에 의존하는 경우가 많았다. 이는 김정명의 일본문서 자료집에 의거한 것으로 판단된다. 신흥교우단의 기관지였던 『신흥교우보』 제2호가 발굴되면서 신흥교우단의 설립시기가 1913년 5월 6일임이 명확해졌고, 장소도 유하현(柳河縣) 삼원보(三源堡) 대화사(大花斜)가 아니라 통화현(通化縣) 합니하(哈泥河) '신흥강습소' 내였다는 사실도 밝혀졌다. 편집자는 서울출신의 강일수였는데 그는 『신흥학우보』의 편집인이었다는 사실로 보아 기관지 발행 초기부터 편집자로서의 역할을 담당하였던 것으로 보인다. 따라서 『신흥교우보』의 체재(體裁)와 『신흥학우보』의 체재가 대동소이한 것은 편집자가 동일 인물이었다는 점도 무시할 수 없고 논조에서도 큰 차이를 보이고 있지 않다는 점이다. 『신흥교우보』는 만주뿐만 아니라 연해주, 미주까지 배송되었다. 독립운동이 만주에서 살아서 강한 생명력을 지니고 있음을 선전하는 효과와 민족의 독립을 위해 신흥무관학교가 바로 독립군 양성의 메카라는 것을 간접적으로 홍보하고 있음을 알 수 있다.

신흥무관학교에 재직했던 교관 중에는 대한제국 무관학교 및 대한제국군 출신자들이

---

1) 이 글은 광주대학교 『인문과학』 제18집에 게재된 논문으로 본문의 이해를 위한 각주를 최소화하였음. 조필군, 「『신흥학우보』를 통해 본 신흥무관학교 군사교육 내용의 현대적 해석」, 『인문과학』 제18집, 2017, 189-217쪽을 참조할 것.

다수 있었다는 점과 일본군 무관출신이 최신 교범과 군용지도 등을 지참하고 교관으로 재직하였으며, 신흥무관학교 졸업생 중 다수가 북로군정서 사관연성소의 교관으로 파견되어 교육을 담당하였다는 점에서 무장 독립군의 군사교육 및 훈련에 관해서는 신흥무관학교의 군사교육과 대한제국 육군무관학교 군사교육과의 관련성뿐만 아니라 일본군 및 독일군 등 당시의 군사교육과 군사교범 및 교재와의 관련성에 대해서도 연계하여 파악되어야 할 것이다.

신흥무관학교 졸업생을 중심으로 발간한『신흥학우보』는 최근 제2권 제10호가 추가 발굴되었으며,『신흥학우보』는 신흥무관학교의 교재와 같은 성격을 띠고 있을 뿐만 아니라 서간도지역 항일무장 세력에게 독립운동이 지속되고 있음을 알리는 중요한 정보지로서 일개 학교의 잡지가 아닌 남만주지역 독립운동계를 대변하는 기관지였다고 할 수 있다. 따라서 본 연구에서는『신흥학우보』에 실린 군사교육 관련 내용에 대해 군사교리의 관점에서 현대적으로 해석하고자 하였다.

Ⅱ. 신흥무관학교 군사교육과 독립군 활동

1. 신흥무관학교의 설립과 독립군 양성

독립운동의 요람인 유하현(柳河縣) 삼원보(三源堡) 서쪽 추가가(鄒家街)에서 '신흥강습소'가 설립되어 운영되었고, 신흥의 제2기지인 통화현 합니하(哈泥河)로 이전하여 1913년 이름을 '신흥무관학교'로 개칭하였다. 1913년 봄에 학교가 이전된 뒤 수 만평의 연병장과 수십 간의 내무실 내부 공사는 전부 생도들 손으로 이루어졌고, 생도들 성명이 부착된 총가(銃架)가 별도로 설치되어 있었다. 1911년 추가가의 제1회 졸업생으로부터 합니하를 거쳐 1919년 11월 폐교에 이르기까지 본교 졸업생수는 3,500명에 달한 것으로 추산된다. 당시 독립군 양성의 대표적인 학교였던 신흥무관학교의 교육훈련은 원병상이 신흥무관학교를 졸업한 후 합니하 신흥무관학교에서 3년간 생도반장으로 복무하면서 겪은 다음과 같은 「원병상의 수기」에서 그 내용을 확인할 수 있다.

> 학(學)과로는 주로 보(步)·기(騎)·포(砲)·공(工)·치(輜)의 각 조전(操典)과 내무령·
> 측도학·훈련교범·위수복무령·육군징벌령·육군형법·구급의료·총검술·유술(柔
> 術)·전략·전술·축성학·편제학 등에 중점을 두고 가르쳤다. 술(術)과로는 … 주로
> 각개교련(各個敎鍊)과 기초훈련을 해왔다. 야외에서는 이 고지 저 고지에서 가상 적에
> 게 공격전·방어전·도강·상륙작전 등 실전연습을 방불하게 되풀이 하면서 … 체육
> 으로는 엄동설한 야간에 파저강(婆猪江) 70리 강행군을 비롯하여 … 신체단련을 부단
> 히 연마해 왔다.

이상의 내용을 통해 볼 때 독립군 양성을 위한 군사교육은 사격과 소부대 전술훈련에 대한 것을 중심으로 실시된 것으로 생각된다.

2. 신흥무관학교 출신 독립군의 활동

일제에 의해 대한제국의 군대가 해산되면서 군인들은 의병과 합세하여 항일독립운동을 전개하였고, 병단 후 국내의 항일독립운동이 여의치 않게 되자, 의병과 당시 육군무관학교 출신자들은 해외 특히 만주지역에 독립군기지를 건설하면서 학교를 설립하여 독립군을 양성하였다. 이처럼 독립군을 양성하는 사업으로 설립된 대표적인 무관학교가 바로 신흥무관학교였다. 대한제국 무관학교 출신 장교들 중 이세영, 이관직, 이장녕, 김창환, 양성환 등은 신흥무관학교 교관으로 재직하면서 무장독립전쟁의 전사들을 양성하였다. 신흥무관학교 졸업생들은 만주지역과 중국 관내에서 항일 독립운동의 중핵이 되었다. 만주지역의 대표적인 무장독립운동 단체인 서로군정서의 이상룡, 여준, 이탁, 양규열, 김동삼, 지청천, 신팔균, 김경천 등 간부 대부분이 신흥무관학교 출신이다. 이처럼 대한제국 육군무관학교 출신자와 신흥무관학교 출신자들은 청산리 전역에서부터 이후 1920~1930년대 만주지역 항일무장투쟁과 광복군 창설에 이르기까지 무장투쟁의 지도자로 주역을 하였다. 즉 1920년부터의 무장독립투쟁은 신흥무관학교 출신자들에 의해 주도되었으며, 이들은 대부분 의병활동으로 전투경험을 쌓은 대한제국군 장교출신이거나 중국에서 사관교

육을 받은 군사경력자들의 지도를 받았다. 이처럼 신흥무관학교 출신들은 서로군정서뿐만 아니라 50여개의 독립군단에 지휘관 및 참모로 1920년으로부터 1940년에 이르기까지 독립전쟁을 주도하였다. 이러한 점에서 독립군의 항일무장투쟁 정신은 대한제국군 출신과 의병전쟁의 전통을 계승한 신흥무관학교 출신자들을 중심으로 독립군과 광복군까지 계승 및 발전되었다고 할 수 있다.

Ⅲ. 『신흥학우보』를 통해 본 군사교육 내용의 현대적 해석

1. 『신흥학우보』 게재 내용의 해석(解釋)[2]

독립기념관에 소장되어 있는 '신흥학우단'의 기관지 『신흥학우보』는 『신흥교우보』가 잡지의 명칭을 변경한 후 발행한 발간물이다. 『신흥학우보』 제2권 제2호는 『신흥교우보』 제2호가 발굴되기 전까지 신흥학우단의 실체를 알 수 있는 유일한 간행물이었다.[3]

『신흥학우보』 제2권 제2호 내용 중 필명 '상무자(尙武子)'가 작성한 '보병전투연구'라는 글은 신흥무관학교의 교련 활동을 염두에 둔 것 같다. 특히 군대의 엄격한 규율과 군기 및 군대기술을 자세히 설명하고 있어, 신흥무관학교의 교재와 같은 성격을 띠기도 했다. 또한 『신흥학우보』의 창간은 서간도지역 항일 무장 세력에게 독립운동이 지속되고 있음을 알리는 중요한 정보지였다. 『신흥학우보』 제2권 제10호는 2002년 일본에서 수집되었다. 제10호 학원(學苑)란에는 『신흥학우보』 제2권 제2호에 실린 필명 '상무자(尙武子)'의

---

[2] 해석(解釋)은 문장이나 사물의 뜻을 자신의 논리에 따라 이해하거나 이해한 것을 설명함 또는 그 내용을 말하고, 해석(解析)은 사물을 자세하게 풀어서 이론적으로 연구함을 의미하고, 해설(解說)은 문제나 사건의 내용 따위를 알기 쉽게 풀어서 설명함 또는 그런 글이나 책을 의미하는 점에서 본고의 내용은 『신흥학우보』 제2권 제2호와 제2권 10호에 게재된 군사교육 내용에 대한 군사교리 측면에서의 현대적 해석(解釋)이라고 할 수 있음.

[3] 『신흥학우보』 제2권 제2호의 서지사항은 다음과 같다. ① 크기 : 17.7cm X 26.2cm ② 분량 : 등사본 갱지로서 66쪽 ③ 편집 겸 발행인 : 강일수 ④ 발행소 및 발행지 : 신흥학우단, 유하현 삼원포 ⑤ 차례 : 논단, 강단, 학원, 소설, 문림, 축사, 잡조, 단중기사 ⑥ 발간일 : 1917년 1월 13일. 한국독립운동사연구소 편, 『청산리대첩 이우석 수기 · 신흥무관학교(한국독립운동사자료총서 제33집)』, 역사공간, 2013, 226쪽.

글이 연재되어 실려 있다. '보병조전 대조(對照) 보병전투연구'라는 글은 지휘관과 병졸이 전투를 어떻게 치러야 하는지 자세하게 설명하고 있다. 이 또한 군사교재의 느낌이 강하다. 그리고 신흥무관학교의 졸업생들을 중심으로 '신흥학우단'이 1913년 3월 창단된 것으로 알려져 왔으나, 『신흥교우보』 2호를 통해 당초 '신흥교우단'으로 1913년 5월 6일 창단된 사실이 새롭게 밝혀졌다. 1916년 말에서 1917년 초 사이에 '신흥학우단'으로 개명하고 이 무렵 기관지인 『신흥교우보』도 『신흥학우보』로 개호된 것으로 추정된다.

1) 『신흥학우보』 제2권 제 2호(1917.1.13.) : 보병전투연구(譯)(續1)

(5)[4] 전투연습(戰鬪演習)은 소수의 병력과 약간의 표기(標旗)로서 적의 선을 표시하고 또 이 가상의 적을 증대하여 후방부대의 위치와 기동을 표시하거나 소수 인원으로 제압할 만한 표적을 사용하여 실제상황에 근접한 적선(敵線)의 상황을 나타내든지 또는 2개 부대의 실제 병력으로 '대항연습'을 행하는 것이다. 소부대에 대해서는 사격 지휘와 총의 사용 방법으로서 목표물의 경황(景況)에 따르게 하는 것이 중요하니 적선의 표시를 이에 맞게 적절히 실제 상황에 근접하도록 해야 한다.

- 전투연습은 실제상황에 가깝게 할수록 그 가치를 증대하는 것이므로 가상의 적을 두어 그 적정을 변화시켜 아군 지휘에 영향을 미치게 하고, 이에 대한 적절한 처치(處置)를 요구하는 연습은 그 가치가 더욱 현저해지므로 단순히 가상의 적만을 두는 것뿐만 아니라 적의 병력을 증가하여 적정을 변화시켜서 또다시 쌍방의 실제 병력과 부대로서 상호 변화하는 적정을 이용하여 여러 가지 다양한 임기응변(機變)과 원칙의 응용을 연습하게 하는 것이 유익하다.

(6) 연습을 할 때에 진지공사(陣地工事)를 실시하기 불가능한 때라도 그 계획과 준비 작업은 엄밀하게 행해야 한다.

- 진지공사가 필요한 것은 누구든지 익히 알고 있으나 연습에서는 타 부대와 관계상 이를 실행하기 어려운 경우가 많으니 이와 같은 상황일지라도 그 계획과 준비 작업은 엄밀하게 실제 전투의 제반 정황과 맞게 할 것이며, 산만한 계획과 준비 작업은 연습을 실전에 맞지 않게 할 뿐만 이니라 도리어 유사시에 전투의 실시를 잘못되게 한다.

---

[4] 이하 해석내용은 원문과 대조하기 용이하도록 원문의 번호를 그대로 사용하였음.

(7) 실전적 연습이 되게 하려면 현재의 상황을 지형을 이용하여 적당한 제식(制式)[5]을 채택하는 데 있으므로 이를 선택할 때에는 먼저 아군 병기(兵器)의 효력을 높이고, 적 화력의 효력을 감쇄케 하는 것을 고려하는 것이 옳다. 연습에서는 실전과 같이 위험한 감정과 불리한 영향이 없기 때문에 그 일련의 과정이 자칫 잘못하면 실전과 적합지 못한 전투활동(動作)을 발생시키기 때문에 소부대의 연습에서도 심판관(審判官)을 두어 적시에 적 화력의 효력을 알려주어서 각급 지휘관으로 하여금 연습을 실전적으로 수행할 수 있도록 지도하는 것이 필요하다.

- 연습을 실전에 가깝도록 하려면 그 시점의 적정에 의거하여 아군의 지휘를 행해야 한다. 자세히 말하면 적정에 의하여 적당한 대형을 채용하여 적당히 지형을 이용하고, 적의 동작과 유사한 동작에 의해 대응하도록 해야 한다. 따라서 적정의 여부를 불문하고 항상 일정한 형식을 채용하는 것은 연습을 연극과 같게 하는 것이니 교육을 그릇되게 함이 이보다 큰 것이 없다.

- 적정과 지형을 고려하여 밀집과 산개를 불문하고 최대한 적에게 심대한 손해를 주게 하고 그 다음에 적으로부터 받을 손해를 최소로 줄일 수 있도록 적당한 대형을 선정하여 행할 것이다. 종으로 적의 화력을 받음이 적더라도 적에게 손해를 끼칠 일이 적은 대형을 쓰는 것이 어려우니 예컨대 적 방향으로 내려갈 경사면에서 전투하는 산병은 적 화력의 효력을 적게 하려면 엎드린 자세(伏姿)가 적당하다. 하지만 엎드린 자세가 아군의 사격이 불편할 때에는 적의 화력을 고려하지 말고 구부린 자세나 서서쏴 자세를 행하는 것이 옳다. 또 지형지물을 이용하기 위하여 그 부대의 정면은 적선(敵線)과 평행되지 않고 비스듬한 방향(斜方)으로 사격하므로 인해 우리의 사격을 자유로 하지 못하게 되니 차라리 지형지물을 버리고 급하게 적을 사격하는 대형을 채용하는 것만 못하고 또 적 기병(騎兵)의 습격에 대하여 밀집한대로 서서 쏘는 부대는 그 사격은 자유로우나 만약 적의 보병과 포병이 있는 경우는 그 화력을 감쇄하기 위하여 구부린 자세(腰姿)의 횡대를 채용함이 우승(優勝)함과 같으니 이 2가지 요령에 준하여 작게는 1명의 병사의 동작, 소대의 대형으로부터 크게는 각 병종(兵種)을 연합한 대부대의 전투 대형에 이르기까지 이것을 주된 내용으로 연습을 해야 한다.

---

[5] 제식(制式)이란 대열을 짓는 훈련에서 규정된 격식과 방식을 뜻함.

- 연습에서는 피아의 손해 즉 물질적 전투력의 감모와 위험, 비참의 광경으로부터 생기는 불이익의 감정 즉 정신적 영향과 손해를 받음이 사뭇 없으므로 자칫 잘못하면 자기의 불리를 감수하는 일이 없고 사격의 효력을 무시하기 때문에 연습은 실전에 맞지 않게 그냥 지나칠 수 있으므로 이러한 연습은 극히 곤란하다. 따라서 심판관을 배치하여 각 시기마다 실전의 상태를 직접 느낄 수 있게 하여 최대한 실전에 가깝게 해야 한다.

(8) 평시 교육훈련에서 중요한 점은 부대의 지기(志氣)를 불러일으키게(振起) 하고 군기(軍紀)를 긴장(緊張)케 하며, 보병공격 시에 양호한 기상(氣像)을 기르게(養成)하여 맹렬하고 과감하게 돌격하는 것을 관습(慣習)토록 하는데 있으므로 이에 대한 효과적인 방법은 모두가 이를 실시하고 제반의 제식실행(制式實行)을 엄격하게 하는 것이다.

- 모든 병력이 교육훈련을 엄격히 실행하는 것은 군대의 지기를 양성·진기(養成·振起)하고 또 군기를 유지하는데 가장 유효하기 때문에 전투의 극단적 의지(極意)는 정신에 있고 전술의 형식은 이를 발전시킬 보조 수단일 뿐이다. 따라서 진정한 승리는 정신이 충만한 군대가 아니면 이를 얻기 어렵다.

- 지기의 진작여부와 군기의 이완과 긴장여부는 실제로 전투의 승패를 낳는 가장 큰 원인으로서 매 전투마다 가장 중요한 결전에서 그 영향이 가장 현저하다. 이러한 이유 때문에 군기는 군대의 가장 중요한 기초인데 지기에 기초한 바가 아니면 불가하고 징벌을 누려워하여 이루어진 군기는 사실상 군기라고 말하지 못할 것이다. 따라서 큰일을 당할 경우에는 믿지 못할 것이다. 즉 일전탄함(釼電彈函)의 위험이 눈앞에 닥쳐 있고(目睫), 죽은 시체가 진두에 가득 차 비참한 광경이 속출할 때나 혹은 패하여 퇴각할 때 갑자기 군기가 해이하게 되는 것이다. 반면 각 장교가 부하를 아끼고 가려 사물을 분별하는 능력(心眼)을 얻게 되면 전투상황이 곤란할 지라도 그 신뢰는 더욱 견고할 것이다.

- 적의 사격에 의하며 그 병력의 약 3분의 1이 죽으면 잔여 병력은 갑자기 엎드려 숨거나(平臥) 혹은 퇴각하게 되니 이러한 때를 당하여 퇴각을 야기하는 원인은 그 체력에 있는 것이 아니고 오로지 정신에 있으니 훈련이 완전하게 잘되고 사기가 왕성한 부대는 어려운 위기에 처하여 설령 지휘상 아주 조금의 잘못이 있어도 오히려 그 목적을 달성한 사례가 전사(戰史)에 그 예가 많다.

- 공격정신은 승리를 지배하는 것이라서 적의 사격 효력을 두려워하여 아측 공격정신이 방해 받거나 상실되어서는 결코 안 된다. 따라서 평시에 맹렬하고 과감하게 돌진할

정신을 키워야만 유사시를 당하여 능히 공포(恐怖)와 처참한 광경을 타파하고 승리를 가져오는 예기(銳氣)를 알게 되는 것이 요구되므로 대개 물질의 손해를 보충하고 또한 더욱더 분투하여 노력하는 것은 공격정신 밖에 없는 것이다.

(9) 부하의 체력은 때때로 이를 애석하게 여겨야 하지만 필요한 시기에 당하여서는 조금도 애석하게 여기지 말고 사용하여 지나친 노동을 요구하여도 무방하다.

- 교육과 사용을 혼동하는 것은 옳지 않으며 교육에서는 극단적인 체력의 교육을 요구함으로써 오랜 기간 동안 군인을 양성하는 것은 하루에 이를 사용하려고 하는 요지(要旨)에 부합하게 하려는 것이다. 그러므로 이를 사용 할 때에는 현재의 상황이 허용하는 범위 안에서는 충분히 이를 아깝게 여길지라도 최대의 노력이 요구될 때에는 털끝만치의 정을 두는 것은 옳지 않으니 불필요하게 부대를 지치게 하면 꼭 필요할 때에 그 목적을 달성하지 못하게 된다.

(10) 검열을 할 때에 상관은 힘써서 지휘관과 병사가 함께 부대의 제식과 원칙의 실천 및 응용에 관한 숙달정도 여부에 관심을 기울이는 것이 옳다.

- 군대의 진보는 그 부대 통솔자의 착안이 적절함에 따라서 비로소 기간 내에 완성된다. 따라서 검열관은 눈빛을 날카롭게 하여 그 시기에 적응할 수 있도록 해야 한다. 검열관의 착안과 강평에 의하여 부대가 올바르게 가야 할 바를 알게 하고 한 마음 한 뜻으로 이에 복종하고 그 기대하는 바를 달성하게 하는 것인즉 착안과 강평이 옳음을 잃게 되면 도리어 부대의 발전을 저해하는 것이 될 뿐이다.(未完)

2)『신흥학우보』제2권 제10호(1918.7.15.) : 보병조전(步兵操典)[6] 대조 보병전투연구 (譯)(續9) / 제2부 전투(戰鬪) : 지휘관과 병졸(계속)

(2) 전투형세에 따라 지휘관(자)은 각개 병사의 직무에 맞게 적시 적절한 처치(處置)를 결정함에 머뭇거리지 말 것이다. 대개 망설이고 머뭇거리는 것은 그 방법의 선택이 잘못되는 것보다도 오히려 위태로움에 빠질 수 있기 때문이다.

---

[6] 1898년 3월에 러시아 교관들이 해임되어 귀국한 후로 대한제국 장령들을 교관으로 하여 체계적인 군사훈련을 실시하게 되는데, 이때 훈련의 표준이 될 만한 군사교범을 편찬하는 작업이 함께 추진되었다. 그 결과 1898년 6월 25일에『步兵操典』이 간행된 것으로 보인다. 이『步兵操典』은 한국정신문화연구원에 소장(장서번호 015015)된 것으로, 군부대신 副將 閔泳綺가 光武2년(1898) 6월 25일에 '改正 第1號' 발행인으로 되어 있다.

-지휘관(자)은 각 병사에게 분담한 임무를 완전히 하는데 전력을 다해 노력할 것이다. 명령과 규정과 훈시한 사항을 정당하게 실시하는 것은 물론이고 전투형세에 따라 허락하는 범위 안에서 적시 적절한 처치를 결행하여 이익을 획득함에 대해서는 결코 수수방관하거나 우물쭈물하지 말아야(邊巡遲疑) 한다. 정당한 이유와 선량한 심정을 기초로 하며 단행한 처치는 추후 부인 혹은 염려가 결코 없으므로 조금도 이를 고려할 필요가 없다. 하물며 한번 기회를 잃으면 다시 이를 얻고자 하여도 얻지 못할 경우가 되니 두 말할 필요가 있는가?

- 귀중한 지휘관의 성질은 책임(責任)을 중히 하여 복종할 것이다. 만일 지휘관의 의지로 전반에 관한 고려를 행하지 않고 자기 멋대로(專恣)의 생각으로 결단을 행하거나 혹은 받은 명령을 존중하지 않은 상태로 따를 경우에는 자만심(倨傲心)에 끌리는 것과 같은 것은 그 의지를 참으로 그릇되게 해석하거나 잘못 아는 것이다.

- 그러나 임무를 부여한 자에게 상황을 충분히 알리기 불가능하거나 급변사태로 인하여 명령대로 실시하기가 불가능함을 인식한 경우에는 수령한 명령을 수행하지 못할 경우나 혹은 이를 변경하여 실시할 경우에는 그 사유를 상관에게 보고하는 것이 하급자의 의무이다. 그러므로 명령에 복종하지 못한 경우에 명령을 수령한 자는 이에 대해 전적인 책임이 있는 것이다.

- 책임을 중요하게 생각하고 복종을 존중하는 지휘관은 전투의 결과가 양호하지 못한 때에도 평소와 같이 부대가 사지(死地)에 던져질지라도 지체하지 않는다. 모든 지휘관(자)은 상급 지휘관의 지시를 이행하지 않거나 지체하고 의심하는 것은 방법을 잘못 선택하는 것보다 더 큰 불이익을 일으키는 원인이 된다는 것을 알고 또 이를 부하에게 깊이 마음속으로 새기게 할 것이다.(독일 보병조전)

(3) 전투 간에 각 지휘관(자)은 연계와 질서를 유지하고 또 적당히 협동동작(協同動作)을 마음속에 새겨두어야 한다. 그러므로 상급 지휘관은 예하부대가 벗어나지 않도록(脫逸) 장악하여 감독하고, 하급 지휘관은 명령을 기다리는 것에만 구애되지 말고 적당히 독단(獨斷) 동작으로 분담된 임무를 행한 후 빠르게 소속부대에 합류하여 상관의 사용에 적시에 응할 수 있도록 마음에 새겨두어야 한다.

- 전투의 범위가 점점 넓어지고 전투 상황이 더욱 진전됨에 따라 각 지휘관에게 위임한 독단의 여지도 또한 더욱 커질 것이다. 따라서 각급 지휘관이 유의(留意)할 것은 전체

의 범위 안에서 자기에게 부여된 특별한 임무에 전념하여 행하도록 힘쓰고 자질구레한 것(煩事)에 대한 감독은 나중에 할 것이지만 하급지휘관은 상급지휘관의 의도를 좇아 협동동작에 힘써 결코 자기 멋대로 잘못된 부대 운용에 빠지지 않도록 해야 할 것이다.

- 이와 같은 범위 내에서 행하는 적당한 독단행동은 전투에 좋은 결과를 만드는 기초이다. 산개(散開) 전투에서 각 지휘관은 특별히 인접부대와 연계하여 서로 기동과 사격에 방해되는 일이 없게 하며 그 중간에 적이 진입하지 못하도록 주의하고 또 부대의 거리, 간격, 각관의 지휘, 명령하달의 순서 등을 잘 살펴 각 부대의 혼돈이 생기지 않게 하고 또 행진방향을 똑바로 유지하여 각 산병과 부대로써 착오됨이 없도록 주의하고 기타 상급지휘관은 예하부대가 어느 곳에 있어서 어떠한 일을 하는지, 끊임없이 감시할 것이며 결코 그 위치를 잃는 일은 옳지 않다. 따라서 만일 그 부하가 지휘통제 범위를 벗어나는 것과 같은 형편이 있으면 요구사항에 대한 주의를 주어 다시 그 장악을 회복하게 해야 한다. 분담한 임무를 행한 하급 지휘관은 속히 소속부대에 복귀하여 차후의 사용에 적절히 응해야 할 것이다. 예를 들어 산병선(散兵線)의 견부능선(肩陵)에 전진하는 지원부대가 측방으로 기습하여 오는 적의 기병에 대하여 정지사격을 한다면 적의 기병을 격퇴한 후에는 명령이 없더라도 속히 산병선에서 계속적인 임무를 수행하는 것과 같으니, 만일 차제에 적의 기병을 격퇴하여 멀리 산병선과 떨어져 증가의 시기를 잃으면 이는 소대장의 큰 과실이므로 적 기병을 퇴각한 공도 또한 크게 감소하게 된다. 대개 독단전행(獨斷專行)이라고 하는 것은 상관으로부터 매사에 명령을 받지 않았을 지라도 스스로 잘 판단하여 정황에 적절하여 어긋나지 않도록 결행함을 이르는 것으로써 책임이 항상 이에 따르게 되므로 전행(독단)자의 계급에 따라 그 범위가 넓고 좁을 수 있다.

- 협동동작(協同動作)은 그 귀착점이 명료함에 따라 그 실행이 더욱 용이한 것이어서 전투는 홀로 일부 혹은 한 부대의 노력으로는 능히 승리를 얻지 못함이 명백하고 종 방향과 횡 방향으로 유·무형의 연계와 질서에 따라 상호 단결된 노력에 의해서 승리를 얻을 수 있으므로 협동동작을 확실히 행할 때에는 상급 지휘관은 부하 지휘관에게 그 의지의 소재를 알게 하여 돌아올 지점을 알게 하고 상방에서 이를 이끄는 동시에 하급자도 또한 하방으로 이에 계착(繫着)하도록 노력해야 한다. 대저 정황의 변화는 예측 불가능하고 그 정황에 대응한 처치방법도 적시에 지휘하지 못하는 것이므로 상관은 그 지휘에 힘쓰더라도 하급자에게까지 도달할 때는 그 시기를 놓칠 수도 있다. 그러므로 하급자는 오

로지 상관의 명령을 기다리는 것에 구애되어 자기가 받은 임무와 명령의 정신을 몰각(沒却)하고 호기를 수수간과(看過)하지 말아야 한다.

(4) 지휘관은 전투를 지휘함에 있어 부대의 대소, 현재의 상황을 고려하여 확실한 방법으로서 명령을 하달해야 한다. 만약 간단한 구두 명령(口述)으로서 부대를 신속히 요구되는 방향 혹은 위치에 이르게 하고 상세한 명령은 다음에 이를 문서로 하달함(交付)이 편리하다. 교전 중에 있는 부대의 지휘관을 그 부대로부터 멀리 떨어진 위치로 불러서 명령을 부여하는 것은 어떠한 경우에도 이를 피해야 한다.

- 모든 명령이 지당(至當)하더라도 시기를 놓치면 그 효과가 없고 또 유리할 지라도 확실히 이를 분배(分配)하지 못하면 결코 성과를 얻지 못할 것이므로 명령을 내리는 것과 이를 분배하는 방법은 일정한 것이 아니며 어찌하든 확실하고 신속하게 하는데 있으므로 과오가 발생할 염려가 없는 경우에는 신속하게 그 핵심적 내용(要旨)을 구두 명령 또는 신호 등으로 하는 것도 가능하다. 오로지 확실한 것만을 위주로 하고 시기를 맞추지 못하거나 신속한 것만을 위주로 하여 위험한 분배 방법을 채택하여 사용하는 것 모두가 다 옳지 않다.

- 교전 중에 있는 부대의 지휘관을 멀리 떨어진 위치로 불러서 명령을 하달하는 것은 극히 확실한 것이지만 명령을 수령한 자가 부대에 돌아가기까지 그 시기를 잃게 되어 명령을 실시하기가 불가능할 뿐 아니라 부재중에 발생한 뜻하지 않은 사태에 대응하기 불가능하니 어떤 경우에서든지 이를 피해야 한다.

- 전투에 관한 일정한 형식은 이를 정하기 어렵기 때문에 전투명령의 문건(文件) 또한 어떠한 형식을 사용할 것인지 자유로 할 것이다.

- 일방적으로 구두명령으로 요구되는 방향에 신속히 부대를 지도함이 필요하며, 간단한 훈령 또한 이에 준해야 한다. 그러나 여단급(旅團級) 부대이상에 대해서는 통상 문서로써 명령을 부여해야 할 것이다.(독일 보병조전)

(5) 명령(命令)은 직속계통의 지휘관(자)에게 부여함이 통상적 규칙이나 필요하면 순서를 경유하지 않고 하급지휘관에게 명령하는 것도 무방하지만 그러한 때에는 속히 이를 중간 지휘관에게 알려야 한다. 질서를 유지(保持)함에 지휘의 계통을 통하는 것이 통칙이나 이 방법을 사용하면 시간을 낭비하고 기회를 놓칠 염려가 있는 때에는 반드시 그 순서를 경유하지 않고 곧바로 하급 지휘관(자)에게 명령함이 무방하다. 그러나 이러한 경우

에는 할 수 있는 대로 빠르게 그 사항을 중간 지휘관(자)에게 직접 명령한 사실을 알려야 한다.

(6) 지휘관(자)은 위치(位置)를 잘 선정하는 것이 대단히 긴요(緊要)하다. 적에 근접하여 임의 교전이 예상될 때에 지휘관은 전방(前方)에 위치하는 것이 옳다. 이는 적정과 지형을 직접 눈으로 확인(目擊)하고 또 초기 단계에서 최초의 부대 전개를 적절히 지휘하며 적시에 결심함으로써 적에 대하여 나의 이익을 점유할 수 있기 때문이다.

전투지휘관(자)은 적정을 관찰하고 예하부대를 감시하여 인접부대를 눈으로 직접 확인 가능하고 또 명령, 보고 등이 신속히 전달될 수 있는 점 등을 고려하여 그 위치를 선정해야 한다.

- 지휘관의 위치는 다음의 제반 사항을 고려해야 한다.

1) 적 발견에 용이하고 또한 교통 연락에 용이할 것

2) 적정과 지형을 알리기 편하고 동시에 아군부대의 지휘와 감시에 편리할 것

3) 명령, 보고, 전달에 편리하고 또한 가장 신속한 처치와 대응이 가능할 것

4) 일부(局部)의 형세와 정태를 위하여 혹란(惑亂)할 일이 없고 능히 전체의 사정을 환하게 파악(通曉)하기에 편리할 것

- 또 지휘관은 스스로 의표(儀表)가 되어 부대를 장려(奬勵)하며, 그 사기를 고취함이 필요하다. 모든 부대의 지휘관은 냉정·명석의 두뇌를 온전하게 잘 지켜 유지하기 위해 소란의 와중에 빠지지 않도록 할 지점이 필요하며 또 자기의 사상(死傷)은 어떻든 부대에 영향을 미친다는 것을 고려해야 한다.

- 위치의 변화는 지속된 연락에 크게 해가 되니 이유 없이 이를 시행하는 것은 옳지 않으며 만일 필요에 따라 지휘관이 그 위치를 벗어날 때는 기존 위치에 도착 할 명령·보고를 속히 새로운 위치에 이르도록 적당한 방법을 세워야 한다.

- 전진 중 적과 교전이 예상될 때는 지휘관은 할 수 있는 대로 전방에 위치 할 것이며 또 전망이 양호한 지점의 배후에서는 말에서 내려 망원경으로써 정찰해야 한다. 이와 같이 지휘관은 적과 인접 부대의 상황과 지형에 관하여 보고, 상보(詳報) 혹은 지도(地圖)로써 대용(代用)하지 못할 것을 전망할 수 있으니 지휘관은 초기 단계에서 처치를 적당히 실시하고 적시에 결심하여 적에 대한 자기의 이익을 도모하고 자군(自軍)을 위해서는 먼 길(迂路)을 피하고 또 하급 지휘관의 부적당한 결심을 방지할 것이며, 지휘관은 직접 불

러서 명령을 하달할 수 있는 직속관계가 있는 호령(號令) 단위의 지휘관(자)을 적시에 전방으로 초치할 것이다.(독일 보병조전)

(7) 각급 지휘관은 서로 연계를 유지하고, 특히 소속 상급 지휘관과 예하직속의 지휘관과는 확실한 연계를 보지하기 위하여 필요한 방법, 수단을 다 할 것이며 멀리 떨어져 있을 때에는 전화를 사용함이 가장 유리하다. 적정과 지형, 기타 전투상황에 영향을 미칠만한 사항을 관찰한 때에는 이를 빠르게 보고 혹은 통보해야 한다.

- 교통연락은 협동동작을 편하게 하고 연락(氣脈)의 소통은 시기를 놓치지 않고 만반의 처치를 결정하는 것이므로 유형은 물론 무형의 정신상으로도 능히 연계를 유지함으로써 하나로 협동하여 전투의 궁극적 목적을 달성하기 위해 한 마음 한뜻으로 전진(一意前進) 함을 얻어야 한다. 그러므로 정황이 허용하는 한도에서 각 부대는 중복도 허락되지 않고 서로 연계의 처치를 강구하며 또는 할 수 있는 대로 각종 보조 수단을 이용함으로써 기계를 사용하는 경우에서는 그 보호에 극히 주의하고 또는 최대한 확실히 해야 한다.

(8) 지휘관은 전투개시 전에 적 상황과 지형에 관한 필요한 수색정찰을 행하여 전투부서를 결정해야 한다.

- 지당한 처치는 지당한 결심에서 나오고 지당한 결심은 그 상황을 명확하게 아는 데에 있으므로 전투를 유리하게 실시하고자 하면 적의 상황과 지형을 할 수 있는 한 명확하게 수색해야 한다.

(9) 전투를 실행하는데 필요한 병력을 축차적으로 증가투입 하는 것은 큰 과실이다. 이와 같이 끊임없이 부족한 병력으로서 다수의 적 병력과 싸우게 되면 그 우세의 이익을 스스로 방기(放棄)하는 것으로 단지 손해를 받을 뿐만 아니라 부대의 의지와 사기를 좌절케 하는 것이다.

- 너무 성급히 과대한 병력을 전개 시키는 것은 심히 불리하므로 깊이 이를 경계할 것이지만, 이를 너무 안타깝게 여겨 필요한 병력을 부족하게 축차적으로 증가하여 전투를 실행함은 또한 큰 과실이다 대체로 내가 받을 손해는 곧 적에게 우세를 의미하게 되므로 열세한 병력을 축차로 전선에 증가하여 손해를 받게 되는 상황에 이르러 다시 일부를 증가하면 이는 끊임없이 부족한 병력으로 다수의 적 병력과 대적하게 되어 우세를 점하게 될 기회가 없고 항상 적에게 압도당하게 되어 병력을 소모한 결과는 결국 적의 의지를 왕성케 할 뿐이므로 아군의 전투의지와 사기는 더욱 꺾이게 된다.

(10) 지휘관은 전투가 진행되는 중 예비대의 사용으로 원하는 지점에서 결전이 이루어지도록 하고 또는 전황의 변화에 대응해야 한다. 따라서 예비대 사용의 적합 여부(適否)는 전투결과에 중대한 관계가 있다.

- 우선 먼저 병력을 분할하여 각각 부대의 전투를 분담케 한 이상에는 그 병력을 지휘관의 의도에 따라 사용할 수 없기 때문에 지휘관은 남은 예비대의 사용으로 전투의 중심(重心)을 변환하도록 해야 한다. 다시 말하면 지휘관은 그 예비대를 사용하여 능동적이던 수동적이든지 전투를 지도하거나 융통성 있게 대처할 것이다 그러나 이 예비대의 사용은 결코 용이한 것이 아니라 전투경과에 이르러 전황이 크면 전투 전면(前面)의 정황은 더욱 불명하게 되어 이를 성급히 사용하거나 호기를 잃은 후에 사용하거나 혹은 아무런 이익도 없이 움직여 필요한 지점으로부터 멀리 떨어지게 하거나 혹은 이를 사용할지라도 전황을 여하히 벗어나지 못하게 되면 공연히 불 속(火中)에 땔감 나무(薪)를 더하는 결과에 지나지 못하거나 혹은 사용의 시기를 놓쳐 노력한 효과를 얻지 못할 수 있으니 깊이 주의해야 한다.

(11) 지휘관은 항상 지형의 이용에 주의하여 적의 화력 하에서 부대이동을 이에 적합하게 해야 한다. 그러나 이를 위해 전진력(前進力)을 쇠퇴하거나 혹은 전투행위를 느슨하게 하거나 또는 지시한 범위를 벗어나게 해서는 안 된다.

- 지형의 이용은 지휘관이 잠시라도 잊어서는 안 될 것이다. 대개 무익의 손해를 피함에는 지형을 이용하여 적당히 지도함이 필요하니 지형의 이용이 마땅하면 능히 손해를 피하여 군대의 지기가 약해지지 않고, 용감한 행위를 얻을 것이다. 비록 용감한 부대일지라도 큰 피해를 받을 때에는 지기가 약해지는 것을 면하지 못할 것이다. 그러므로 만일 방법이 적합지 않을 때에는 부대의 지기를 위축케 하여 공격정신을 아주 잃게 될 것이다. 따라서 지형에 대한 이용의 목적이 과연 어디에 있는지 생각하여 적시 적절한 방법을 채택하여 사용할 것이며, 단지 신체의 안전을 주로 하여 전진력을 쇠퇴케 하거나 혹은 이동시기를 놓쳐 전투행위를 느슨하게 하거나 혹은 허락되지 않은 자신의 범위를 벗어나는 것은 옳지 않다. 지형의 이용은 승리를 얻기 위한 보조수단에 불과하다. (未完)

2. 『신흥학우보』 게재 원문

1) 제2권 제2호[7]

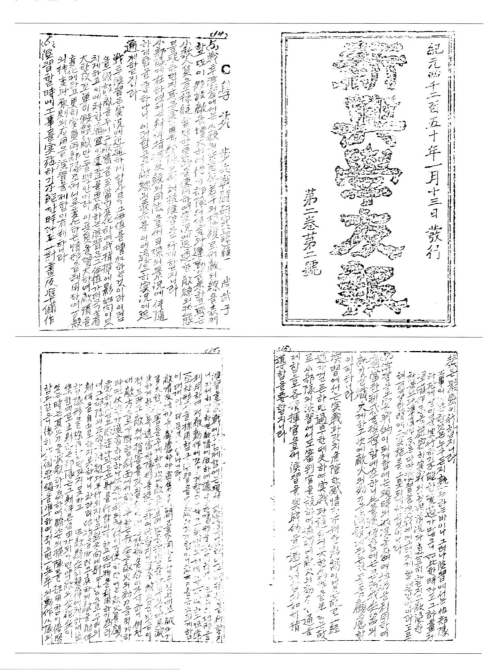

7) 한국독립운동사연구소, ‘『신흥학우보』 제2권 제2호’, 『한국독립운동사 연구』 제5집, 1991, 414-488쪽.

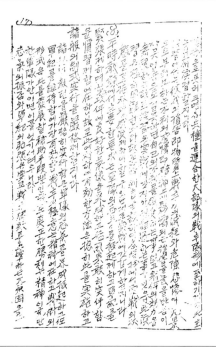

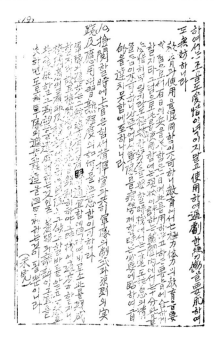

2) 제2권 제10호[8]

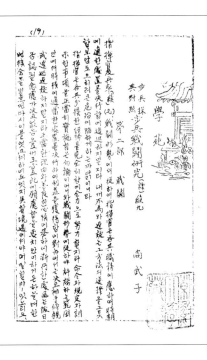

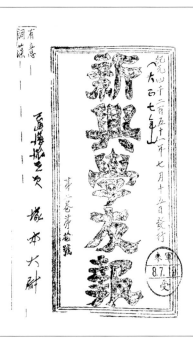

---

8) 한국독립운동사연구소 편, 『청산리대첩 이우석 수기·신흥무관학교(한국독립운동사 자료총서 제33집)』, 역사공간, 2013, 433-443쪽.

(26)

報告를 速히 新位置에 達하도록 適當한 方法을 設할지니라

前進中 敵과 交戰을 豫期할 時는 指揮官은 될수 있는대로 前方에 位置할지니 通常 前衛前方에 在함이 原則이니라

指揮官은 躍進的으로 前進하여 報告가 迅速히 自己에게 到達하도록 注意할지며 또 展望이 良好한 地点의 背後에 位하는 下馬하여 望遠鏡으로써 偵察할지니라

이와 같이 指揮官은 敵과 隣兵의 狀況及地形에 關하여 報告, 諜報 或은 地圖로써 代用하지 못할 것을 展望할 수 있나니 그럼으로 指揮官은 當初에 處置를 適當히 施하고 適時의 決心으로써 敵에 처하여 自己의 利益을 圖謀하고 自軍을 爲하여서는 迂路를 節約하고 또 下級指揮官의 不適當한 決心을 防止할지며 指揮官은 直屬關係가 있는 号令單位의 指揮官을 適時에 前方으로 招致할지니라 (獨国步兵操典)

7. 各指揮官은 서로 連系를 維持하고 特히 所屬上級指揮官及部下直屬의 指揮官에는 確實한 連系를 保持하기 爲하여 (通信)法手段을 盡할지니 距離遠隔한 際에는 電話를 使用함이 最有利하니라

敵情及地形其他 戰鬪經過에 及할만한 事項을 觀察한 時는 速히 報告或은

(27)

通報할지니라

交通連絡은 協同動作을 便히 하고 氣脈의 疏通은 時機를 失하지 아니코 萬般의 處置를 決定하는 것이니 如斯히 有形上은 勿論이어니와 無形의 精神上에 있어도 能히 連系를 保持하며 協同一致로 戰鬪의 大目的에 向하여 一意前進함을 얻을지니라

故로 情況의 許하는 限度에 있어는 各隊는 重複함도 不顧하고 서로 連系의 處置를 講究하며 또는 될수 있는대로 各種의 補助手段을 利用할지니 그럼으로 機械를 使用하는 境遇에 있어는 그 護保에 極히 注意하고 또는 十分 確實히 할지니라

8. 指揮官은 戰鬪開始前에 敵狀及地形에 關한 所要의 搜索을 行하여 戰鬪部署를 決定할지니라

至當한 處置는 至當한 決心으로 生하고 至當한 決心은 그 狀況을 明知함에 있나니 故로 戰鬪를 有利히 實施코자 하면 敵狀及地形을 될수 있는대로 明確히 搜索할지니라

9. 戰鬪를 實行함에 所要의 兵力을 不充分히 逐次로 增加함은 大한 過失이라 이와 같이 不絶히 寡兵으로써 衆兵과 戰하면 그 優勢의 利益을 스스로 放棄함으로 한갓 損害를 受할 뿐 아니라 軍隊의 士氣를 挫折하는 것이니라

(28)

過早히 過大한 兵力을 展開함은 甚히 不利함으로 깊이 이를 戒할 것이나 한갓 이를 愛惜히 여겨 所要의 兵力을 不充分히 逐次增加하여 戰鬪를 實行함은 또한 大過失이라 大概 나의 받는 損害는 大敵의 優勢를 意味하는 것이 됨으로써 劣勢인 兵力을 逐次로 戰線에 增加할지라 損害를 受함에 及하여 다시 一部를 增加하면 이는 不絶히 寡兵으로써 衆兵과 對하여 드디어 優勢를 得할 時機가 없고 恒常 敵의게 壓倒함바 되어 兵力을 消耗한 結果는 한갓 敵의 志氣를 旺盛케 할 뿐 아니라 또한 나의 志氣는 더욱 挫折함에 至하나니라

10. 指揮官은 戰鬪經過中 預備隊의 使用으로 所望의 地点에 決戰을 促하고 또는 戰況의 變化에 應할지라 故로 預備隊使用의 適否는 戰鬪結果에 重大한 關係가 있나니라

一旦 兵力을 分割하야 各一部의 戰鬪를 分擔한 以上에는 그 兵力을 指揮官의 適意에 使用함을 바라지 못할지라 故로 指揮官은 殘存한 預備隊의 使用으로 戰鬪의 重心을 變換케 할지니 다시 말하면 指揮官은 그 預備隊를 使用하여 加動的이든지 受動的이든지 戰鬪를 指導 或은 維繼할지라 그러나 이 預備隊의 使用은 決코 容易한 것이 아니라 戰鬪經過에 從하여 戰況이 크게 變하고 情況은 더욱 不明함으로 이를 過早히 使用하며 或은 好機를 失한 後에 使用하며 或은 無益한 運轉으로 必要의 地点에 遠隔케 하며 或은 이를 使用할지라도 戰況은 이와 如何히 挽回하지 못하게

(29)

되고 空然히 火中에 薪을 投하는 結果에 지내지 못하게 하며 或은 使用의 時機를 失하여 功效를 얻지 못하나니 깊이 注意를 加할 바니라

11. 指揮官은 恒常 地形利用에 注意하여 敵火의 下에 있어 軍隊運動을 이에 適合케 할지라 그러나 此를 爲하여 前進力을 衰退하며 或은 戰鬪動作을 遲緩케 하며 또는 指示한 範圍를 脫逸치 말지니라

地形의 利用은 指揮官의 暫時라도 잊지 못할 바라 대저 無益의 損害를 避함에는 地形을 利用하여 適當히 指導함이 必要하니 地形의 利用이 適宜하면 能히 損害를 避하며 軍隊의 志氣가 沮喪되지 않고 勇敢한 動作을 얻을지라 비록 勇敢한 軍隊일지라도 多大의 損害를 受할 時는 그 志氣의 沮喪을 免치 못할지라 그럼으로 만일 그 方法이 不適한 時는 문득 軍隊의 志氣를 萎縮케 하며 드디어 攻擊精神을 沒却케 할지라 故로 利用의 目的은 果然 어데 있는지 생각하여 適時適應의 方法을 採用할지오 한갓 身体의 安全을 主하여 前進力을 衰退케 하며 或은 運動機를 失하며 戰鬪動作을 遲緩케 하며 或은 自己의 許치 아니하는 範圍를 脫逸함은 不可하니라 如何間 地形利用은 勝利를 得함에 한 補助手段에 不過하나니라

(未完)

Ⅳ. 맺음말

신흥무관학교에서 독립군을 훈련시키기 위한 교범으로서『보병조전』이 활용되었다는 것은 주지의 사실이다. 이『보병조전』의 내용 분석을 통하여 대한제국의 훈련체계도 이해할 수 있을 뿐만 아니라 오늘날 대한민국 국군의 훈련체계에 미친 영향도 확인할 수 있다. 이러한 점은 오늘날 우리 국군이 광복군-독립군-의병을 거슬러 올라가 대한제국군으로 연결되는 정통성을 계승한 '민족군'으로 자부할 수 있는 실증적 근거가 될 수도 있다는 점에서『보병조전』의 가치를 새롭게 해석할 수도 있다. 그러나 이러한 해석을 뒷받침하기 위해서는 무장독립군의 훈련을 위해 당시 신흥무관학교 군사교재로 사용된『보병조전』과 대한제국 무관학교에서 사용하던『보병조전』교재의 내용을 대조 확인하여 독립군 양성을 위한 군사교육의 연계성을 파악하는 것이 필요하다. 마침 신흥무관학교 졸업생을 중심으로 발간한『신흥학우보』원본이 추가적으로 발굴되어 본 연구에서는 우선『신흥학우보』에 실린 제2권 제2호와 제10호의 군사교육 내용을 현대적 군사교리의 관점에서 해석하였다. 향후『신흥학우보』의 추가적인 자료 발굴 노력과 함께 현대적 군사교리의 관점에서 여기에 실린 군사교육 내용과 대한제국군 군사교육에 활용된『보병조전』내용의 연계성뿐만 아니라 당시 일본군과 독일군의 군사교리와의 관련성 등에 대해서도 구명(究明)될 수 있어야 할 것이다.

만주지역 독립군 군사교육 자료의 현대적 해석과 함의

: 『新興學友報』와 『獨立軍 幹部 訓鍊敎本』을 중심으로[1]

Ⅰ. 머리말

만주지역 항일무장투쟁은 독립군의 변천이나 독립전쟁의 양상을 기준하여 3기로 나눌 수 있다. 제1기는 1910년을 전후한 시기로부터 1921년까지로 만주에 한인(韓人) 망명촌의 건설과 더불어 독립군기지를 개척하여 봉오동전투에서 일본군을 격퇴하고 청산리전역을 끝낸 다음에 대한독립군단을 결성하여 러시아로 넘어갔던 시기이다. 제2기는 1921~1933년 사이로 러시아에서 자유시참변을 겪고 다시 만주로 돌아와 독립전선을 개편하여 참의부·정의부·신민부의 3부로 정비하여 민정과 군정의 이원체제로 동포사회를 관할하던 시기이다. 제3기는 1933년부터 1945년까지로 반민생단 투쟁으로 동북인민혁명군과 통일전선을 형성하여 동북항일연군으로 개편하여 공동투쟁을 했으며, 1940년 한국광복군의 창설과 좌우연합, 미국군과 연합작전 등으로 이어져 일제가 패망할 때까지 지속되었던 시기이다. 당시 온 국민은 '독립전쟁론'에 기초하여 모든 분야에서 민족적 역량을 축적하고 무장 세력의 양성과 군비를 갖추면서 독립전쟁의 기회를 기다려야 한다는 전제 아래 독립군기지 건설계획을 수립하게 되었다. 이렇듯 '독립전쟁론'에 의한 독립 운동가들의 대일 전쟁준비 작업은 망명정부인 임시정부의 발족을 촉진하였고 적극적인 항일투쟁론에 입

---

[1] 이 글은 『한국군사학논총』 제6집에 수록된 논문으로 각주는 최소화하였음. 조필군, 「만주지역 독립군 군사교육 자료의 현대적 해석과 함의 : 『신흥학우보』와 『독립군간부훈련교본』을 중심으로」, 『한국군사학논총』 제6집, 2017, 123-156쪽을 참조할 것.

각하여 일본과 싸울 수 있는 무장력을 갖춘 '독립군'이 출현하게 되었다.

일제에 의해 대한제국의 군대가 해산되면서 군인들은 의병과 합세하여 항일독립운동을 전개하였고, 병탄 후 국내의 항일독립운동이 여의치 않게 되자 의병과 당시 '육군무관학교' 출신자들은 해외 특히 만주지역에 독립군기지를 건설하면서 학교를 설립하여 독립군을 양성하였다. 독립군을 양성하는 대표적인 무관학교가 바로 신흥무관학교였다. 그동안 신흥무관학교 및 신흥학우단에 대해서는 신흥무관학교 출신이자 교관이었던 원병상의 수기에 의존하는 경우가 많았다. 그러나 신흥교우단의 기관지였던『신흥교우보(新興校友報)』제2호가 발굴되면서 신흥교우단의 설립시기가 1913년 5월 6일임이 명확해졌고, 그 위치도 유하현 대화사(大花斜)가 아니라 통화현 합니하(哈泥河) '신흥강습소' 내에 있었다는 사실도 밝혀졌다. 편집자는 서울출신의 강일수였는데 그는『신흥학우보(新興學友報)』의 편집인이었다는 사실로 보아 기관지 발행 초기부터 편집자로서의 역할을 담당하였던 것으로 보인다.『신흥교우보』와『신흥학우보』의 체재(體裁)가 대동소이한 것은 편집자가 동일 인물이었다는 점과 논조에서도 큰 차이를 보이고 있지 않다는 점에서 확인할 수 있다.『신흥교우보』는 만주뿐만 아니라 연해주와 미주까지 배송되어 만주에서의 독립운동을 널리 선전함은 물론 신흥무관학교가 민족의 독립을 위한 독립군 양성의 메카라는 점을 간접적으로 홍보하고 있었다.

신흥무관학교에 재직했던 교관 중에는 대한제국 무관학교 및 대한제국군 출신자들이 다수 있었다. 이청천, 김경천 등 일본군 무관출신이 최신 교범과 군용지도 등을 지참하고 교관으로 재직하였으며, 신흥무관학교 졸업생 중 다수가 북로군정서 사관연성소의 교관으로 파견되어 교육을 담당하였다는 점에서 항일무장독립군의 군사교육 및 훈련에 관해서는 신흥무관학교와 북로군정서 등 당시 만주독립군의 군사교육 교범 및 교재의 내용을 통해서 파악할 수 있을 것이다. 이와 함께 대한제국 육군무관학교 군사교육 시 사용된 교범 및 교재와의 관련성과 더불어 일본군 및 독일군 등 당시의 군사교육 교범 및 교재와의 관련성에 대해서도 연계하여 파악되어야 할 것이다. 신흥무관학교의 군사교육과 관련해서 신흥무관학교 졸업생을 중심으로 발간한『신흥학우보』제2권 제2호 발굴에 이어 제10호가 추가 발굴되었다. 이에 따라 제2권 제2호와 제10호 자료를 통해서『신흥학우보』가 신흥무관학교의 군사교육용 교재의 성격을 띠고 있음을 확인할 수 있다.

한편 청산리 전역의 주력부대라고 할 수 있는 북로군정서 독립군은 3·1운동 직후 만주와 노령에서 조직된 독립군 중에서 무기를 가장 풍부히 갖추고 무장이 가장 잘되어 있던 독립군 부대였다. 북로군정서 군사교육 시 사용된 것으로 추정되는 『독립군간부훈련교본(獨立軍幹部訓鍊敎本)』이 최근 발굴되어 '신흥무관학교 100주년 특별전시회'에 소개된 바 있다. 이 자료는 『신흥학우보』에 실린 독립군 군사교육 내용의 연관성뿐만 아니라 1924년 윤기섭의 『보병조전 초안(步兵燥典草案)』과의 상호 관련성을 구명할 수 있는 아주 귀중한 자료라고 할 수 있다. 따라서 독립군기지 건설 시기로부터 청산리 전역을 전후한 시기의 만주지역 독립군의 활동과 독립군의 군사교육 내용에 대해서 본 연구에서는 현재까지 확인된 『신흥학우보』와 『독립군간부훈련교본』 자료에 수록된 전문을 현대적으로 해석하고, 『보병조전』 및 『보병조전 초안』과의 관련성을 고찰함으로써 그 함의를 도출하고자 하였다.

II. 만주지역 독립군의 군사교육과 활동

1. 신흥무관학교 군사교육과 활동

신흥무관학교는 1911년 6월 10일 서간도 유하현 삼원보(三源堡) 추가가(鄒家街) 마을의 한 옥수수 창고에서 '신흥강습소'로 문을 열었다. 초대 교장에는 이동녕, 교감에는 김달, 학감에는 윤기섭이 임명되고 대한제국 무관학교 출신인 김창환, 이장녕, 이관직 등이 군사교육을 맡아 초기부터 무관학교 출신 장교로부터 체계적인 군사훈련을 받을 수 있었다. 독립운동의 요람인 '신흥강습소'는 제 2기지인 통화현 합니하로 이전하여 1913년 이름을 '신흥무관학교'로 개칭하였다. 1913년 봄에 학교가 이전된 뒤 수 만평의 연병장과 수십 간의 내무실 내부 공사는 전부 생도들 손으로 이루어졌고, 생도들 성명이 부착된 총가(銃架)가 별도로 설치되어 있었다. 1911년 추가가의 제1회 졸업생으로부터 합니하를 거쳐 1919년 11월 폐교에 이르기까지 본교 졸업생수는 3,500명에 달한 것으로 추산된디.

대한제국 무관학교 출신 장교들 중 이세영, 이관직, 이장녕, 김창환, 양성환 등은 신흥무관학교 교관으로 재직하면서 무장독립전쟁의 전사들을 양성하였다. 신흥무관학교 졸업생들은 만주지역과 중국 관내에서 항일 독립운동의 중핵이 되었다. 만주지역의 대표적인 무장독립운동 단체인 서로군정서(西路軍政署)의 이상룡, 여준, 이탁, 양규열, 김동삼, 지청천, 신팔균, 김경천 등 간부 대부분이 신흥무관학교 출신이다. 즉 1920년부터의 무장독립투쟁은 신흥무관학교 출신자들에 의해 주도되었으며, 이들은 대부분 의병활동으로 전투경험을 쌓은 대한제국군 장교출신이거나 중국에서 사관교육을 받은 군사경력자들이었다. 이처럼 대한제국 육군무관학교 출신자와 신흥무관학교 출신자들은 청산리 전역에서부터 이후 1920~1930년대 만주지역 항일무장투쟁과 광복군 창설에 이르기까지 무장투쟁의 지도자로 주역을 하였다. 이러한 점에서 독립군의 항일무장투쟁은 대한제국군 출신과 의병전쟁의 전통을 계승한 신흥무관학교 출신자들을 중심으로 독립군과 광복군까지 계승 및 발전되었다고 할 수 있다. 당시 독립군 양성의 대표적인 학교였던 신흥무관학교의 군사교육은 「원병상의 수기」에서 그 내용을 확인할 수 있다. 이에 의하면 신흥무관학교 기본 군사교육은 대한제국 육군무관학교에 준해서 가르쳤다고 볼 수 있으며, 근대적 군사훈련 교본인 육군무관학교의 『보병조전(步兵操典)』을 교재로 활용했음을 알 수 있다.

> 학(學)과로는 주로 보(步)·기(騎)·포(砲)·공(工)·치(輜)의 각 조전(操典)과 내무령·측도학·훈련교범·위수복무령·육군징벌령·육군형법·구급의료·총검술·유술(柔術)·전략·전술·축성학·편제학 등에 중점을 두고 가르쳤다. 술(術)과로는 … 주로 각개교련과 기초훈련을 해 왔다. 야외에서는 이 고지 저 고지에서 가상 적에게 공격전·방어전·도강·상륙작전 등 실전연습을 방불하게 되풀이 하면서 … 체육으로는 엄동설한 야간에 파저강(婆猪江) 70리 강행군을 비롯하여 … 신체단련을 부단히 연마해 왔다.

대한제국 육군무관학교의 학과는 전술학, 군제학, 병기학, 축성학, 지형학, 위생학, 마학, 외국어학 등으로 구성되어 있었으며, 신흥무관학교에서도 '보·기·포·공·치'의 각 조전과 내무령, 측도학, 축성학, 편제학, 훈련교범, 위수복무령, 육군징벌령, 육군형법, 구급의료, 총검술, 유술, 격검, 전술전략 등에 중점을 두고 가르쳤음을 확인 할 수 있다.

2. 북로군정서 군사교육과 활동

북로군정서의 정식 명칭은 대한군정서(大韓軍政署)로서 1911년 대종교 신도들이 조직한 중광단(重光團)에서 출발했다. 중광단은 1919년 서일(徐一)을 단장으로 '대한정의단'으로 개편하고, 1919년 8월에는 그 산하에 독립군 무장단체인 '대한군정부'를 창설하여 김좌진(金佐鎭)을 초빙해 독립군을 양성하였다. 대한군정부도 상해 임시정부에서 '대한군정서'라는 공식 명칭을 받았으나, '서로군정서'에 대비해 '북로군정서(北路軍政署)'라고 칭하였다. 김좌진의 요청에 따라 신흥무관학교에서는 교관 이범석과 졸업생 김훈, 박영희, 오상세, 최해(崔海), 이운강 등을 북로군정서에 파견하였고, 백종렬, 강화린, 이우석 등은 파견 당시 군사학 서적 30여 권을 북로군정서로 운반했다. 북로군정서는 신흥무관학교에서 교관이 파견되자 왕청현 서대파 근거지에 '사관연성소(士官練成所)'를 설립했다. 사관연성소에서 실시한 교육과 군사훈련과정은 신흥무관학교와 거의 같았다. 1920년 9월 사관연성소는 제1회 졸업식을 통해 298명의 졸업생을 배출, 사관연성소 교관과 졸업생을 중심으로 '연성대'를 조직했다. 이 연성대는 북로군정서의 최정예 주력부대로 청산리 독립전쟁에서 맹활약을 펼친다.

북로군정서 사관연성소의 훈련과목은 정신교육, 역사(세계 각국 독립사, 한일관계사), 군사학(러시아사관학교 교재 번역), 술과(兵器操用法, 부대지휘운용법), 규령법(叫令法) 등 이었으며, 훈련은 일본군 인형(人形)에 대한 실탄사격훈련과 쌍방훈련인 대항연습의 조우전을 실시하였고, 북로군정서에는 기관총대가 편성되어 있는 점을 고려할 때 기관총 사격훈련이 있었을 것으로 추정된다. 이러한 사항은 북로군정서 막료였던 이정(李楨)의 「진중일지」 내용을 통해 군사훈련의 수준과 교육과목을 어느 정도 확인할 수 있다. 이상의 내용을 통해 볼 때 신흥무관학교와 북로군정서 독립군 양성을 위한 군사교육은 사격과 소부대 전술훈련을 중심으로 실시되었을 것으로 생각된다.

Ⅲ. 『신흥학우보』와 『독립군간부훈련교본』의 현대적 해석과 함의

1. 『신흥학우보』의 내용 해석

독립기념관에 소장되어 있는 '신흥학우단'의 기관지 『신흥학우보』는 『신흥교우보』가 잡지의 명칭을 변경한 후 발행한 발간물이다. 『신흥학우보』 제2권 제2호는 『신흥교우보』 제2호가 발굴되기 전까지 신흥학우단의 실체를 알 수 있는 유일한 간행물이었다. 『신흥학우보』 제2권 제2호 내용 중 필명 '상무자(尙武子)'가 작성한 '보병전투연구'라는 글은 신흥무관학교의 교련 활동을 염두에 둔 것 같다. 특히 군대의 엄격한 규율과 군기 및 군대 기술을 자세히 설명하고 있어서 신흥무관학교 군사교육용 교재의 성격을 띠고 있다. 또한 『신흥학우보』는 서간도지역 항일 무장 세력에게 독립운동이 지속되고 있음을 알리는 중요한 정보지였다. 2002년 일본에서 수집된 『신흥학우보』 제2권 제10호 학원(學苑)란에는 『신흥학우보』 제2권 제2호 '보병전투연구'라는 제목의 글을 게재한 바 있는 필명 '상무자'의 글이 '보병조전 대조 보병전투연구'라는 제목으로 연재되어 있다. 이 글은 지휘관과 병졸이 전투를 어떻게 해야 하는지 자세하게 설명하고 있는데 이 글 또한 신흥무관학교의 군사교육용 교재의 성격이 강하다. 또한 신흥무관학교의 졸업생들을 중심으로 '신흥학우단'이 1913년 3월 창단된 것으로 알려져 왔으나, 『신흥교우보』 2호를 통해 당초 '신흥교우단'으로 1913년 5월 6일 창단된 사실이 새롭게 밝혀졌다. 1916년 말에서 1917년 초 사이에 '신흥학우단'으로 개명하고 이 무렵 기관지인 『신흥교우보』가 『신흥학우보』로 개명되었다고 본다. 『신흥학우보』 제2권 제2호와 제2권 제10호에 각각 게재한 「보병전투연구」와 '보병조전 대조 보병전투연구' 전문의 원문 자료와 이에 대한 해석 내용은 다음과 같다.

1) 『신흥학우보』 원문 자료

① 제2권 제2호[2]

 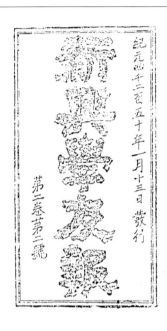

 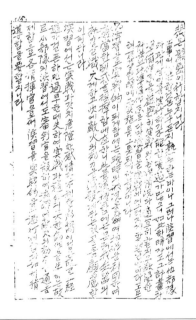

2) 한국독립운동사연구소, '신흥학우보 제2권 제2호'', 『한국독립운동사 연구』 제5집, 1991, 414-488쪽.

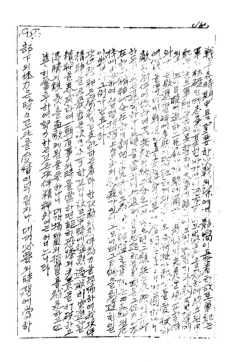
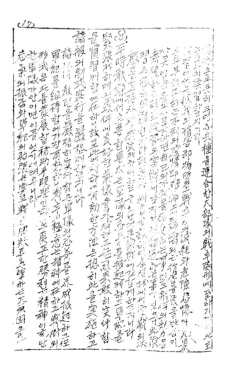
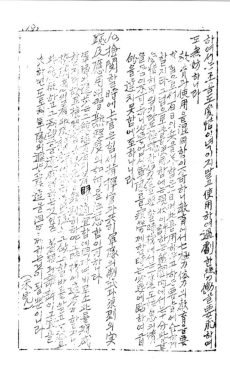

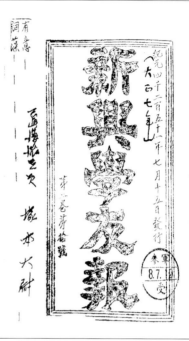

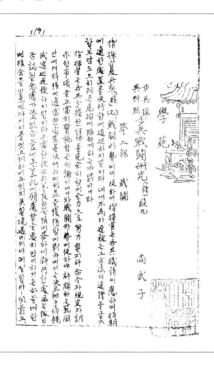

3) 한국독립운동사연구소 편, 『청산리대첩 이우석 수기·신흥무관학교(한국독립운동사자료총서 제33집)』, 역사공간, 2013, 433-443쪽.

2) 『신흥학우보』 제2권 제2호(1917년)에 게재된 "보병전투연구"에 대한 해석내용

(5) 전투연습(演習)은 소수의 병력과 약간의 표기(標旗)로서 적의 선을 표시하고 또 이 가상의 적을 증대하여 후방부대의 위치와 기동을 표시하거나 소수 인원으로 제압할 만한 표적을 사용하여 실제상황에 근접한 적선(敵線)의 상황을 나타내든지 또는 2개 부대의 실제 병력으로 '대항연습'을 행하는 것이다. 소부대에 대해서는 사격 지휘와 총의 사용 방법으로서 목표물의 정황에 따르는 것이 중요하므로 적선의 표시를 이에 맞도록 실제 상황에 근접하도록 해야 한다. 전투연습은 실제상황에 가깝게 할수록 그 가치를 증대하는 것이므로 가상의 적을 두어 그 적정을 변화시켜 아군 지휘에 영향을 미치게 하고, 이에 대한 적절한 조치가 요구되는 연습은 그 가치가 더욱 현저해진다. 그러므로 단순히 가상의 적만을 두는 것뿐만 아니라 적의 병력을 증가하여 적정을 변화시키고 또한 쌍방의 실제 병력과 부대로서 상호 변화하는 적정을 이용하여 여러 가지 다양한 임기응변과 원칙의 응용을 연습하게 하는 것이 요구된다.

(6) 연습을 할 때에 진지(陣地)공사를 실시하기 불가능한 때라도 그 계획과 준비 작업은 엄밀하게 행해야 한다. 진지공사가 필요한 것은 누구든지 익히 알고 있으나 연습에서는 타 부대와 관계상 이를 실행하기 어려운 상황일지라도 그 계획과 준비 작업은 엄밀하게 실제 전투의 제반 정황과 맞게 해야 하며, 산만한 계획과 준비 작업은 연습을 실전에 맞지 않게 할 뿐만 아니라 도리어 유사시 전투의 실시를 잘못되게 한다.

(7) 실전적 연습이 되게 하려면 지형에 따라서 적절한 제식을 채택하는 데 있다. 따라서 이를 선택할 때에는 먼저 아군 병기(兵器)의 효력을 높이고, 적 화력의 효력을 감쇄케 하는 것을 고려하는 것이 좋다. 연습에서는 실전과 같이 위험한 감정과 불리한 영향이 없기 때문에 그 일련의 과정이 자칫 잘못하면 실전과 적합하지 못한 전투 활동을 발생시킬 수 있다. 그러므로 소부대의 연습에서도 심판관을 두어 적시에 적 화력의 효력을 알려주어서 각급 지휘관으로 하여금 연습을 실전적으로 수행할 수 있도록 지도하는 것이 필요하다.

연습을 실전에 가깝도록 하려면 그 시점의 적정에 의거하여 아군의 지휘를 행해야 한다. 좀 더 구체적으로 말하면, 적정에 의하여 적절한 대형을 취하여 적절한 지형을 이용하고, 적의 행동과 유사한 행동에 의해 대응하도록 해야 한다. 따라서 적정의 여부를 불문하고 항상 일정한 형식을 취하는 것은 연습을 연극과 같게 하는 것이므로 교육을 크게 잘못되게 할 수 있다. 적정과 지형을 고려하여 밀집과 산개를 불문하고 최대한 적에게 심대한 손해를 주게 하고 그 다음에 적으로부터 받을 손해를 최소로 줄일 수 있도록 적절한 대형을 선정해야 한다. 종으로 적의 화력을 받음이 적더라도 적에게 손해를 끼칠 일이 적은 대형을 쓰는 것은 어렵다. 예컨대 적 방향으로 내려갈 경사면에서 전투하는 산병은 적 화력의 효력을 적게 하려면 엎드린 자세가 적절하다. 하지만 엎드린 자세가 아군의 사격이 불편할 때에는 적의 화력을 고려하지 말고 구부린 자세나 서서쏴 자세를 행하는 것이 좋다. 또 지형지물을 이용하기 위하여 그 부대의 정면은 적선과 평행되지 않고 비스듬한 방향으로 사격하게 됨에 따라 아군의 사격을 자유로 하지 못하게 되니 차라리 지형지물을 버리고 급하게 적을 사격하는 대형을 취하는 것만 못하다. 또 적 기병(騎兵)의 습격에 대하여 밀집한대로 서서 쏘는 부대는 그 사격은 자유로우나 만약 적의 보병과 포병이 있는 경우는 그 화력을 감쇄하기 위하여 구부린 자세의 횡대를 취하는 것이 유리하므로 이 2가지 요령에 준하여 작게는 1명의 병사의 행동, 소대의 대형으로부터 크게는 각 병종을 연합한 대부대의 전투 대형에 이르기까지 이것을 주된 내용으로 연습을 해야 한다.

연습에서는 피아의 손해 즉 물질적 전투력의 감모와 위험, 참혹한 광경으로부터 생기는 불이익의 감정 즉 정신적 영향과 손해를 받음이 전혀 없으므로 자칫 잘못하면 자기의 불리를 감수하는 일이 없고 사격의 효력을 무시하기 때문에 실전에 맞지 않는 연습은 극히 곤란하다. 따라서 심판관을 배치하여 각 시기마다 실전의 상태를 직접 느낄 수 있게 하여 최대한 실전에 가깝게 해야 한다.

(8) 평시 교육훈련에서 중요한 점은 부대의 사기를 불러일으키게 하고 군기(軍紀)를 긴장케 하며, 보병공격 시에 양호한 기상을 기르게 하여 맹렬하고 과감하게 돌격하는 습관이 몸에 배이도록 하는 데 있다. 따라서 이에 대한 효과적인 방법은 모두가 이를 실시하고 제반 실행을 엄격하게 하는 것이다. 모든 병력이 교육훈련을 엄격히 실행하는 것은 군대의 사기를 기르고 떨치게 하고 또 군기를 유지하는데 가장 유효하기 때문이다. 따라서 전투의 극단적 의지는 정신에 있고 전술의 형식은 이를 발전시킬 보조 수단일 뿐이므로 진정한 승리는 정신이 충만한 군대가 아니면 이를 얻기 어렵다.

사기의 진작여부와 군기의 이완 및 긴장여부는 실제로 전투의 승패를 낳는 가장 큰 원인으로서 매 전투마다 가장 중요한 결전에서 그 영향이 가장 현저하다. 이러한 이유 때문에 군기는 군대의 가장 중요한 기초인데 사기에 기초하지 않으면 안 되며 징벌을 두려워하여 이루어진 군기는 사실상 군기라고 할 수 없다. 따라서 큰일을 당할 경우에는 믿지 못할 것이다. 즉 천둥번개와 같은 큰 위험이 눈앞에 닥쳐 있고, 죽은 시체가 진두에 가득 차 처참한 광경이 속출하거나 패하여 퇴각할 때 갑자기 군기가 해이하게 되는 것이다. 반면 각 장교가 부하를 아끼고 가려 사물을 분별하는 능력을 가질 때 전투상황이 곤란할 지라도 그 신뢰는 더욱 견고해질 것이다. 적의 사격에 의하여 그 병력의 약 3분의 1이 죽으면 잔여 병력은 갑자기 엎드려 숨거나 혹은 퇴각하게 된다. 이러한 때를 당하여 퇴각을 야기하는 원인은 그 체력에 있는 것이 아니고 오로지 정신에 있으므로 훈련이 완전하게 잘되고 사기가 왕성한 부대는 어려운 위기에 처하여 설령 지휘 상에 조금의 잘못이 있어도 오히려 그 목적을 달성한 사례가 전사(戰史)에 그 예가 많다.

공격정신은 승리를 지배하는 것이라서 적의 사격 효력을 두려워하여 아측 공격정신이 방해 받거나 상실되어서는 결코 안 된다. 따라서 평시에 맹렬하고 과감하게 돌진할 정신을 키워야만 유사시를 당하여 능히 공포와 처참한 광경을 극복하고 승리를 가져오는 예리한 기운을 알게 된다. 그러므로 통상 물질적 피해를 감수하고 더욱더 분투하여 노력하는 것은 공격정신밖에 없는 것이다.

(9) 부하의 체력은 때때로 이를 애석하게 여겨야 하지만 대개 필요한 시기에는 조금도 애석하게 여기지 말고 지나친 노동을 요구하여도 무방하다. 교육과 사용을 혼동하는 것은 옳지 않다. 교육에서는 극단적인 체력의 교육을 요구함으로써 오랜 기간 동안 군인을 양성하는 것은 하루에 이를 사용하려고 하는 취지에 부합하게 하려는 것이다. 그러므로 이를 사용할 때에는 현재의 상황이 허용하는 범위 안에서는 충분히 이를 아깝게 여길지라도 최대의 노력이 요구될 때에는 털끝만치의 정을 두는 것은 옳지 않으며, 또한 불필요하게 부대를 지치게 하면 꼭 필요할 때에 그 목적을 달성하지 못하게 된다.

(10) 검열을 할 때에 상관은 힘써서 지휘관과 병사가 함께 부대의 제식과 원칙의 실천 및 응용에 관한 숙달정도 여부에 관심을 기울여야 한다. 군대의 발전은 그 부대 통솔자의 착안이 적절함에 따라 비로소 기간 내에 완성된다. 따라서 검열관은 눈빛을 날카롭게 하여 그 시기에 적응할 수 있도록 해야 한다. 검열관의 착안과 강평에 의하여 부대가 올바르게 가야 할 바를 알게 하고 한 마음 한 뜻으로 이에 복종하고 그 기대하는 바를 달성

하게 하는 것이다. 즉 착안과 강평이 옳음을 잃게 되면 도리어 부대의 발전을 저해하는 것이 될 뿐이다.(未完)』

3) 『신흥학우보』 제2권 제10호(1918년)에 게재된 "보병조전 대조 보병전투연구 / 제2부 전투 : 지휘관과 병졸"에 대한 해석 내용

(2) 전투형세에 따라 지휘관(자)은 각개 병사의 직무에 맞게 적시 적절한 조치를 결정하는데 머뭇거리지 말아야 한다. 대개 망설이고 머뭇거리는 것은 그 방법의 선택이 잘못되는 것보다도 오히려 위태로움에 빠질 수 있기 때문이다.

지휘관(자)은 각 병사에게 분담한 임무를 완수하도록 전력을 다해 노력해야 한다. 명령과 규정 및 훈시한 사항을 정당하게 실시하는 것은 물론이고 전투형세에 따라 허락하는 범위 안에서 적시 적절한 조치를 행함으로써 이익을 얻을 수 있도록 결코 수수방관하거나 우물쭈물하지 말아야 한다. 정당한 이유와 선량한 심정을 기초로 하여 행한 조치는 추후 부인 혹은 염려되는 바가 없으므로 조금도 이를 개의치 말아야 한다. 한번 기회를 잃으면 다시 이를 얻지 못하게 되기 때문이다.

예하 지휘관은 책임을 소중하게 여겨 복종해야 한다. 만일 상급 지휘관의 의지에 따라 행하지 않고 자기 멋대로의 생각으로 결단을 행하거나 혹은 받은 명령을 존중하지 않은 상태로 따르는 경우는 자만심에 끌리는 것과 같은 것이므로 지휘관의 의지를 참으로 그릇되게 해석하거나 잘못 아는 경우이다. 그러나 임무를 부여한 자에게 상황을 충분히 알리기 불가능하거나 급변사태로 인하여 명령대로 실시하기가 불가능함을 인식한 경우 혹은 수령한 명령을 수행하지 못할 경우나 이를 변경하여 실시할 경우에는 그 사유를 상관에게 보고하는 것이 하급자의 의무이다. 그러므로 명령에 복종하지 못한 경우에 명령을 수령한 자는 이에 대해 전적인 책임이 있는 것이다.

책임을 중요하게 생각하고 복종을 존중하는 지휘관은 전투의 결과가 양호하지 못한 때에도 평소와 같이 부대가 사지(死地)에 던져질지라도 지체하지 않는다. 모든 지휘관은 상급 지휘관의 지시를 이행하지 않거나 지체하고 의심하는 것은 방법을 잘못 선택하는 것보다 더 큰 불이익을 일으키는 원인이 된다는 것을 알고 또 이를 부하에게 깊이 마음속으로 새기게 해야 한다.(독일 보병조전)

(3) 전투 간에 각 지휘관(자)은 연계와 질서를 유지하고 또 적절한 협동동작을 마음속에 새겨두어야 한다. 그러므로 상급 지휘관은 예하부대가 벗어나지 않도록 장악하여 감독하고, 예하 지휘관은 명령을 기다리는 것에만 구애되지 말고 적절한 독단행동으로 분담된 임무를 행한 후 빠르게 소속부대에 합류하여 상관의 차후 지시에 적시에 응할 수 있도록 명심해야 한다.

전투의 범위가 점점 넓어지고 전투 상황이 더욱 진전됨에 따라 각 지휘관에게 위임한 독단의 여지도 또한 더욱 커질 것이다. 따라서 각급 지휘관이 유의할 것은 전체의 범위 안에서 자기에게 부여된 특별한 임무에 전념하여 행하도록 힘쓰고 자질구레한 것에 대한 감독은 나중에 하도록 한다. 예하지휘관은 상급지휘관의 의도를 좇아 협동동작에 힘써 결코 자기 멋대로 잘못된 부대 운용에 빠지지 않도록 해야 할 것이다. 이와 같은 범위 내에서 행하는 적절한 독단행동은 전투에 좋은 결과를 만드는 기초이다.

산개(散開) 전투에서 각 지휘관은 특별히 인접부대와 연계하여 서로 기동과 사격에 방해되는 일이 없게 하며 그 중간에 적이 진입하지 못하도록 주의한다. 또 부대의 거리, 간격, 각관의 지휘, 명령하달의 순서 등을 잘 살펴 각 부대의 혼돈이 생기지 않게 하고 또 행진방향을 똑바로 유지하여 각 산병과 부대로써 착오됨이 없도록 주의한다. 기타 상급 지휘관은 예하부대가 어느 곳에 있어서 어떠한 일을 하는지 끊임없이 감시할 것이며 결코 그 위치를 잃지 않도록 해야 한다. 따라서 만일 그 부하가 지휘통제 범위를 벗어날 상황이면 요구사항에 대한 재강조를 통해서 다시 부하를 장악해야 한다. 분담한 임무를 행한 예하 지휘관은 속히 소속부대에 복귀하여 차후 임무에 적절히 응해야 할 것이다. 예를 들어 산병선(散兵線)의 견부능선에 전진하는 지원부대가 측방으로 기습하여 오는 적의 기병에 대하여 정지사격을 한다면 적의 기병을 격퇴한 후에는 명령이 없더라도 속히 산병선에서 계속적인 임무를 수행해야 하는 것이다. 만일 차제에 적의 기병을 격퇴하여 멀리 산병선과 떨어져 증원의 시기를 잃으면 이는 소대장의 큰 과실이므로 적 기병을 퇴각한 공도 또한 크게 감소하게 된다.

대체로 독단전행(獨斷專行)이라고 하는 것은 상관으로부터 일일이 명령을 받지 않았을지라도 스스로 잘 판단하여 상황에 어긋나지 않도록 결행함을 이르는 것으로써 책임이 항상 이에 따르게 되므로 독단전행자의 계급에 따라 그 범위가 넓고 좁을 수 있다. 협동동작은 그 귀착점이 명료할 때 그 실행이 더욱 용이한 것이어서 전투는 홀로 일부 혹은 한 부대의 노력으로는 능히 승리를 얻지 못함이 명백하고 종 방향과 횡 방향으로 유·무형의 연계와 질서에 따라 상호 단결된 노력에 의해서 승리를 얻을 수 있다. 그러므로 협동동작을 확실히 행할 때에는 상급 지휘관은 예하 지휘관에게 그 의도를 알게 하여 돌아올 지점을 알게 하고 위에서 이를 이끄는 동시에 하급자도 또한 아래에서 귀착점에 도달하도록 노력해야 한다. 대체로 정황의 변화는 예측 불가능하고 그 정황에 대응한 조치방법도 적시에 지휘하지 못하는 것이므로 상관은 그 지휘에 힘쓰더라도 하급자에게까지 도달할 때는 그 시기를 놓칠 수도 있다. 그러므로 하급자는 오로지 상관의 명령을 기다리는 것에 구애되어 자기가 받은 임무와 명령을 망각하여 좋은 기회를 놓치지 말아야 한다.

(4) 지휘관은 전투를 지휘함에 있어 부대의 대소, 현재의 상황을 고려하여 확실한 방법으로서 명령을 하달해야 한다. 만약 간단한 구두 명령으로서 부대를 신속히 요구되는 방향 혹은 위치에 이르게 하고 상세한 명령은 다음에 이를 문서로 하달하는 것이 좋다. 교전 중에 있는 부대의 지휘관을 그 부대로부터 멀리 떨어진 위치로 불러서 명령을 부여하는 것은 어떠한 경우에도 이를 피해야 한다.

모든 명령이 합당하더라도 시기를 놓치면 그 효과가 없고 또 유리할 지라도 확실히 이를 분배하지 못하면 결코 성과를 얻지 못할 것이다. 따라서 명령을 내리는 것과 이를 분배하는 방법은 일정한 것이 아니며 어찌하든 확실하고 신속하게 하는데 있으므로 과오가 발생할 염려가 없는 경우에는 신속하게 그 핵심적 내용을 구두 명령 또는 신호 등으로 하는 것도 가능하다. 오로지 확실한 것만을 위주로 하고 시기를 맞추지 못하거나 신속한 것만을 위주로 하여 위험한 분배 방법을 채택하여 사용하는 것 둘 다 옳지 않다. 교전 중에 있는 부대의 지휘관을 멀리 떨어진 위치로 불러서 명령을 하달하는 것은 극히 확실한 것이지만 명령을 수령한 자가 부대에 돌아가기까지 그 시기를 잃게 되어 명령을 실시하기가 불가능하게 된다. 뿐만 아니라 부재중에 발생한 뜻하지 않은 사태에 대응하기 불가능하니 어떤 경우에서든지 이를 피해야 한다. 전투에 관한 일정한 형식은 이를 정하기 어렵기 때문에 전투명령의 문건 또한 어떠한 형식을 사용할 것인지 자유로 할 것이다. 일반적으로 구두명령으로 요구되는 방향에 신속히 부대를 지도함이 필요하며, 간단한 훈령 또한 이에 준해야 한다. 그러나 여단급 부대이상에 대해서는 통상 문서로써 명령을 부여해야 할 것이다.(독일 보병조전)

(5) 명령은 직속계통의 지휘자에게 부여함이 통상적 규칙이나 필요하면 순서를 경유하

지 않고 예하지휘자에게 명령하는 것도 무방하다. 그러한 때에는 속히 이를 중간 지휘관에게 알려야 한다. 질서를 유지함에 지휘의 계통을 통하는 것이 통칙이나 이 방법을 사용하면 시간을 낭비하고 기회를 놓칠 염려가 있는 때에는 반드시 그 순서를 경유하지 않고 곧바로 예하지휘자에게 명령함이 무방하다. 그러나 이러한 경우에는 할 수 있는 대로 빠르게 그 사항을 중간 지휘관에게 직접 명령한 사실을 알려야 한다.

(6) 지휘관(자)은 위치를 잘 선정하는 것이 대단히 중요하다. 적에 근접하여 임의 교전이 예상될 때에 지휘관은 전방에 위치하는 것이 옳다. 이것은 적정과 지형을 직접 눈으로 확인하고 또 초기 단계에서 최초의 부대 전개를 적절히 지휘하며 적시에 결심함으로써 적에 대하여 나의 유리점을 확보할 수 있기 때문이다. 전투지휘관은 적정을 관찰하고 예하부대와 인접부대를 눈으로 직접 확인 가능하고 또 명령, 보고 등이 신속히 전달될 수 있는 점 등을 고려하여 그 위치를 선정해야 한다. 지휘관(자)의 위치는 다음의 제반 사항을 고려해야 한다. 1) 적 발견에 용이하고 또한 교통 연락에 용이할 것 2) 적정과 지형을 알리기 편하고 동시에 아군부대의 지휘와 감시에 편리할 것 3) 명령, 보고, 전달에 편리하고 또한 가장 신속한 조치와 대응이 가능할 것 4) 부분적인 상황과 전체의 상황을 환하게 파악하기에 편리할 것

또 지휘관은 스스로 의표가 되어 부대의 사기를 고취시키는 것이 필요하다. 모든 부대의 지휘관은 냉정·명석의 두뇌를 온전하게 잘 지켜 소란의 와중에 빠지지 않도록 해야 하며 또 자기의 사상(死傷)은 어떻든 부대에 영향을 미친다는 것을 명심해야 한다. 지휘관의 위치 변경은 지속적인 연락에 크게 해가 되므로 이유 없이 이를 시행하는 것은 옳지 않다. 만일 필요에 따라 지휘관이 그 위치를 벗어날 때는 기존 위치에 도착 할 명령과 보고를 속히 새로운 위치에 이르도록 적절한 방법을 세워야 한다. 전진 중 적과 교전이 예상될 때는 지휘관은 할 수 있는 대로 전방에 위치해야 한다. 또 전망이 양호한 지점의 배후에서는 말에서 내려 망원경으로써 정찰해야 한다. 이와 같이 지휘관은 적과 인접 부대의 상황과 지형에 관하여 보고, 상보(詳報) 혹은 지도(地圖)로써 대용하지 못할 수도 있으므로 지휘관은 초기 단계에서 조치를 적절하게 실시하고 적시에 결심하여 적에 대한 자기의 이익을 도모한다. 아군을 위해서는 먼 길을 피하고 또 예하 지휘관의 부적절한 결심을 방지할 것이며, 직속관계가 있는 지휘관(자)을 적시에 전방으로 불러서 직접 명령을 하달한다.(독일 보병조전)

(7) 각 급 지휘관은 서로 연계를 유지하고, 특히 소속 상급지휘관과 예하직속의 지휘관과는 확실한 연계를 유지하기 위하여 필요한 방법과 수단을 구비해야 한다. 멀리 떨어져 있을 때에는 전화를 사용함이 가장 유리하다. 적정과 지형, 기타 전투상황에 영향을 미칠 만한 사항을 관찰한 때에는 이를 빠르게 보고 및 통보해야 한다.

교통연락은 협동동작을 편하게 하고 연락의 소통은 시기를 놓치지 않고 만반의 조치를 결정하는 것이다. 그러므로 유형은 물론 무형의 정신상으로도 능히 연계를 유지함으로써 하나로 협동하여 전투의 궁극적 목적을 달성하기 위해 한마음 한뜻으로 전진함을 얻어야 한다. 따라서 상황이 허용하는 한도에서 각 부대는 중복도 허락되지 않고 서로 연계의 조치를 강구한다. 또한 가능한 각종 보조 수단을 이용함으로써 기계를 사용하는 경우에는 그 보호에 극히 주의하고 최대한 확실히 해야 한다.

(8) 지휘관은 전투개시 전에 적 상황과 지형에 관한 필요한 수색정찰을 행하여 전투부서를 결정해야 한다. 올바른 조치는 올바른 결심에서 나오고, 올바른 결심은 그 상황을 명확하게 아는 데에 있으므로 전투를 유리하게 실시하고자 하면 적의 상황과 지형을 가능한 한 명확하게 수색해야 한다.

(9) 전투를 실행하는데 필요한 병력을 축차적으로 증가투입 하는 것은 매우 잘못된 것이다. 이와 같이 끊임없이 부족한 병력으로서 다수의 적 병력과 싸우게 되면 그 우세의 이익을 스스로 포기하는 것으로 단지 손해를 받을 뿐만 아니라 부대의 의지와 사기를 좌절케 하는 것이다. 너무 성급히 과대한 병력을 전개 시키는 것은 매우 불리하므로 깊이 이를 경계할 것이지만, 이를 너무 안타깝게 여겨 필요한 병력을 부족하게 축차적으로 증가하여 전투를 실행함은 또한 큰 잘못이다. 대체로 내가 받을 손해는 곧 적에게 우세를 의미하게 된다. 그러므로 열세한 병력을 축차로 전선에 증가하여 손해를 받게 되는 상황에 이르러 다시 일부를 증가하면 이는 끊임없이 부족한 병력으로 다수의 적 병력과 대적하게 된다. 따라서 우세를 점하게 될 기회가 없고 항상 적에게 압도당하게 되어 병력을 소모한 결과는 결국 적의 의지를 왕성케 할 뿐이므로 아군의 전투의지와 사기는 더욱 꺾이게 된다.

(10) 지휘관은 전투가 진행되는 중 예비대의 사용으로 원하는 지점에서 결전이 이루어지도록 하고 또한 전황의 변화에 대응해야 한다. 따라서 예비대 사용의 적합 여부는 전투결과에 중대한 관계가 있다. 우선 먼저 병력을 분할하여 각각 부대의 전투를 분담케

한 이상에는 그 병력을 지휘관의 의도에 따라 사용할 수 없기 때문에 지휘관은 남은 예비대의 사용으로 전투의 중심을 변환하도록 해야 한다. 다시 말하면 지휘관은 그 예비대를 사용하여 능동적이던 수동적이든지 전투를 지도하거나 융통성 있게 대처해야 할 것이다. 그러나 이 예비대의 사용은 결코 용이한 것이 아니라 전투경과에 이르러 전황이 크면 전투 전면의 정황은 더욱 불확실하게 된다. 그러므로 이를 성급히 사용하거나 호기를 잃은 후에 사용하거나 혹은 아무런 이익도 없이 움직여 필요한 지점으로부터 멀리 떨어지게 하거나 혹은 이를 사용할지라도 전황을 여하히 벗어나지 못하게 되면 공연히 불 속에 땔감 나무를 더하는 결과이니 사용의 시기를 놓쳐 노력한 효과를 얻지 못할 수 있는 점에 주의해야 한다.

(11) 지휘관은 항상 지형의 이용에 주의하여 적의 화력하에서 부대이동을 이에 적합하게 해야 한다. 그러나 이를 위해 전진 속도를 감소시키거나 혹은 전투행위를 느슨하게 하거나 지시한 범위를 벗어나게 해서는 안 된다. 지형의 이용은 지휘관이 잠시라도 잊어서는 안 될 것이다. 대체로 손해를 피하기 위한 지형의 이용에 대해 적절한 지도가 필요하다. 따라서 지형을 잘 이용하면 능히 손해를 피하여 군대의 사기가 약해지지 않고 용감한 행동을 얻을 수 있다. 비록 용감한 부대 일지라도 큰 피해를 받을 때에는 사기가 약해지는 것을 면하지 못할 것이다. 그러므로 만일 방법이 적합지 않을 때에는 부대의 사기를 위축케 하여 공격정신을 아주 잃게 될 것이다. 따라서 지형에 대한 이용의 목적이 과연 어디에 있는지 생각하여 적시 적절한 방법을 채택하여 사용할 것이다. 단지 신체의 안전을 주로 하여 전진 속도를 감소시키거나 혹은 이동시기를 놓쳐 전투행위를 느슨하게 하거나 허락되지 않은 자신의 범위를 벗어나는 것은 옳지 않다. 지형의 이용은 승리를 얻기 위한 보조수단에 불과하다. (未完)』

2. 『독립군간부훈련교본』의 내용 해석

『독립군간부훈련교본』은 현재 독립기념관에 소장되어 있는 자료로서 12쪽의 일부 내용만 수록되어 있는 상태이다. 겉표지에 "崔海將軍 獨立軍幹部訓鍊敎本"[4]이라고 수기(手記)로 기록한 제목이 있는데, 이것은 자료 보유자 혹은 기증자가 자필로 직접 쓴 것으로 추정되며 최해(崔海, 1895-1948)[5]와 관련된 후손이나 북로군정서 독립군의 후손이 보관해 오다가 기증된 것으로 생각된다. 이 자료에는 전체를 알 수 있는 목차가 없는 관계로 전체 내용을 확인하는데 제한되지만 최해의 독립군 활동행적으로 볼 때 북로군정서의 독립군을 양성하기 위해 사용된 것으로 추정된다. 또한 최해는 신흥무관학교를 졸업한 후 신흥무관학교에서도 교관을 하였기 때문에 이 자료가 신흥무관학교의 군사교육에서도 사용되었을 가능성이 매우 크다고 할 수 있다. 아울러 윤기섭(尹琦燮)도 1920년 이전까지 신흥무관학교에 재직하였기 때문에 임시정부 군무부에서 독립군 군사훈련을 위해『보병조전 초안』을 작성할 때에도 이 자료를 참조했을 것으로 추정된다. 하지만 이에 대한 것 역시 이『독립군간부훈련교본』자료의 추가 발굴과 이 자료의 내용과 상호 비교하여 그 관련성 여부에 대해 확인하는 연구가 요구된다. 이『독립군간부훈련교본』자료 원문과 이에 대한 해석 전문내용은 다음과 같다.

---

4) 이 자료는 민족사바로찾기국민회의,『독립군의 전투』독립운동총서 4(서울 : 민문고, 1995)의 사진자료에도 '독립군간부훈련교본(1920)'으로 명시하여 게재하고 있다.

5) 최해(崔海 : 1895-1948)는 독립운동가로서 1915년 신흥무관학교를 졸업하고 이 학교의 교관을 지냈으며, 박영희, 강화린 등과 함께 북로군정서 사관연성소 교관으로 파견되어 재직 중에 청산리 전투에 참가하였다.

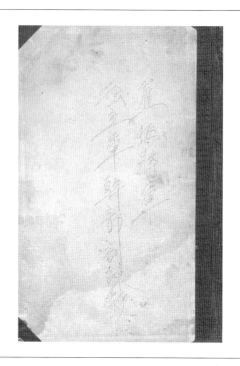

第一編 敎練

綱領

第一 軍은戰鬪를主題로함故로百事가全部戰鬪로써基準으로함 그리戰鬪의一般의目的은敵을壓倒殲滅하고迅速히戰捷을獲得하여야함

第二 戰捷의要点은有形과無形의各種戰鬪要素를集中發揮하여야함 對하야優勢한威力을要点에集中發揮하여야함 訓練을實現의基本覺하며勝을堅固하게하며嚴重하게先覺하야攻擊精神을充溢州하며軍隊의物質的威力을增賀하며先覺하야

第三 戰勝의信念은文德李舜臣等의經歷을말하며以前史를말하며訓示하면서培養指揮하야야充實하게함

第四 軍紀는軍隊의命脈이며生命이니 赫赫한歷史를가지고있으며이로써도不拘하고現下弱衰에沒落한우리는忠國愛民의精神을奮勵하고積極的訓練의精熟한究竟과戰鬪를別히樹野에沒落하여야戰捷의目的을達成하여야함 立場과境遇에逢着하야래도諸種의任務를가지는萬의軍隊라도上下相信하며戰捷의目的을達成하여야함 方針에應達하야戰衆心一致의行動을就하며[貫徹]하야一定한軍紀 그럼으로軍紀의要素는服從하는데에있음 軍의將卒이至誠을로上長에服從하고其命令을確守함을 써第二天性이되도록要望함

第五 種々兵戰은獨斷으로함일이頻多함無이나獨斷時는一 其精神이軍紀에違逆지말고恒常上官의意圖를明察하며 따라서立場과境遇를判斷하야狀況의變化에依하야自體의機宜를制하야 其目的을達成할만한方針과方法을選擇하야야함

第六 軍隊는恒常攻擊精神을充溢하여야함 攻守精神이忠國愛民의氣旺盛하여야함 이오며堅固한軍隊의志氣의表徵이며武德의精華이오며堅固한軍隊先覺하야야것이며戰鬪에致精하고敎練을로써敎先하야다시其數勝戰이되산英精練하여以豊富한軍隊勝戰하야必敷의英勇으로써어든攻守精神 그럼으로勝敗는만다시其數의勝果를得하는수있음 이로써敵을殲滅시기 해고勝果를得하는수있음

第七 協同致는 戰鬪의 目的을 達成하기 爲하야 至極重要하며 任
兵種을 勿論하고 上下를 不問하고 戰鬪의 成果를 獲得할에는 全軍이 一體되는 情勢
로써 비로소 戰鬪의 成果를 獲得할 것을 察하야 各 其職責을 重視하며 全般의 情勢
를 考하야 知力을 即 協同致를 眼으로 하야써 그 協同의 協을 與하며 그리됨에는
諸 兵種의 協同은 兵과 其의 目的의 達成의 眼으로 하야써 그
行하야 本義를 堅함

第八 戰鬪間은 勉近川 複雜 強性 性質을 가지고 資材의 充實
과 補給의 圓滑은 바이라 故로 軍隊는 堅忍不拔히 竟히 困
苦缺乏에 逢着하여도 이것을 참고 難局을 打開하야 戰捷
의 達成만 進하히는 요가 要함

第九 敵의 表意를 未示함은 勝利를 奮하게 妙謀이오 故
라

第十 指揮官은 軍隊指揮의 中樞이오 또 其團結의 核心이니
故로 常部下의 苦樂을 同俱하며 率先窮行하야써 軍隊의 儀
表가 되야써 其의 信을 得하고 電彈雨에 作行함을 敢히하며
男猛沈着하며 部下가 仰信하도록 할지니
不屈하고 屢疑하면 全軍의 危殆에 陷落할 誤謬이오니 指
揮官은 반다시 要心을 戒할것

第十六 步兵은 軍의 主要로써 其本領을 恒常 戰場에서 主로
任務를 다바하고 地形 또는 時機의 如何를 勿論하고 戰鬪

을 實行하야써 最終의 勝을 決定함 그럼으로 敵近接後
戰鬪간은 戰에 行하며 其 特色은 愈愈 顯著하고 其 戰鬪
는 漸漸 慘烈하게됨으로 步는 剛膽하고 耐忍이 强고
富하며 沈着하고 勇敢하야 克하히 突作을 爲하며 百方
의 手段으로 休의 戰鬪에 準備하고 無하야 敵을 挫하고 滅若他 兵種의 協同이 無하더라도 百方
奮戰으로써 最終의 目的을 達成하야 其를 委托을 勿함이가 하며
故로 步兵에게 其業을 時에 戰鬪力을 充實하야 其 實
尊重히하고 彈藥을 節用하며 馬匹을 愛護하기야 精練克

緊要함
第十七 戰鬪에 있어서는 百事를 簡單하게하고 더욱
實하기를 期함

典令을 此趣旨에 基하야 軍隊訓練上 主要한 原則을 淸가 及閑式
을 示하며 其 施行은 諸 制式과 또는 戰에 亘하야 通則과 通則은
紀律을 嚴正히하고 精神이 鞏固하며 團結心을 練成케
하야써 社會 百般의 要求에 應하며
勝利하고 不然이니 屢賤하거니 平素에 있어서 工夫에 研究를
하야 本領의 實動을 發揚하여 世界 强國의 唯一되
함으로써

總則
一 敎練의 目的은 諸 制式과 또는 戰鬪의 諸 法則을 通達시키
며 이것이 運用如何에 依하야 妙運하며
動作의 熟達과 技術의 巧妙는 勿論必要하지만 精神이
充實치 못하면 敎練은 其 眞實한 能率을 發揮하기
難할지로다 平時에 各自의 本分을 自覺하고服 從의 本義를

(우측 상단)

직히며 誠意를 가지고 奮勵하며야 함

第二, 教練의 制式과 法則은 戰鬪의 要求에委하야 訓練의
目的에 應하야 輕重할뿐만 안이라 各制式과 各法
則中에서도 主客의 別이 잇슴으로 教官은 이것을
잘 判別하야서 處理하야야 함

第三, 陸軍에잇서서는 戰鬪의 基礎가 될諸 教練을 平素
步兵砲分隊射擊兵砲小隊에서이것을 完成할을
大隊以上은 主로諸種의 戰況에 適應할바諸種과連合
하야 動作을訓練하고또他種과連合하야 戰鬪하기를
必要動作을 畫間보다도 注意할점이 만흠 夜間

第四, 戰場에잇서서는 非常時에는 夜間行動하는대가 만흠에夜間
行動을 畫間보다도 또한 注意할점이 만흠

(좌측 상단)

더욱 靜肅하고 迅速하게 豫期의 地点에 到着하야 其任務를
達成하야도록 其行動을 熟達하도록 할것

第五, 戰場에잇서서는 航空과地上의 敵에 對하야 我軍의 企圖와行動
을 種方秘密히하며 故로 教練의 實施에依하야 其目的을 達成하
는 基礎을 遮蔽僞裝或은僞行動等의 依하야 其目的을達成하
도록할것

第一章 各個教練

第六, 各個教練의 目的은 諸制式及諸法則을 熟得하야하며 精
神을 鍛鍊하고 紀律을 熟達하야 部隊教練의 確乎
한基礎을 만들어야할것

第七, 教練을 行할時는 各自 其目的과 精神을 理解하며 其要点
을

(우측 하단)

을解得하야 實行時에 實現치못할것이며 故로教練時 形式
에만 取하야結局은 教練으로 正要性이 自然히생김

第九, 不動姿勢는 正要하며 中指를 大腿袴의 縫線을 태여서 달음으로

第一節 徒手執銃

第一項 徒手

不動姿勢

兩踵을一線으로같이 치하고 兩足을 約六十度로 벌이며 兩
膝을꼿꼿하게 結하며 兩肩을 左右로 잿기며 兩臂을 自然히狀態
로正要하며 中指를 大腿袴의 縫線을 태여서 달음으로

(좌측 하단)

第十 休態

休態時는 下記와如히 號令을下함

引엿

머저 左足을 前出하고 左足을 旧所에머두고 左足을 身體의中心에 直
立함

右 休態時라도 諸可없이 私談을禁함

左 半左向 後向

第十一 左向或은半右 左向하는 下記와如한 號令을下함

右向 右 左向 左

半右 左向時는 四十五度 半左向時는 左足에서 左足에서 右左 地線向

第十二 後向時는 下記外와如히 號令을함

에서들이어서 右踵을左踵에 붓이어서 左足이나 半右向時는 右左 地線向

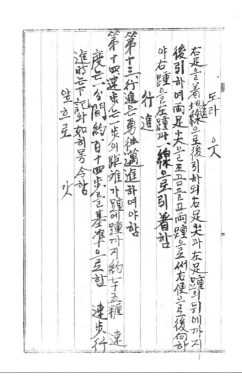

2) 『독립군간부훈련교본』자료의 해석 내용

『제1편 교련(敎練)』[6]

강령(綱領)

제1) 군(軍)은 전투를 주제로 하므로 모든 일은 전부 전투를 그 기준으로 한다. 그리고 전투의 목적은 적을 압도하고 섬멸하여 신속히 전승(戰勝)을 획득하여야 한다.

제2) 전승의 핵심은 유형과 무형의 각종 전투 요소를 종합하여 적보다 우세한 힘을 집중 발휘하는 것이다. 훈련을 실제와 같이 생각하며, 필승의 신념을 굳건히 하고 군기를 엄중하게 생각하여 공격정신이 넘치게 하며, 군대는 물질적 위력을 능가하여 전승을 완전하게 얻도록 해야 한다.

---

[6] '교련(敎鍊)'이 아닌 '교련(敎練)'으로 표기하고 있는데 대한제국 『보병조전』에서 쓰고 있는 용어가 1917-1918년 『신흥학우보』에 게재된 내용에서 뿐만 아니라 1924년 윤기섭의 『보병조전 초안』 자료에서도 동일하게 계속 사용되고 있음을 알 수 있다.

제3) 필승(必勝)의 신념은 을지문덕(乙支文德), 이순신(李舜臣) 등의 역사적 사례를 들어 훈시하여 이를 배양하는데 충실해야 한다. 빛나는 역사를 가지고 있음에도 불구하고 현재 쇠약하여 몰락한 우리는 충국애민의 정신을 연마하고 적극적인 훈련을 끝까지 증대하여 전투가 참혹하고 치열한 극단에 이를지라도 서로 믿고 필승의 확신을 가지고 전승의 목적을 달성하여야 한다.

제4) 군기(軍紀)는 군대의 명령이고 사명이다. 전선에 임하여 어떠한 입장과 경우에 봉착하더라도 여러 종류의 임무를 띤 몇 만의 군대라고 할지라도 위로는 장수부터 아래로 일개 병졸까지 그 맥락이 하나로 일치되어 일정한 방침에 응함으로써 여러 사람의 마음이 마치 한마음 한뜻으로 행동을 취하는 것이 곧 군기라고 할 수 있다. 그러므로 군기의 핵심은 복종하는데 있다. 전군의 장병이 지성(至誠)으로 상관에 복종하고 그 명령을 굳게 지킴으로써 제2의 천성이 되도록 해야 한다.

제5) 보통 병사 개인의 전투는 독단(獨斷)으로 할 일이 흔하지 않으나 독단 시에는 그 정신이 군기를 위반하지 않고 항상 상관의 의도를 명찰하고 입장과 환경을 판단하여 상황의 변화에 따라 스스로 그 목적을 달성할 만한 방침과 방법을 선택하여 시기와 형편에 맞게 해야 한다.

제6) 군대는 항상 공격정신이 넘치고 사기(志氣)가 왕성해야 한다. 공격정신은 충국애민의 지성으로써 발생한 군인정신의 정수이며, 굳건한 군대사기의 표징이며 무징(武徵)이다. 무예를 잘 단련하고 교련을 통해 빛을 발하여 이것으로 전투의 승리를 얻을 수 있다. 그러므로 승패는 반드시 그 병력의 숫자로 결정되지 않고 정밀한 연습을 통해 얻은 공격정신이 풍부한 군대라면 소수의 병력이라 할지라도 다수의 적을 멸하고 훌륭한 승리를 얻을 수 있다.

제7) 협동일치(協同一致)는 전투의 목적을 달성하기 위하여 지극히 중요하다. 어떤 병종과 상하를 불문하고 사력을 다해 함께 하여 전군이 일치됨으로써 비로소 전투의 성과를 획득할 만한 전반의 정세를 고찰하여 각각 그 직책을 중요시한 후 한뜻으로 임무수행에 노력하는 것이 곧 협동일치의 취지를 발휘하는 것이다. 그러므로 제병종의 협동은 보병이 그 목적달성의 주체가 되어 행하는 것을 진정한 뜻으로 한다.

제8) 전투는 근래에 들어서 복잡하고 강인한 성질을 띠고 있으며 또 자재(資材)의 충실과 원활한 보급은 기대를 충족하기 어렵다. 그러므로 군대는 굳게 참고 견디어 물러서지 않으며 극히 괴롭고 부족함에 봉착하여도 이것을 참고 난국을 타개하여 전승하는데 온 힘을 다해 노력할 것이 요구된다.

제9) 적의 의도를 겉으로 드러내게 하는 것은 승리를 뺏어 올 묘책이다. 그러므로 왕성한 계획과 실천의지, 추수(追隨), 창의적인 생각으로 신속하게 기동(機動)함으로써 적에게 대해 주도적인 위치에서 전군이 서로 경계하고 아군의 기도를 극히 은밀하게 하여 매우 빠른 바람과 번개처럼 적에게 대응할 묘책의 강구가 절실히 필요하다.

제10) 지휘관(指揮官)은 군대 지휘의 중심 위치이며, 단결의 핵심이므로 상시 부하와 고락을 함께하며, 부하보다 앞장서서 먼저 행동으로 실천하여 군대의 의표가 되어 존경과 신뢰를 얻고 빗발같이 쏟아지는 총알의 사이를 용맹 침착함으로써 부하가 신뢰하도록 해야 한다. 그렇지 않고 지체하면 전체 부대를 위태로움에 빠지게 할 과오이니 지휘관은 반드시 깊이 경계해야 한다.

제11) 보병(步兵)은 군의 주력부대로서 그 근본적인 특질은 항상 전장에서 주요한 임무를 책임지고 지형 또는 시기를 가리지 않고 전투를 실행하여 최후의 승리를 결정하는 것이다. 그러므로 적과 근접전투 또는 야간전투에서 그 특색은 더욱더 현저하고 그 전투는 점점 참혹하고 치열하게 되므로 보병은 담력이 강하고 잘 참고 견디어 침착하고 용감하며 능히 사격 또는 돌격(突擊)으로서 적을 격파하게 된다. 만약 타 병종의 협동이 없더라도 여러 가지 수단으로 스스로 전투를 준비하고 또 온 힘을 다해 싸움으로써 최종의 목적을 달성하여 그 책임을 묻지 않도록 믿음을 주어야 한다. 그러므로 보병은 평시 그 전투력을 충실하기 위해 병기(兵器)를 귀하게 여기고 탄약을 아껴 사용하며, 마필(馬匹)을 애호하는 것이 긴요하다.

제12) 전투에 있어서는 모든 일을 간단하게 하고 더욱 잘 연습하고 단련하는 데 만전을 기해야 한다. 곡팔령(曲八令)은 이 취지를 기초로 하여 군대의 훈련상 주요한 원칙, 법칙과 제식을 표시하였으니 이것을 어떻게 운용하느냐에 따라 잘 운용하면 승리하고, 그렇지 않으면 패하게 된다. 그러므로 평상시에 공부하고 연구하여 그 본래의 실제적인 효과를 발휘함으로써 유일한 세계강국이 되도록 해야 한다.

총칙(總則)

제1) 교련(敎練)의 목적은 모든 제식과 전투의 제 법칙을 통달시키며 군기를 엄정히 하고 정신이 굳건한 단결심을 익숙하게 함으로써 사회 전반의 요구에 대응하게 한다. 행동의 숙달과 기술의 빼어남은 물론 필요하지만 정신이 충실하지 않은 교련은 그 진실한 능률을 발휘하기 어려우므로 평시에 각자의 본분을 자각하고 복종의 진정한 의미를 지키며, 성의를 가지고 힘써한다.

제2) 교련의 제식과 법칙은 전투의 요구에 따른 훈련의 목적에 상응하도록 그 경중을 달리할 뿐만 아니라 각 제식과 각 법칙 중에서도 상호 주된 부분과 딸린 부분이 있으므로 교관은 이것을 잘 판별하여 처리해야 한다.

제3) 육군은 전투의 기초가 될 모든 교련을 평사(平射) 보병포(步兵砲) 분대와 곡사(曲射) 보병포 소대에서 완성하며 대대 이상은 주로 모든 종류의 전투상황에 적응할 만한 각 부대의 협동동작을 훈련하고 또 다른 병종과 연합하여 전투하는 것을 연습해야 한다.

제4) 전장은 물론 비상시에 야간행동을 하는 때가 많은데 야간행동은 주간보다도 주의할 점이 많으며, 더욱 정숙하고 신속하게 예상되는 지점에 도착하여 그 임무를 달성하도록 그 행동을 숙달해야 한다.

제5) 전장에서 공중과 지상의 적에 대하여 아군의 기도와 행동을 최대한 비밀스럽게 하여 교련의 실시에 따라 차폐(遮蔽)나 위장(僞裝) 혹은 거짓행동 등에 따라 그 목적을 달성하도록 해야 한다.

제1장 각개교련(各個敎練)

통칙(通則)

제6) 각개교련의 목적은 모든 제식과 모든 법칙을 숙달하고 습득하여 정신을 단련하고 기율을 능숙하게 익혀서 부대교련의 기초를 굳게 지킬 수 있도록 해야 한다.

제7) 교련을 할 때는 각자 그 목적과 정신을 이해하며 그 요점을 해득하여 실행시에 실제로 달성할 수 있도록 해야 한다. 그러므로 교련시 형식에만 취하면 결국은 교련도 필요성이 없게 된다.

제1부 도수(徒手)와 집총(執銃)

제1항 도수

제8) 부동자세는 기본자세이므로 평상시부터 굳게 지키려는 정신이 넘치고 외형도 엄
숙 단정해야 한다.

제9) 부동자세를 취하자면 다음과 같이 구령한다.

'차렷'

두 발뒤꿈치를 한 선으로 같게 하고 두 발을 약 60도로 벌리며, 두 무릎을 곧게 펴고
양 어깨를 조금 뒤로 젖히며, 두 팔은 자연스런 태도로 가지런히 드리우고 가운데 손
가락을 대략 바지 재봉선에 대어 턱을 앞으로 당기고 윗머리는 반듯하게 하며 입은
다물고 두 눈은 바르게 뜨고 정면을 똑바로 본다.

제10) 휴식(休息)할 때는 다음과 같이 구령한다.

'쉬엿(쉬어)'

먼저 왼 발을 앞으로 내서 오른 발은 그 자리에다 두고 오른 발을 신체의 중심에 두고
곧바로 선다. 휴식시라도 허가 없이 사담(私談)을 금한다.

제11) 우(좌)향 혹은 '반 우(좌)향' 시는 다음과 같이 '우향우(좌향좌)', '반 우(좌)향 우
(좌)'로 구령한다. 우(좌)향시의 각도는 90도, 반 우(좌)향시는 45도로 하여 좌(우)
향이나 반우(좌)향이나 다 행할 시는 오른발 끝과 왼발 끝을 조금 지선(地線)에
서 들어서 오른 발꿈치를 왼 발꿈치에 붙여서 돌아간다.

제12) 후향(後向)시는 다음과 같이 구령한다.

'도라 읏(뒤로 돌아)'

오른 발을 착지선으로 뒤로 끌되 오른 발끝과 왼 발꿈치의 뒤에까지 뒤로 끌어서 두
발끝을 조금 들고 두 발꿈치로써 오른쪽으로 뒤로 돌아하여 오른 발꿈치를 왼 발꿈치
와 같은 선에다 끌어서 붙인다.

제13) 행진은 힘차게 나서며 앞으로 나아간다.

제14) 속보는 한 걸음의 거리가 발꿈치에서 발꿈치까지 약 75센치, 속도는 1분간 약
114보를 기준으로 한다. 속보 행진 시는 다음과 같이 구령한다.

'앞흐로 갓(앞으로 갓)'

3. 『보병조전』 및 『보병조전 초안』과의 관련성

만주지역에서는 독립군기지를 건설하고 독립군을 양성하기 위해 신흥무관학교를 비롯하여 많은 무관학교들이 세워져 교육을 실시하였다. 이 과정에서 체계적인 군사교육을 위해 군사교범 및 교재가 사용되었다. 이러한 군사교범류의 내용을 해석하여 독립군의 군사교육 및 훈련 내용을 확인하는 것은 매우 중요한 의의가 있다. 대한제국시 군사교육 및 훈련체계를 수립하기 위하여 『전술학교정』, 『병기학교정』 등 다양한 군사교범류가 간행[7]되었으며, 독립군의 교육을 위한 군사자료로는 대한제국의 『보병조전』(1898), 신흥무관학교의 『신흥학우보』 제2권 제2호(1917), 제2권 제10호(1918)에 게재된 자료, 북로군정서의 『독립군간부훈련교본』(1920) 그리고 임시정부 군무부의 『보병조전 초안』(1924) 등이 있다.

현재까지 발굴된 『신흥학우보』의 게재내용은 당시 군사교육 교재의 일부에 해당되며, 『독립군간부훈련교본』 또한 극히 일부 내용만이 남아 있는 상태로써 이 자료만으로 상호 비교하는 것은 매우 제한적이다. 대한제국군과 독립군의 군사교육의 연계성을 확인하기 위해서는 무엇보다도 신흥무관학교에서 독립군 간부 군사교육을 위해 사용되었을 것으로 추정되는 대한제국의 『보병조전』의 활용 여부를 우선 확인해야 할 것이다. 또한 당시 신흥무관학교와 북로군정서 교관 중 다수가 대한제국 육군무관학교 및 대한제국군 출신이었던 점을 고려할 때, 신흥무관학교와 북로군정서 등 만주 독립군의 군사교육에 대해 알아보기 위해서는 대한제국 육군무관학교의 군사교범체계를 종합적으로 분석하는 것이 우선적으로 필요하다고 할 수 있다. 이 중에서 군사교범의 하나인 『보병조전』은 구한말 각종 부대에서 훈련하는데 필요한 군사교리의 기본이 되는 교범이라고 할 수 있으므로 『보병조전』에 대한 심층적 연구가 더욱 중요하다고 할 수 있다.

1898년을 전후한 국내외의 정치상황과 친러 수구파였던 민영기의 행적으로 보아 러시아 교관 귀국시점에서 고종의 지시로 러시아의 군사제도와 교범을 기초로 하여 대한제국 자체의 군사교육을 위해 『보병조전』(1898)을 발간했을 것으로 추정된다. 그러나 당시 일

---

7) 이러한 사실은 광무6년(1902)에 발간된 『전술학교정』의 참고서지를 보면, 프랑스, 독일, 오스트리아, 일본 등의 군사교범류를 수록하고 있다. 당시 일본이 주로 프랑스 군사학을 도입하였으므로 결국 대한제국의 교범류도 대체로 러시아, 프랑스, 독일, 일본 등의 근대적 군사학을 도입하여 편찬된 것으로 보인다.

본의 간섭과 영향을 고려할 때 일본 군사교범의 영향도 컸을 것으로 보인다. 시기적으로 볼 때, 대한제국의『보병조전』(1898)이 발간되기 이전에 편찬된『일본육군조전』(1881)과의 관련성에 대해서도 상호 비교하여 고찰할 필요가 있다.『일본육군조전』은 신사유람단의 한 사람으로 일본육군을 시찰하고 돌아온 홍영식이 제출한 필사본 보고서(6卷4册)로서 규장각에 소장(소장번호 奎3710)되어 있다. 목차를 보면 권1(軍制總論), 권2(步兵操典圖說・圖式), 권3(騎兵操維), 권4(砲兵・工兵・輜重兵의 操典 및 編制), 권5(步兵生兵操典・體操敎練), 권6(騎兵・砲兵生兵敎練) 순이다. 이 중에서 권2와 권5에 대해서는 중점적으로 내용 확인이 필요하다. 시기적으로 이 교범은 대한제국『보병조전』의 발간(1898) 및 수정(1906)시 활용되었을 개연성이 매우 크기 때문에 이에 대한 비교연구가 필요하다. 또한 임시정부 군무부에서 발간한『보병조전 초안』과의 관련성에 대해서도 비교연구가 필요하다. 또한 신흥무관학교와 북로군정서에 이청천, 김경천 등 일본육사 출신의 교관이 있었던 점과 대한제국 육군무관학교 교과목 중 외국어학이 40% 이상으로 다른 군사학 교과목보다 많은 비중을 두고 있었기 때문에 일본과 독일 등 외국군 군사 교리 및 교범의 내용을 반영했을 가능성[8]에 대해서도 추가적인 연구가 필요하다.

한편『보병조전 초안』(1924)은 임시정부의 군사정책을 실현하기 위한 방법의 일환으로 발행된 것으로서 봉오동・청산리 전투 등 독립군들의 실전경험을 반영하여 작성된 군사교범으로 볼 수 있으므로 당시 독립군의 군사훈련과 전술 등을 현대적으로 밝혀 줄 수 있는 귀중한 자료라고 할 수 있다. 이『보병조전 초안』은 대한제국의『보병조전』에 이어 임시정부 산하 육군무관학교 군사간부 양성을 위해 편찬한 군사훈련교범으로서 비록 육군무관학교에서 사용된 바는 없지만 1930년대 독립군 간부양성을 위해 사용되었을 것으로 추정되며, 근대 한국군의 발전과정을 고찰하는데 있어서도 역사적 가치가 있는 소중한 자료이다.

본 연구에서는 독립군 양성을 위해 신흥무관학교와 북로군정서에서 사용되었을 것으로 보이는『신흥학우보』에 게재된 자료와 현재까지 확인된『독립군간부훈련교본』자료 일부를 중심으로 독립군의 군사교육 내용을 현대적 시각에서 해석하였다.『신흥학우보』

---

8) 보병조전이 발간 및 수정되는 시기에 발간된『전술학 교정』(1902년, 광무6년)의 참고서지를 보면 프랑스, 독일, 일본, 오스트리아 등 근대적 전술학을 인용하고 있다는 점에서 보병조전 또한 이와 같았을 것으로 유추할 수 있다.

에 실린 '보병전투연구' 및 '보병조전 대조 보병전투연구'라는 글은 독립군 군사교육 내용을 수록한 것이라고 할 수 있다. 『독립군간부훈련교본』 자료 내용이 극히 일부분만 보존되어 있어서 이 자료의 내용만으로는 『보병조전』과 『보병조전 초안』(1924)과의 연계성을 비교하는 데는 많은 제약이 있다. 하지만 『독립군간부훈련교본』의 '강령'과 『보병조전 초안』 '강령'을 상호 비교해 볼 때 많은 부분에서 관련성을 확인할 수 있다. 또한 '각개교련'에 관한 내용도 『독립군간부훈련교본』 자료에는 도수교련 부분의 일부만이 수록되어 있어서 상호 대조하여 비교하기에는 불충분하다. 하지만 『보병조전 초안』 내용의 많은 부분이 대한제국의 『보병조전』을 준용하여 작성된 점으로 비추어 볼 때, 시기적으로 보아 『독립군간부훈련교본』도 이 『보병조전』을 토대로 작성되었을 것으로 추정된다. 이런 점을 종합해 볼 때 임시정부의 『보병조전 초안』은 대한제국 『보병조전』과 북로군정서의 『독립군간부훈련교본』을 참고했을 것이라는 점을 충분히 시사하고 있다.

이상에서 살펴본 바와 같이 『독립군간부훈련교본』과 『보병조전 초안』 내용의 유사성을 고려할 때, 1924년 『보병조전 초안』 발간 시 『보병조전』의 내용을 위주로 하여 『독립군간부훈련교본』의 내용을 참작하고 여기에 기타 외국 교범 내용을 추가하여 작성하였을 것으로 생각된다. 이처럼 『신흥학우보』와 『독립군간부훈련교본』은 대한제국의 『보병조전』과 임시정부의 『보병조전 초안』과 많은 부분에서 관련성을 지니고 있어서 향후 이 부분에 대해서는 대한제국 『보병조전』과 임시정부의 『보병조전 초안』과의 상호 관련성 및 그 연계성에 관한 비교연구가 필요하다. 따라서 『보병조전』, 『신흥학우보』, 『독립군간부훈련교본』, 『보병조전 초안』 그리고 대한민국 정부수립 직후의 국군 초기에 사용된 군사교범[9]과 현재 사용 중인 군의 군사교범과의 연관성 등에 대해 상호 대조하여 비교하는 연구가 필요하다. 이를 통해 오늘날 대한민국 국군의 군사교육 및 훈련체계에 미친 영향도 확인할 수 있을 것이며, 우리 국군이 광복군-독립군-의병을 거슬러 올라가 대한제국군으로 연결되는 '민족의 군대'로서의 정통성 계승을 밝히는 실증적 근거를 제시할 수 있을 것이다. 이를 통해 독립군 군사교육 자료의 가치를 새롭게 인식하는 계기가 마련될 것이다.

---

[9] 비교연구할 군사교범은 당시 육군본부에서 발간한 『연대전투교범』(1949)(소장번호 077051-000)과 『소총중대전투교범』(1951)(소장번호 056212-000)이 현재 전쟁기념관에 소장 중이다.

Ⅳ. 맺음말

신흥무관학교에서 독립군을 훈련시키기 위한 군사교범으로서 대한제국의 『보병조전』
이 활용되었을 것이라고 추정은 하지만 명확한 근거자료는 아직 제시된 바가 없다. 이를
뒷받침하기 위해서는 독립군의 훈련을 위해 당시 신흥무관학교 교재로 사용되었을 것으
로 여겨지는 『보병조전』 자료의 발굴이 요망된다. 이를 토대로 대한제국 무관학교에서
사용하던 『보병조전』과 교범내용을 대조 확인하여 군사교육의 연계성을 파악하는 것이
필요하다. 이러한 시점에서 신흥무관학교와 북로군정서 독립군 군사교육자료가 발굴됨
에 따라 본 연구에서는 만주지역 독립군기지 건설 시기로부터 청산리 전역까지 독립군의
활동과 독립군의 군사교육에 대해 『신흥학우보』 제2권 제2호 및 제10호와 『독립군간부훈
련교본』 자료에 게재된 내용을 중심으로 현대적 관점에서 해석하고 『보병조전』과 『보병
조전 초안』과의 관련성 및 함의를 고찰하였다. 그러나 현재까지 발굴된 『신흥학우보』와
『독립군간부훈련교본』은 전체 자료 중 일부의 해당되는 것으로 이 자료의 내용만으로는
만주 독립군의 군사교육 내용을 충분하게 파악하기에는 매우 제한적이라고 할 수 있다.
따라서 향후에는 『신흥학우보』와 『독립군간부훈련교본』의 추가적인 자료의 발굴 노력과
함께 이 자료에 실린 군사교육 내용에 대해 대한제국군 『보병조전』과 임시정부 『보병조
전 초안』 내용과의 관련성을 확인하는 심층적인 비교연구가 필요하다. 아울러 현대적 군
사교리의 관점에서 창군 초기의 국군 교범과 오늘날 국군에서 사용하는 교범과의 비교연
구도 필요하다. 이와 같은 연속적인 일련의 연구를 통해서 대한제국 『보병조전』으로부터
『신흥학우보』, 『독립군간부훈련교본』, 『보병조전 초안』까지 군사교육 내용의 연계성뿐만
아니라 당시 일본군과 독일군 등 외국군의 군사교리와의 관련성 등에 대해서도 구명(究
明)될 수 있을 것이다.

항일무장독립군 군사교범『步兵操典草案』의 현대적 해석과 군사사학적 함의 : 『보병조전』과 『보병조전 초안』의 비교를 중심으로[1]

Ⅰ. 머리말

만주지역에서는 독립군기지를 건설하고 독립군을 양성하기 위해 신흥무관학교를 비롯하여 많은 무관학교들이 세워져 교육을 실시하였다. 이 과정에서 체계적인 군사교육을 위해 군사교범 및 교재가 사용되었으며, 대한제국에서도 대한제국군을 훈련시키기 위해 『보병조전』 등 다양한 군사교범류가 간행되었다. 이와 같이 독립군의 군사훈련을 위해 사용된 자료로는 대한제국의 『보병조전』, 신흥무관학교의 『신흥학우보』 제2권 제2호 및 제2권 제10호에 게재된 자료, 북로군정서의 『독립군간부훈련교본』 그리고 임시정부 군무부의 『보병조전 초안』 등이 있다. 이러한 군사교범류의 내용을 해석하고 비교하여 독립군의 군사훈련 내용을 확인하는 것은 중요한 의미를 지닌다고 할 수가 있다.

임시정부에서 발행한 『보병조전 초안』은 그동안 잘 알려지지 않았다. 1993년에 '구한말에서 일제시기 희귀도서전'에서 처음 그 존재가 알려졌지만 큰 주목은 받지 못하였다. 이후 윤기섭의 딸 윤경자의 기고문과 경매 사이트에 올라온 『보병조전 초안』 관련 기사를 통해 연구자들에게 조금씩 인식되기 시작되어 윤기섭을 주제로 한 연구에서 단편적으로

---

1) 이 글은 『한국군사학논총』 제7집 제2권(통권 제14호)에 수록된 논문으로 각주를 최소화하였음. 조필군, 「항일무장독립군 군사교범 『보병조전 초안』의 현대적 해석과 군사사학적 함의 : 『보병조전』과 『보병조전 초안』의 비교를 중심으로」, 『한국군사학논총』 제7집 제2권(통권 제14호), 2018, 185-215쪽을 참조할 것.

언급되었으며,『보병조전 초안』을 소개하는 글이 나오기도 했다. 지금까지 항일무장독립군을 양성하기 위해 사용된 군사교범에 관한 선행연구결과물을 살펴보면, 김원권은 대한제국『보병조전』전체에 대해 해석을 하였고 대한제국의 군사제도와 무관양성에 관해서는 차문섭, 임재찬, 서인한 등의 연구가 있으나 이는 주로 군사제도에 중점을 두고 있는 연구라고 할 수 있다. 그 이후 최근에 들어 군사교범에 관한 연구가 이루어졌는데, 한시준은 임시정부에서 발간한『보병조전 초안』의 발간 사실과 목차의 구성 등 군사교범의 존재 사실과 자료의 가치에 대한 연구를 하였으며, 김민호는『보병조전 초안』의 체재와 특성을 중심으로 연구를 하였다. 하지만『보병조전 초안』전체의 내용을 해석하거나 다른 교범과의 연관성에 대해 비교 분석을 한 연구는 현재까지 거의 없는 실정이며, 이와 관련한 연구로는 항일무장독립군의 군사훈련에 사용되었던 군사자료를 해석하고 비교하는 조필군의 논문이 유일하다. 그러나『보병조전 초안』교범 전체에 대한 내용을 해석하거나『보병조전 초안』과 독립군들이 사용한 다른 군사교범류와의 연관성에 대해 연구한 결과는 아직까지 없었다. 이런 점에서『보병조전』과『보병조전 초안』의 내용을 전체적으로 해석한 후 두 교범에 수록된 구체적 내용을 비교하여 연구하는 것은 뜻깊은 의미를 가지고 있다.

　본 연구는 이점에 착안하여『신흥학우보』에 실린 군사교육자료의 내용으로부터『독립군간부훈련교본』자료의 내용과『일본육군조전』의 해석 내용을 토대로 하여 주로 대한제국군의『보병조전』과 임시정부 군무부에서 발간된『보병조전 초안』의 내용의 연관성을 비교하는 연구를 하였고, 아울러『보병조전 초안』과 다른 군사교범류와의 상호 관련성에 대해서도 비교하여 고찰함으로써『보병조전 초안』의 사료적 가치와 군사사학적 함의를 도출하였다. 본 연구는 대한제국을 전후한 시기로부터 임시정부에서 무관학교를 설치한 시기까지를 연구범위로 정하고, 이 기간 중에 발간된『일본육군조전』으로부터『보병조전』,『군인수지』,『신흥학우보』,『독립군간부훈련교본』그리고『보병조전 초안』등 군사교범을 대상으로 하였다.

Ⅱ. 『보병조전』과 『보병조전 초안』의 발간 배경 및 경위

1. 『보병조전』

조선정부는 1881년 4월 교련병대(敎鍊兵隊 : 일명 別技軍, 倭別技)를 설치하고, 일본공사관의 호리모토(堀本禮造) 소위를 군사교관으로 채용하여 신식군사훈련을 실시하였으나 1882년 6월 임오군란으로 인해 해체되었으며, 임오군란이후에는 청국식 군제에 따라 훈련을 실시하였다. 또한 1887년 12월에는 '연무공원(鍊武公院)'을 설치하여 미국식 군사훈련을 실시하는 등 신식군제를 도입하여 조선의 구식군제를 개혁하려는 노력을 기울였다. 그 후 군제개혁은 1895년 '을미개혁'을 통해 일본인 교관으로부터 훈련을 받은 친일적 성향의 '훈련대'가 1895년 1월 설치되었으나, 을미사변에 연루되어 동년 9월에 폐지되었다. 1896년 아관망명(俄館亡命) 후 대한제국이 성립되기 직전 조선정부가 러시아 측에 군사교관의 파견을 요청하여 러시아가 1896년 10월 푸차타(Putiata)대령 외 장교 4명과 10명의 하사관 군사교관을 파견하여 러시아식 군사훈련을 실시하였다. 러시아식 군제는 군사훈련에만 도입된 것이 아니라 군인들의 내무생활에 이르기까지 매우 폭넓게 침투하였다고 할 수 있으므로 아관망명을 전후하여 조선의 군세와 교육제도가 일본식에서 러시아식으로 바뀌면서 이 때 군사교범의 발간에도 영향을 받았을 것으로 보인다.

1897년 10월 대한제국을 선포한 이후 고종은 대한제국군의 훈련에 대해 대한제국의 장령들이 훈련을 전담하여 분발할 것을 요지로 하는 조칙을 광무2년 3월 24일에 하달하였다. 또한 유명무실하던 대한제국 '육군무관학교'를 1898년 5월 14일에 관제를 개정한 다음 7월에 새롭게 출범시켰다. 당시 궁내부 특진관(特進官) 민영준은 외국 군사교관에 의한 대한제국군 훈련을 반대하는 상소를 통해 자체적인 훈련교범 편찬의 중요성을 강조하였다. 이처럼 1898년 3월에 러시아 교관들이 해임되어 본국으로 소환된 사실과 러시아 교관들을 대신하여 대한제국 장령들이 교관이 되어 군사훈련을 실시하게 됨에 따라 훈련의 표준이 될 만한 군사교범을 편찬하는 작업이 필요하게 되었던 것이다. 그 결과로 광무2년 6월 25일에 간행된 것이 바로 『보병조전』이다. 이 『보병조전』은 민영기가 발간한 군사교범으로 이후 개정판은 광무10년(1906년)에 발간되었고, 고종황제가 내린 조서(詔書)

에 의하면 광무10년 8월 의정부참정대신육군부장 박제순의 명의로 되어있다. 이『보병조전』의 내용을 통해 대한제국 당시의 군사훈련체계를 이해할 수 있으며,『신흥학우보』에 게재된 군사교육 자료와 북로군정서 독립군 교육에 사용된 것으로 보이는『독립군간부 훈련교본』과 임시정부 군무부에서 발간한『보병조전 초안』에 어떠한 영향을 미쳤는가를 확인하고 그 관련성을 비교하는 것은 매우 의미가 크다고 할 수 있다.

2.『보병조전 초안』

『보병조전 초안』[2]은 대한민국임시정부 군무부에서 편찬·발행한 군사훈련 교범이다. 이 책은 임시정부 군사정책의 일환으로 만들어져 독립군의 군사훈련 내용과 수준을 알 수 있는 자료이다. 1919년 4월 11일 수립된 상해 임시정부는 동년 11월 5일「대한민국임시관제」를 발표하여 임시정부의 군사정책을 수립하고 이와 관련된 사무를 처리하기 위해 군무부를 설치하였다. 또한 임시정부는 1919년 12월 18일 군무부령 제1호로 '대한민국 육군임시군제·대한민국육군임시군구제·임시육군무관학교조례' 등을 발표하였다. 임시정부 군무부에서는 독립군을 체계적이고 효율적으로 군사훈련을 실시하기 위한 근대적 군사교범이 필요하였다. 이러한 군사교범 발간을 위해 임시정부에서는 1920년 10월 8일 교령 제11호로 '군무부임시편집위원부규정'을 제정하였다. 이 교령 제11호에 의거하여 군무부 산하에 '군무부임시편집위원부'가 설치되어 위원장 1인과 약간의 위원으로 구성되었다. 이 '군무부 임시편집위원부 규정'은 1922년 2월 3일에 교령 제3호로 개정되어 편집위원부의 구성면에서 부위원장 1명을 추가하고, 위원을 약간 명에서 5명으로 구체화하였다.

임시정부 군무부 산하에 설치되었던 임시 육군무관학교는 당시 신흥무관학교에서 교감을 지냈던 윤기섭이 상해에 도착하였을 때에는 제 1기생 훈련이 실시되고 있었다. 그러나 훈련을 위한 군사교범이 제대로 갖추어지지 않았던 것 같다. 이를 마련하기 위해

---

2) 교범의 제목을『步兵操典草案』으로 한 점에 대해서도 살펴보면, 윤기섭의 명의로 된 교범의 첫 페이지에서 밝힌 것처럼 완성본을 내기 전의 초안 형태란 의미로 해석되지만, 당시 발간된 일본 군사교범의 명칭이『보병조전 초안』(1920)이었으며, 이를 개정한 교범도『보병조전 초안』(1923)이었다. 그후 보완된 1928년 교범에 대해『步兵操典』이라는 명칭을 사용하고 있다. 윤기섭이『步兵操典草案』(1924)을 작성한 시점을 놓고 볼 때, 일본교범을 참조하면서 당시 발간한 일본의 교범 명칭이『보병조전 초안』이라는 점도 고려하여 책의 제목을 결정했을 것으로 보인다.

군무부에 임시편집위원회를 설립하고 윤기섭에게 그 책임을 맡겼던 것으로 생각된다. 그래서 발간된 것이 바로 이『보병조전 초안』이다.

Ⅲ.『보병조전』과『보병조전 초안』의 체재(體裁) 비교

1.『보병조전』

1) 목차의 구성

『보병조전』[3]은 총 361개 항목으로 총칙 8개 항목, 제1부 '기본교련' 214개 항목, 제2부 '전투' 125개 항목, 그리고 부록 14개 항목으로 구성되어 있다. 제1부 '기본교련' 부분은 전체 분량의 59.28%로 '전투'의 34.63%에 비해 매우 큰 비중을 차지하고 있는데 이런 점에서 대한제국기의『보병조전』은 전투교범이기보다는 병사들의 기본 제식훈련에 중점을 둔 교범이었다고 할 수 있다. 제2부 '전투'는 전체 332쪽(총칙과 부록 포함)의 분량 중 126쪽 분량으로 전체의 38% 분량에 해당한다. 여기에서는 해당 제대별 전투요령보다도 전투의 일반원칙에 중점을 두고 설명하고 있다.

2) 주요 내용

〈표 1〉과 〈표 3〉에서 보듯이 제1부 기본교련의 전체항목과 각 장별 항목의 비율을 볼 때 중대 이하 교련이 전체의 85%를 차지하고 있으며, 이 중에서 소대교련이 차지하는 비율이 34.11%로 가장 크다. 소대훈련에서 가장 큰 비중을 차지하는 것은 밀집대차(63.2%)이며, 중대교련에서도 밀집대차의 비중은 32개 항목으로 82%에 이른다. 또한 산개대차는 중대 및 소대교련에서 집중적으로 설명하고 있으며, 대대이상에서는 언급이 없는 점을 볼 때 대한제국군은 소대를 전술의 기본단위로 하였음을 보여주고 있다. 제1장 각개교련

---

3) 본 연구에서 참조한 것은 1906년 개정판『보병조전』이며, 1898년 발간한『보병조전』은 현재 한국정신문화연구원에 소장(장서번호 015015) 중임.

은 총 59개 항으로 구성하고 있으며, 총칙에서 '각개교련은 부대교련의 기초'로서 그 중요성을 강조하고 있다. 이중 도수교련은 18개 항으로, 집총교련은 25개 항으로 구성하고 있으며, 사용되고 있는 용어가 오늘날 국군의 교범에도 사용되고 있다는 것을 발견할 수 있다. 산병교련은 15개 항으로 구성하여 집총훈련을 숙달한 후에 실시하도록 하고 있다.

〈표 1〉 제1부 '기본교련'의 항목구성 비율

구분	항수(%)	쪽수(%)
계	214(100)	189(100)
제 1 장 각개교련	59(27.57)	50(26.46)
제 2 장 소대교련	73(34.11)	57(30.16)
제 3 장 중대교련	50(23.37)	39(20.63)
제 4 장 대대교련	22(10.28)	31(16.40)
제 5 장 연대교련	6(2.80)	8(4.23)
제 6 장 여단교련	4(1.87)	4(2.12)

제2장 소대교련은 73개 항으로 구성하고 총칙, 밀집대차, 산개대차 등에 대해 기술하고 있는데, 소대교련은 중대교련의 일부로 훈련하도록 요구하고 있다. 밀집대차는 소대훈련에서 가장 큰 비중(63%)을 차지하는 것으로 59개 항목, 분량 상으로 36쪽으로 구성하고 있으며, 산개대차는 21개 항목으로 구성하고 있다. 제3장 중대교련은 총 50개 항목으로 소대교련과 마찬가지로 밀집대차와 산개대차로 구성하고 있다. 중대교련에서도 밀집대차는 40개 항목으로서 높은 비중(80%)을 차지하고 있다는 점에서 대한제국의 부대편성은 중대를 중심으로 하고 있다는 것을 시사하고 있다. 제4장 대대교련은 22개 항으로 그 비중이 낮으며, 대형과 대형 간의 이동을 주로 다루고 있다. 제5장 연대교련과 제6장 여단교련은 예하 제대별 정렬방법과 전투전개에서의 운용방법에 대해 설명하고 있다.

〈표 2〉 제2부 '전투'의 항목구성 비율

구분	항수(%)	쪽수(%)
계	125(100)	126(100)
제 1 장 일반원칙	87(69.6)	83(65.9)
제 2 장 부대전투	29(23.2)	36(28.6)
제 3 장 결 론	9(7.2)	7(5.5)

〈표 2〉와 〈표 3〉에서 보듯이 제2부 '전투'에서는 제1장 '일반원칙'을 87개 항으로 구성하여 제2부 전체의 66%에 해당되는 분량을 차지하고 있으며, 전투의 일반원칙에 중점을 두고 설명하고 있다. 특히 산개대차는 제2부 126쪽 중 71쪽에 달하고 있어 산병선에서의 전술적인 전투 활동을 비중(56.3%)있게 다루고 있다. 제2장 '부대전투'에서는 중대전투·대대전투·연대전투·여단전투 등에 대해 29개 항목으로 구성하여 각 제대의 지휘관의 임무와 역할에 대해 기술하고 있다.

이상에서 살펴 본 바와 같이 제1부 '기본교련'에서는 제식훈련을 위주로 기술하고 있으며, 소대교련과 중대교련은 내용상으로 볼 때 현 국군의 군사교범과 커다란 차이가 없다. 반면에 제2부 '전투' 부분은 전술 및 무기 등의 변화 등으로 내용상 현재와는 많은 차이가 있음을 알 수 있다.

2. 『보병조전 초안』

1) 목차의 구성

『보병조전 초안』은 강령, 제1·2·3부, 부록 등 373개 항목, 257쪽으로 구성되었다. 강령에서는 보병의 중요성과 『보병조전 초안』의 전체적인 서술방향에 대해 기술하고 있다. 제1부 '교련'에서는 각개교련에서부터 여단교련에 이르는 전술의 기본개념과 제식훈련을 다루고 있으며, 제2부 '전투원칙'에서는 여러 상황에 따른 각종 전술운용과 다른 병과와의 합동전술을 다루고 있다. 제3부에서는 군인이 갖추어야 할 예의와 군도와 나팔의 사용법을 기술하고 있다.

---

4) 이 목차는 광무10년(1906년)에 개정된 『보병조전』 원본에 의거하여 작성한 것이며, 대한제국 광무2년에 발간(1898.6.25. 민영기)된 『보병조전』의 목차 일람표와 비교할 때 다소 차이가 있다.

<表 1> 제1부(교련)의 구성 비율

구분	항수(%)	쪽수(%)
계	254(100)	128(100)
총칙	15(5.91)	5(3.91)
제 1 장 각개교련	51(20.08)	31(24.22)
제 2 장 중대교련	130(51.18)	63(49.22)
제 3 장 대대교련	38(14.96)	21(16.40)
제 4 장 연대교련	12(4.72)	5(3.91)
제 5 장 여단교련	8(3.15)	3(2.34)

제2부 '전투의 원칙'은 9개의 장, 112개의 항, 61쪽으로 구성되어 전투의 일반적 요령으로부터 공격과 방어, 추격·퇴각·야전·지구전·산지전·하천전·산림전·주민전 그리고 다른 병과와의 합동전술 등 각종 상황에 따른 전투요령과 방법을 기술하고 있는데, 제1부 '교련'보다는 분량은 적지만 내용면에서 오히려 의미가 크다고 할 수 있다. 이 점이 대한제국의『보병조전』과 비교가 되는 차이점이라고 할 수 있다. 이 부분의 내용은『일본육군조전』의 내용과 유사함을 확인할 수 있으며, 또한 '독일보병조전'을 번역한 것으로 명기되어 있는『신흥학우보』제2권 제10호의 게재 내용인 '보병조전 대조 보병전투 연구(역) 제2부 지휘관과 병졸'의 내용을 비교할 때 유사점이 여러 곳에서 발견된다. 이런 점에서 볼 때『보병조전 초안』작성 당시에도 기존의 여러 군사교범을 참작하여 추가한 것으로 생각된다.

<표 2> 제2부(전투의 원칙)의 구성 비율

구 분	항수(%)	쪽수(%)
계	112(100)	61(100)
제 1 장 싸움 일반의 요령	24(21.42)	11(18.03)
제 2 장 치기(攻擊)	29(25.89)	17(27.87)
제 3 장 막기(防禦)	20(17.86)	8(13.11)
제 4 장 추격, 퇴각	8(7.14)	5(8.20)
제 5 장 밤싸움(夜戰)	8(7.14)	5(8.20)
제 6 장 버팀싸움(持久戰)	4(3.57)	2(3.28)
제 7 장 산싸움, 강내싸움	7(6.25)	6(9.83)
제 8 장 숲싸움, 마을싸움	7(6.25)	4(6.56)
제 9 장 다른 병종에 대한 보병의 동작	5(4.46)	3(4.92)

제3부 '경례와 관병의 법식'과 '군도와 나팔의 다룸'은 20개의 항으로 구성되어 있다. 여기에는 '경례법', '관병식', '보병의 호령 모음', '대대와 연대의 전술 전개' 등이 기술되어 있다. 부록은 55쪽의 분량으로 구성되어 있으며, 글자 읽는 법, 보병의 호령요령, 대대 및 연대의 전개 사례, 보병총과 탄약, 총검 군도 및 나팔 등 기구의 명칭, 수기신호법 등을 상세하게 설명하고 있는데 이 점도 다른 교범들과 차이가 나는 부분이다.

이상에 살펴 본 바와 같이 『보병조전 초안』의 목차 구성과 항목 수의 비율로만 보면 교범의 비중이 '교련'에 있다고 생각할 수 있지만, 다양한 실전 상황에 대비한 여러 가지 전투 형태에 따라 전투의 원칙을 기술하고 있다는 점에서 『일본육군조전』과 대한제국의 『보병조전』 등 기존의 교범들과 차이점을 보이고 있다.

전투 형태에 따라 전투의 원칙을 기술하고 있다는 점에서 『일본육군조전』과 대한제국의 『보병조전』 등 기존의 교범들과 차이점을 보이고 있다.

제3부 '경례와 관병의 법식'과 '군도와 나팔의 다룸'은 21개 항으로 구성되어 있다. 여기에는 '경례법', '관병식', '보병의 호령 모음', '대대와 연대의 전술 전개' 등이 기술되어 있다. 부록은 55쪽의 분량으로 글자 읽는 법, 보병의 호령요령, 대대 및 연대의 전개 사례, 보병총과 탄약, 총검 군도 및 나팔 등 기구의 명칭, 수기신호법 등을 상세하게 설명하고 있는 점이 다른 교범과 차이가 나는 부분이다.

이상에 살펴 본 바와 같이 『보병조전 초안』의 목차의 구성과 항목 수의 비율로만 보면 교범의 비중이 '교련'에 있다고 생각할 수 있지만, 다양한 실전 상황에 대비한 여러 가지 전투 형태에 따라 전투의 원칙을 기술하고 있다는 점에서 이전의 교범들과 많은 차이점을 보이고 있다.

<표 6> 『보병조전 초안』(1924)의 목차[5]

( ) : 쪽수

구분				세부 항목	비고
강령(5)				-	제1-7항
제1부 교련 (128)	총칙(總則)(5)			-	제1-15항
	제1장 낫낫교련 (各個敎練) (31)	대지(2)		-	제16-21항
		맨손교련(9)		차림자세(不動姿勢), 돌음(轉向), 행진(行進)	제22-34항
		총교련(14)		세워총엣 차림자세, 돌음, 총다룸(操銃法), 창끼임과 뺌, 탄알장임과 뺌(彈丸裝塡抽出), 불질(射擊), 행진(行進), 짓침(突擊)	제35-54항
		산병교련(6)		요지(要旨), 행진, 정지(停止), 불질	제55-66항
	제2장 중대교련 (63)	대지(1)		-	제67-70항
		소대 교련 (34)	밀집(20)	짜임, 번호, 정돈, 돌음, 총다룸, 창끼임과 뺌, 탄알 장임과 뺌, 불질, 행진, 정지, 운동, 방향바꿈(變換方向), 대형바꿈, 짓침, 길거름(散步), 총겨름과 가짐(叉銃解銃), 헤짐, 모임(集合)	제71-104항
			힐음(14)	요지, 산병줄의 이룸(構成), 산병줄의 운동(運動), 산병줄의 불질(射擊), 모임(集合), 막모임(倂集)	제105-136항
		중대 교련 (28)	밀집(13)	짜임, 번호, 정돈, 돌음, 총다룸, 창끼임과 뺌, 탄알 장임과 뺌, 불질, 행진, 정지, 운동, 방향바꿈, 대형바꿈(變換隊形), 짓침, 길거름, 총겨름과 가짐, 헤짐, 모임	제137-160항
			힐음(15)	요지, 간부와 병정의 책임, 산병줄의 이룸과 운동, 산병줄의 불질, 원대(援隊), 짓침, 추격(追擊), 퇴각(退却), 모임, 막모임	제161-196항
	제3장 대대교련 (21)	대지(1)		-	제197-198항
		밀집(20)		대형, 행진, 정지, 방향바꿈, 대형바꿈, 전개와 싸움	제199-234항
	제4장 연대교련 (5)	대지(1)		-	제235-236항
		모임대형(集合隊形), 전개와 싸움			제237-246항
	제5장 여단교련 (3)	대지(1)		-	제247-248항
		모임대형, 전개와 싸움			제249-254항
제2부 싸움의 원칙 (61)	제1장 싸움 일반의 요령(11)			-	제1-24항
	제2장 치기(攻擊)	요령(11)		-	제25-42항
		닥침싸움 (遭遇戰)(3)		-	제43-47항
		대듦싸움 (趨戰)(3)		-	제48-53항
	제3장 막기(防禦)(8)			-	제54-73항
	제4장 추격, 퇴각(5)			-	제74-81항
	제5장 밤싸움(夜戰)(5)			-	제82-89항
	제6장 버팀싸움(2)			-	제90-93항
	제7장 산싸움, 강내싸움(6)			-	제94-100항
	제8장 숲싸움, 마을싸움(4)			-	제101-107항
	제9장 다른 병종에 대한 보병의 동작(3)			-	제108-112항
제3부 경례와 관병의 법식, 군도와 나팔의 다룸(8)				대지(要則), 바들어총(捧銃),보아옴(외), 군기의 바뜰음과 경례법, 관병식(觀兵式), 군도와 나팔의 다룸	제1-20항
부록(55)				1. 바른 소리와 읽기어려운 글자의 읽는 본 2. 보병의 호령 모음 3. 대대와 연대의 전개하는 한 본 4. 보병총과 그 탄알, 총창, 군도, 나팔에 당한 이름 5. 수기 신호법 6. 붙임그림(附圖)	

---

5) 1924년 5월 24일 삼일인서관에서 발행한 윤기섭의 『步兵操戰草案』(대한민국역사박물관 소장본)에 의거하여 작성함.

2) 주요 내용

제1부 '교련'에서는 〈표 4〉와 〈표 6〉에서 보듯이 '낫낫교련'(이하 각개교련)으로부터 중대교련, 대대교련, 연대교련, 여단교련 등 5개의 장으로 구성하고 각 제대에서 행하는 교련의 개념과 기본동작에 대한 설명을 하고 있다. 제1장 각개교련에서는 부대교련을 실시하기에 앞서 병사 각자가 습득해야 할 제식과 교련에 대해 설명하고 있다. 제1장에서 많은 비중을 차지하는 것은 세워총, 메어총 동작 등을 정지 및 이동간 동작으로 구분하여 설명하고 있는 '총교련' 항이며, 총 다루는 방법과 사격 방법 및 사격자세에 대해 설명하고 있다. 제2장 중대교련에서는 소대교련에 대한 설명에 이어서 중대교련을 집중적으로 설명(제1부 128쪽 중 63쪽 분량, 49%)하고 있다. 즉 소대교련을 중심으로 기본 개념을 설명하고 있으며, 중대교련에서는 대형변화에 따른 공격과 방어, 상황변화에 따른 전투행동 절차를 상세하게 설명하고 있다. 이런 점에서 중대가 당시에는 기본전투 단위이었다고 볼 수 있다.

〈표 4〉와 〈표 6〉에서 보듯이 제3장은 대대교련, 제4장은 연대교련, 제5장은 여단교련에 대해 언급하고 있으나, 기본적인 내용은 중대 및 소대교련의 내용에 준하고 있으며, 그 비중이 상대적으로 낮다. 여단교련까지 언급한 것은 당시 부대의 최상급제대가 여단이었다고 볼 수 있다.

제2부 '전투의 원칙'에서는 〈표 5〉와 〈표 6〉에서 보듯이 제1장 싸움 일반의 요령으로부터 치기, 막기, 추격·퇴각, 밤 싸움, 버팀 싸움, 산 싸움·강내 싸움, 숲 싸움·마을 싸움, 다른 병종에 대한 보병의 동작 등 9개의 장으로 구성하고 있다. 제1장에서 제3장까지는 일반적인 전투에서 벌어지는 공격과 방어 전술에 대해 기술하고 있으며, 제4장에서 제9장까지는 실제 전투에서 발생할 수 있는 다양한 상황을 상정하여 훈련하는 내용을 수록하고 있다. 이점이 대한제국군 군사훈련에 사용된 『보병조전』과 비교할 때 큰 차이점이라고 할 수 있다. 즉 제5장에서는 밤싸움(夜戰), 제6장에서는 버팀 싸움(持久戰)에 대해 기술하고 있으며, 제7장과 제8장은 산·강·숲·마을에서 벌어지는 전투에 대해 기술하고 있는데 이와 같은 내용은 봉오동·청산리 전투를 비롯한 만주지역에서의 항일무장독립전투를 치르면서 겪었던 경험을 토대로 하여 반영된 것이라고 볼 수 있다. 제9장 '다른 병종에 대한 보병의 동작'은 당시 소총과 기관총의 보병위주였던 독립군이 일본군의 기병과 포병을 상대하여 전투를 효과적으로 전개할 수 있는 방법을 기술한 것으로 보인다.

『보병조전 초안』은 대한제국군의『보병조전』과 다르게 보병·포병·공병·기병 및 치중병간 협동작전의 중요성을 강조하고 있다는 점이 특징이라고 할 수 있다. 즉 대한제국군의『보병조전』은 보병에 한해서만 기술하고 다른 병종(兵種)에 대한 언급은 없으나 『보병조전 초안』에서는 보병뿐만 아니라 포병·공병·기병 및 치중병이 수행해야 할 역할과 임무에 대해서도 기술하고 있다. 이러한 내용을 수록한 점으로 보아『보병조전 초안』의 교범 내용을 작성할 때, 대한제국군의『보병조전』뿐만 아니라『일본육군조전』과 기타의 군사교범을 참작하였음을 짐작할 수 있다.

Ⅳ. 『보병조전 초안』과『보병조전』등 교범과의 관련성 분석

1. 임시정부『보병조전 초안』과 대한제국『보병조전』

『보병조전』과『보병조전 초안』각각에 대한 연구는 있었지만, 이 두 자료의 관련성에 대한 비교연구는 아직까지 없었다.『보병조전』은 구한말 각종 부대가 훈련하는데 기본이 되는 교범으로서 국내외의 정치상황으로 러시아 교관단이 철수하는 시점에서 대한제국 자체의 군사교육을 위해 1898년 발간되었는데 러시아의 군사제도와 교범을 기초로 하여 작성되었을 것으로 추정된다.[6] 그러나 당시 일본의 영향을 고려할 때 일본 군사교범의 영향도 받았을 것으로 보인다. 따라서『보병조전』이 발간되기 이전에 편찬된『일본육군조전』과의 관련성에 대해서도 고찰할 필요가 있다.

한편『보병조전 초안』(1924)은 임시정부의 군사정책을 실현하기 위한 방법의 일환으로 발행된 것으로서 봉오동·청산리 전투 등 독립군들의 실전경험을 반영하여 작성된 군사교범 자료라고 할 수 있다. 이『보병조전 초안』은 대한제국의『보병조전』에 이어 임시정

---

[6] 이러한 점을 확인해주는 것으로는『황성성문(皇城新聞)』제91호(1900.4.26.) 4면 광고내용이다. 이 광고에는 러시아에서 들여 온『보병조전』을 판다는 내용이 게재되어 있다. 독립기념관,『황성신문(皇城新聞)』제91호(1-L0038-000), 4면 ; 1924년『보병조전 초안』발간 시에도 러시아 군사제도와 교범을 참조했을 가능성이 높다. 이것은 1922년 임시정부에서 발표한 '교령 제 3호 : 군무부임시편집위원부 규정(1922.2.3.) 제 7조에 명시된 내용("敎育上 必要한 敎科書及 圖書는 露國 勞農政府의 軍事敎育用 圖書 規定에 依하여 作製할 事")을 통해서 유추할 수 있다.

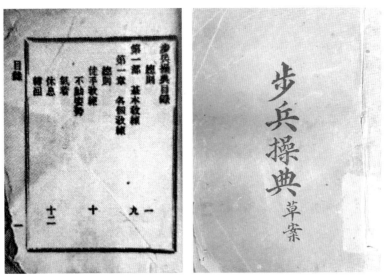

〈그림 1〉 대한제국 『보병조전』(좌)과 임시정부 『보병조전 초안』(우)

부 산하 육군무관학교 군사간부 양성을 위해 편찬한 군사훈련교범으로서 비록 육군무관학교에서 사용되었는지 여부는 아직 불명확하지만 1930년대 독립군 간부양성을 위해 사용되었을 것으로 추정하고 있으며, 당시 독립군의 군사훈련과 국군의 발전과정을 현대적으로 고찰하는 데 있어서 역사적으로 매우 가치가 있는 소중한 자료라고 할 수 있다.

대한제국의 『보병조전』에서는 제2부 제1장(전투의 일반원칙) 중에서 '전투간 지휘관 및 병사의 행동'에 대해 설명하고 있다. 여기에서는 지휘관과 병사로 구분하여 지휘관의 행동은 소대장 및 분대장에 대해 중점적으로 기술하고 있으며, 나머지는 전투간 병사의 행동에 대해 기술하고 있다. 즉 중대장의 전투행동에 대한 구체적인 언급이 없다는 점에서 대한제국군의 전투는 소대전투를 중시하고 소대장의 전투행동을 중점적으로 기술하고 있다고 할 수 있다.

이에 반해 윤기섭의 『보병조전 초안』에서는 제1부 제2장 '간부와 병정의 책임' 항에서 기술하고 있다. 여기에서는 각급지휘관을 관측하사, 분대장, 소대장, 중대장 및 상급지휘관으로 구분하고 이것을 '간부'라는 용어로 통합하여 표현하고 있다. 여기에서는 관측하사로부터 분대장, 소대장 그리고 중대장의 책임에 대해 기술하고 있는데, 대한제국『보병조전』과 달리 중대장의 책임을 중점적으로 기술하고 있다는 점에서 당시 전투의 기본 단위가 소대전투에서 중대전투로 확대되었다고 할 수 있다.

대한제국『보병조전』에서는 지휘관의 행동에 대해 상급 및 각급지휘관과 하급지휘관으로 구분하고 있으며, 소대장과 분대장의 책임과 역할을 설명하고 중대장에 대해서는 언급하지 않고 있는데 반해 윤기섭의『보병조전 초안』에서는 지휘관을 중대장까지 추가하여 언급하고 있는 점으로 보아 중대급 전투가 전투의 중심이 되고 있음을 알 수 있다. 또한 윤기섭의『보병조전 초안』에서는 분대장에 대한 내용이 대한제국『보병조전』의 내용보다 좀 더 구체적으로 기술하고 있으며, 병사에 대한 내용은 주로 대한제국『보병조전』의 병사에 관한 기술내용을 참조하였음을 확인할 수 있다. 이와 같은 임시정부의『보병조전 초안』과 대한제국의『보병조전』내용의 유사점을 요약하면 〈표 7〉과 같다.

〈표 7〉『보병조전 초안』과『보병조전』과의 유사 항목 및 내용 비교

	『보병조전 초안』	『보병조전』
전투간 지휘관의 행동	- 소대장은 전투지휘에 관해서는 중대장을 보좌하여 (중략) 소대를 이끌고 사격하기에 유리한 위치로 나누어 배치하고 필요시 소대의 사격표적을 제시한다. (중략) 적정을 잘 살피고 '사격표적'을 관찰하여 사격의 운용을 적절하게 하면서 인접 소대와 협동에 전력한다. 소대장은 독단으로 사격을 지휘(중략)(제168항)	- 소대장은 그 소대의 사격효과를 알아볼 수 있는 곳에 위치하여 지정된 장소에 소대를 배치하고 또 지시에 따르거나 혹은 독단으로 사격목표를 지정하여 항시 적병의 동정을 주시하고 또한 전선의 인접한 모든 소대와 협력에 노력하며(중략) (제269항)
	- 분대장은 소대장을 보좌하여 (중략) 자신의 분대를 인솔하여 사격이 용이한 곳에 위치하게 한다. (중략) 부하 병사들이 사격목표를 잘 선정하였는지, 정밀하게 조준하고 침착하게 사격하는지, 탄약을 낭비하고 있지는 않은지 등을 감시한다.(제169항)	- 분대장은 소대장을 보좌하여 지정된 구역 내에 각개 병사들을 배치하며, 무기사용과 기능자의 설치 그리고 탄약소비 등에 관한 책임이 있다.(제270항)
전투간 병사의 행동	- 전투는 행군과 격무를 하고 또 결핍을 겪은 후에 개시되는 것이 보통이다. (중략) 병사는 용맹하고 침착하여 자신감과 인내심을 가지고 보병전투의 비참한 감정을 극복함으로써 전투의 목적을 충족시킬 수 있어야 한다.(제172항)	- 병사들은 행군 및 육체적 노동을 한 후 전투로 이행되는 것이 통상적인 예이다. 그러므로 전시에는 더욱 부족함이 많아서 한층 곤란을 더하기 때문에 병사들은 강직하고 씩씩하며 용맹스럽고 (중략) 비참한 전투감정에 동요하지 않는 참된 병사로서의 역할 (중략) (제271항)
	- 병사는 적의 화력이 맹렬하여 사상자가 아주 많더라도 종용하고 태연하게 처리하고 결코 머뭇거리지 말아야 한다. 무릇 의심하고 무서워하여 물러서는 것은 멸망에 빠지는 것이며, 용맹하고 결단력 있게 하는 것이 승리를 얻게 한다는 사실을 항상 명심해야 한다.(제173항)	- 병사들은 전진 중에 가령 적의 화력이 치열하여 피해가 많을 때라도 명령 없이 정지하면 안 되며, 무릇 피하여 달아나는 것은 섬멸에 빠지는 것이고, 맹렬하고도 과감한 공격은 항상 성과를 올리게 되는 것이다.(제272항)
	- 병사는 방어 시에는 온 힘을 다해 자신의 위	- 방어에 있어서 병사들은 확보해야 할 위치에

	『보병조전 초안』	『보병조전』
	치를 굳게 지키고 결코 흔들려서는 안 된다. 적병사가 가까이 올수록 자신의 화기에 의한 살상력이 더욱 커진다는 사실을 확신(제174항)	반드시 정지하여야 하고, 적병이 접근함에 따라 아군의 화력이 점점 적을 많이 살상할 수 있다는 것을 확신하여야 한다.(제273항)
	- 군인은 허가 없이 자신의 소속부대를 떠나지 못한다. 만일 임무를 띠지 않았거나 참을 수 있는 정도의 가벼운 부상이면서 맘대로 전선을 떠나거나 또는 전투 중에 명령을 받지 않고 부상자를 간호하거나 옮기는 것과 같은 것은 용렬한 행위로 군인의 본분을 손상케 하는 것이다. 만일 자신의 소속부대 위치를 잃었을 경우에는 즉시 근방에서 전투하는 아군부대의 장교에게 보고하고 그의 명령을 따른다. 그런데 전투가 종료되면 즉시 자신의 원 소속 부대로 복귀해야 한다.(제177항)	- 각개 병사들은 그 소속부대를 이탈하면 아니 되며, 임무를 받지 않았거나 부상당하지 않았으면서 등한히 전투부대의 후방에 머물거나 또 전투 중 명령을 받지 않고 부상자를 운반하는 경우 비겁하고 태만한 죄를 면하지 못한다. 만약 병사들이 그 소속부대의 소재지를 잃었을 때는 가장 가까운 전투부대에 합류하여 그 부대의 장교나 하사관의 명령에 복종하고 전투가 종료된 후에는 곧바로 그 소속부대를 찾아야 한다.(제274항)

2. 『보병조전 초안』과 『신흥학우보』

신흥무관학교에 재직했던 교관 중에는 대한제국 무관학교 및 대한제국군 출신자들과 이청천, 김경천 등 일본군 무관출신들이 있었다. 또한 신흥무관학교 출신 중 다수가 북로군정서 사관연성소의 교관으로 파견되어 군사교육을 담당하였다는 점에서 당시 신흥무관학교와 북로군정서 등 만주독립군의 군사교육 시 사용되었던 교범 및 교재의 내용을 통해서 항일무장독립군의 군사교육 및 훈련의 내용을 파악할 수 있을 것이다. 신흥무관학교의 군사교육과 관련해서는 『신흥학우보』제2권 제2호와 제10호 자료를 통해서 신흥무관학교의 군사교육 내용을 확인할 수 있다. 당시 신흥무관학교의 군사교육 시 사용된 교재에 대해서는 '원병상의 수기'를 통해서 이를 확인할 수 있다. 이에 따르면 신흥무관학교에서는 '보·기·포·공·치'의 각 조전과 내무령, 측도학, 축성학, 편제학, 훈련교범, 위수복무령, 육군징벌령, 육군형법, 구급의료, 총검술, 유술, 격검, 전술전략 등에 중점을 두고 가르쳤음을 확인할 수 있다. 또한 근대적 군사훈련 교범인 대한제국『보병조전』도 교재로 활용되었을 것으로 추정할 수 있다.

『신흥학우보』제2권 제10호(1918)의 내용인 '보병조전 대조 보병전투연구/ 제2부 전투 : 지휘관과 병졸'에서는 지휘관과 병사로 대별하여 설명하고 있지만, 윤기섭의 『보병조전

초안』에서는 '지휘관'을 보다 구체적으로 중대장, 소대장, 분대장, 관측하사로 구분하고 이들을 통칭하여 간부로 구분하여 그 책임과 역할을 구체적으로 기술하고 있다. 『신흥학보』 제2권 제10호에서 특이한 점은 이 내용의 출처를 '독일보병조전'으로 기재하고 있다는 점인데 이에 대해서는 신흥무관학교와 북로군정서에 이청천, 김경천 등 일본육사 출신의 교관이 있었던 점과 대한제국 육군무관학교 교과목 중 외국어학이 40%이상으로 다른 군사학 교과목보다 많은 비중을 두고 있었기 때문에 일본과 독일 등 외국군 군사 교리 및 교범의 내용을 반영했을 가능성이 크다. 이에 대해서는 향후 추가적인 연구가 필요하다.

『신흥학우보』 제2권 제10호에 게재된 "보병조전 대조 보병전투연구/ 제2부 전투 : 지휘관과 병졸"에서 기술하고 있는 전투시의 지휘관에 관한 주요 사항은 지휘관과 예하지휘관의 역할과 책임, 협동동작과 독단전행(獨斷專行), 지휘관의 명령하달, 지휘관의 위치선정, 각급 지휘관의 연계 방법과 수단, 적에 대한 수색정찰과 전투부대 할당, 증원부대의 투입, 예비대의 운용, 지형의 이용과 부대이동 등이다. 『보병조전 초안』과 『신흥학우보』에 게재된 유사항목과 내용의 예는 다음의 〈표 8〉과 같다.

〈표 8〉 『보병조전 초안』과 『신흥학우보』의 유사 항목 및 내용 비교

『보병소선 초안』(1924)	『신흥학우보』 제2권 제10호(1918.7.15.)
- 상급지휘관은 (중략) 결심 즉시 명령을 하달한다. 명령은 간명하고 확실하게 하여 예하 지휘관에게 자신의 의도와 피아의 상황을 알려 주어 전투 전반에서 자신의 부대와 인접부대의 임무를 알 수 있도록 해야 한다.(제5항) - 명령하달시 (중략) 상황에 따라서는 먼저 간단한 명령으로 신속히 부대를 전개 위치로 이동시킨 다음에 자세한 명령을 하달하는 것이 유리할 때도 있다. 전투 중에 있는 부대의 지휘관을 먼 곳까지 불러서 명령을 하달하는 것은 어떤 경우에도 이를 피해야 한다.(제6항)	- 지휘관은 전투를 지휘함에 있어 부대의 대소, 현재의 상황을 고려하여 확실한 방법으로서 명령을 하달해야 한다. 만약 간단한 구두 명령으로서 부대를 신속히 요구되는 방향 혹은 위치에 이르게 하고 상세한 명령은 다음에 이를 문서로 하달하는 것이 좋다. 교전 중에 있는 부대의 지휘관을 그 부대로부터 멀리 떨어진 위치로 불러서 명령을 부여하는 것은 어떠한 경우에도 이를 피해야 한다. (중략) 신속하게 그 핵심적 내용을 구두 명령 하는 것도 가능하다. (제4항)
- 부대 전개시 각 지휘관은 (중략) 예비 병력을 운용하는데, 이것은 곧 아군이 원하는 지점에서 결전할 수 있도록 필요한 지점에 증원부대를 보내 전선의 전진을 재촉 하며 또 그 흔들림을 막는 것 등은 모두 예비대를 잘 운용하는 것에 달려 있다.(제8항)	- 지휘관은 전투가 진행되는 중 예비대의 사용으로 원하는 지점에서 결전이 이루어지도록 하고 (중략) 우선 먼저 병력을 분할하여 각각 부대의 전투를 분담케 한 이상에는 그 병력을 지휘관의 의도에 따라 사용할 수 없기 때문에 지휘관은 남은 예비대의 사용으로 전투의 중심을 변환하도록 해야 한다.(제10항)

『보병조전 초안』(1924)	『신흥학우보』 제2권 제10호(1918.7.15.)
- 전투 상황변화에 맞도록 적절한 전투 활동을 하려면 (중략) 예하지휘관은 파악된 적정과 지형 등 전투에 영향을 미치는 사항을 신속히 상급지휘관에게 상황보고를 한다.(제12항) - 전투하는 부대 지휘관은 상호 연락을 잘 유지하는 것이 필요하나 (중략) 자신의 임무수행을 지체해서는 안 된다.(제14항)	- 각 급 지휘관은 서로 연계를 유지하고, 특히 소속 상급 지휘관과 예하직속의 지휘관과는 확실한 연계를 유지하기 위하여 필요한 방법과 수단을 구비해야 한다. (중략) 적정과 지형, 기타 전투상황에 영향을 미칠만한 사항을 관찰한 때에는 이를 빠르게 보고 및 통보해야 한다.(제7항)
- 전투 진행 중에 각급 지휘관의 위치는 적 상황을 관찰하며 부하를 지휘하는 것에 주안을 두고 결정해야 하며, 그 외에 인접부대를 고려하여 명령과 통보 및 보고 등이 신속히 전달되는 것 또한 고려해야 한다. 지휘관이 필요시 위치를 변경할 때에는 명령, 통보 및 보고 등이 지체 없이 새로운 위치에 도달할 수 있는 방법을 정해 두어야 한다.(제16항)	- 지휘관은 (중략) 적정을 관찰하고 예하부대와 인접부대를 눈으로 직접 확인 가능하고 또 명령, 보고 등이 신속히 전달될 수 있는 점 등을 고려하여 그 위치를 선정해야 한다. (중략) 지휘관의 위치 변경은 (중략) 필요에 따라 지휘관이 그 위치를 벗어날 때는 기존 위치에 도착 할 명령과 보고를 속히 새로운 위치에 이르도록 적절한 방법을 세워야 한다.(제6항)
- 전투 중에 각급 지휘관은 항상 지형의 이용에 주의하여 부대의 행동을 이에 적합하도록 힘쓸 것이지만 이 때문에 공격정신을 둔하게 하거나 전투행동을 느리게 하거나 지시한 행동의 범위를 벗어나는 일이 있어서는 안 된다.(제18항)	- 지휘관은 항상 지형의 이용에 주의하여 적의 화력하에서 부대이동을 이에 적합하게 해야 한다. 그러나 이를 위해 전진 속도를 감소시키거나 혹은 전투행위를 느슨하게 하거나 지시한 범위를 벗어나게 해서는 안 된다.(제11항)
- 전투 중에 부족한 병력을 축차적으로 투입하는 것은 큰 잘못이다.(제20항)	- 전투를 실행하는데 필요한 병력을 축차적으로 증가투입 하는 것은 매우 잘못된 것이다.(제9항)

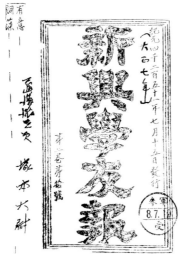

〈그림 2〉 『신흥학우보』와 『독립군간부훈련교본』

3. 『보병조전 초안』과 『독립군간부훈련교본』

　현존하는 『신흥학우보』[7]의 게재 내용과 『독립군간부훈련교본』[8] 자료는 당시 군사교육 교재의 일부에 해당되는 내용만이 남아 있는 상태로서 이 자료만으로 당시 독립군의 군사교육 내용을 파악하기에는 매우 제한적이다. 대한제국 육군무관학교에서 발간한 『보병조전』은 구한말 각종 부대가 훈련하는데 기본이 되는 교범이라고 할 수 있으므로 『보병조전』에 대한 비교연구가 우선적으로 필요하다고 할 수 있다. 북로군정서 독립군이 『보병조전』 교범을 사용했는가 하는 점에 대해서는 이정의 『진중일지』에서 그 사실을 확인할 수 있다. 북로군정서 사관연성소의 훈련과목은 정신교육, 역사, 군사학(러시아사관학교 교재 번역), 술과(병기조용법, 부대지휘운용법), 규령법 등이었다. 북로군정서 막료였던 이정(李楨)의 '진중일지'에서 다음과 같은 내용을 통해 군사훈련 교육과목을 확인할 수 있다.

　　　7월 26일(월요일) : 보병조전[9] · 군대 내무서 · 야외요무령 · 축성교범 · 육군형법 · 육군
　　　징벌령 등 인쇄물 각 1부를 독군부 소대장에게 출급하다.

　북로군정서의 요청에 따라 신흥무관학교에서는 교관 이범석과 졸업생 김훈, 박영희, 오상세, 최해, 이운강 등을 북로군정서에 파견하였고, 백종렬, 강화린, 이우석 등은 파견 당시 군사학 서적 30여 권을 북로군정서로 운반했다. 북로군정서는 신흥무관학교에서 교관이 파견되자 왕청현 서대파 근거지에 '사관연성소(士官練成所)'를 설립하였는데 당시 사관연성소에서 실시한 교육과 군사훈련과정은 신흥무관학교와 거의 같았다.

　『독립군간부훈련교본』 자료는 『보병조전』 및 『신흥학우보』에 실린 독립군 군사교육

---

　7) 『신흥학우보』 제2권 제2호(1917)와 『신흥학우보』 제2권 제10호(1918)임.

　8) 『독립군간부훈련교본』은 현재 독립기념관에 소장되어 있는 자료(자료명은 "북로군정서 훈련교본 (1-000558-000)")로서 12쪽의 일부 내용만 수록되어 있는 상태이다. 겉표지에 "崔海將軍 獨立軍 幹部 訓鍊敎本"이라고 수기(手記)로 기록한 제목이 있는데, 이것은 자료 보유자 혹은 기증자가 자필로 직접 쓴 것으로 추정되며 최해(崔海, 1895-1948)와 관련된 후손이나 북로군정서 독립군의 후손이 보관해 오다가 기증된 것으로 생각된다. 이 자료는 민족사바로찾기국민회의, 『독립군의 전투』 독립운동총서 4(서울 : 민문고, 1995)의 사진 자료에도 '독립군간부훈련교본(1920)'으로 명시하여 게재하고 있다.

　9) 대한제국군 시기(1898년)에 발간된 교범이 아닐까 생각된다. 이것은 최해의 『독립군간부훈련교본』의 내용이 대한제국의 『보병조전』과 유사점이 많다는 점에서도 유추할 수 있다.

내용의 연관성뿐만 아니라 윤기섭의『보병조전 초안』과의 상호 관련성을 구명할 수 있는 아주 귀중한 자료라고 할 수 있다. 자료의 극히 일부분만 보존되어 있어서 이 자료의 내용만으로는『보병조전』및『신흥학우보』와『보병조전 초안』과의 연계성을 비교하는 데는 많은 제약이 있다. 하지만 최해(崔海, 1895 -1948)의 독립군 활동행적으로 볼 때 북로군정서의 독립군을 양성하기 위해 사용된 것으로 추정된다. 또한 최해는 신흥무관학교를 졸업한 후 신흥무관학교에서도 교관을 하였기 때문에 이 자료가 신흥무관학교의 군사교육에서도 사용되었을 가능성이 매우 크다고 할 수 있다. 아울러 윤기섭도 1920년 이전까지 신흥무관학교에 재직하였기 때문에 임시정부 군무부에서 군사훈련을 위해『보병조전 초안』을 작성할 때에도 이 자료를 참조했을 것으로 추정된다.『독립군간부훈련교본』의 '강령' 및 '총칙'은『보병조전 초안』의 '강령' 및 '총칙'을 상호 비교해 볼 때 많은 부분에서 유사함을 확인할 수 있다. 즉『보병조전 초안』의 강령은 7개항으로 구성되어 있으며,『독립군간부훈련교본』의 강령은 12개 항으로 구성하여 기술하고 있다.『보병조전 초안』의 총칙은 15개 항으로 기술하고 있는 반면『독립군간부훈련교본』의 총칙은 5개항으로 기술하고 있다. 또한 '각개교련'에 관한 내용도『독립군간부훈련교본』자료에는 도수교련 부분의 일부만이 수록되어 있어서 상호 대조하여 비교하기에는 불충분하다. 하지만『보병조전 초안』내용의 많은 부분이 대한제국의『보병조전』을 준용하여 작성된 점으로 비추어 볼 때, 시기적으로 보아『독립군간부훈련교본』도 이『보병조전』을 토대로 작성되었을 것으로 추정된다. 이런 점을 종합해 볼 때,『보병조전 초안』발간 시『보병조전』의 내용을 위주로 하여『독립군간부훈련교본』의 내용을 참작하고, 여기에 기타 외국교범 내용을 추가했을 것으로 생각된다.

이상에서 살펴본 내용을 종합해 볼 때, 임시정부의『보병조전 초안』은 대한제국의『보병조전』과『신흥학우보』그리고『독립군간부훈련교본』과 많은 부분에서 관련성을 지니고 있는데 그 내용을 요약하면 다음과 같다.

첫째,『신흥학우보』제2권 제10호(1918)의 내용 중 '보병조전 대조 보병전투연구, 제2부 전투 : 지휘관과 병졸'에서는 지휘관의 역할에 대해 기술하고 병사에 관한 사항이 누락되어 있지만, 윤기섭의『보병조전 초안』에서는 '지휘관'을 보다 구체적으로 중대장, 소대장, 분대장, 관측하사로 구분하고 이들을 통칭하여 간부(幹部)로 구분하여 그 책임과 역할을 기술하고 있다. 둘째, 대한제국『보병조전』에서는 지휘관의 행동에 대해 상급 및 각급지휘관과 하급지휘관으로 구분하고 있으며, 소대장과 분대장의 책임과 역할을 설명하고 있으나 중대장에 대해서는 언급하지 않고 있다. 이에 반해 윤기섭의 『보병조전 초안』에서는 지휘관을 중대장까지 추가하여 언급하고 있는 점으로 보아 중대급 전투가 전투의 중심이 되고 있음을 알 수 있다. 셋째, 윤기섭의 『보병조전 초안』 내용 중 "간부와 병사의 책임" 항은 대한제국의 『보병조전』의 "전투간 지휘관과 병졸의 동작"의 내용을 주로 참작하고 있다. 넷째, 윤기섭의 『보병조전 초안』에서는 분대장에 대한 내용을 대한제국『보병조전』의 내용보다 좀 더 구체적으로 기술하고 있으며, 병사에 관한 내용은 주로 대한제국『보병조전』의 기술내용을 주로 참조하고 있다. 다섯째, 『보병조전 초안』의 '강령' 및 '총칙'은 『독립군간부훈련교본』의 '강령' 및 '총칙'과 많은 부분에서 유사함을 확인할 수 있다.

〈표 9〉 『보병조전 초안』과 『독립군간부훈련교본』의 유사 항목 및 내용 비교

	『보병조전 초안』	『독립군간부훈련교본』
강령	- 보병은 전투의 주역이 되어 전장에서 늘 주요한 임무를 띠고 다른 병종의 협동동작은 보병이 그 임무를 달성할 수 있도록 주로 행하는 것이 통칙이다. 보병의 근본적인 특징은 어떠한 지형과 시기를 막론하고 전투를 하는데 있으므로 보병은 비록 다른 병종의 협동이 없더라도 스스로 능히 전투를 준비하며 또 이를 해야 한다.(제1항)	- 보병은 군의 주력부대로서 그 근본적인 특질은 항상 전장에서 주요한 임무를 책임지고 지형 또는 시기를 가리지 않고 전투를 실행하여 최후의 승리를 결정하는 것이다. (중략) 만약 타 병종의 협동이 없더라도 여러 가지 수단으로 스스로 전투를 준비하고 온 힘을 다해 싸움으로써 최종 목적을 달성.(제11항)
	- 군기는 군대의 생명이다. 전선이 몇 백리에 걸쳐 도처에 지형과 경우가 다르고 또한 여러 임무를 띤 몇 만의 군대로 능히 일정한 방침에 따라 일정한 전투 활동을 통해 소위 만 명의 마음이 한 명의 마음과 같게 하는 것이 바로 군기이다. 그러므로 군기는 위로는 장수부터 아래로 병사에 이르기까지 하나로 묶는 관계로 전투의 승패를 결정하고 군대의 운명에 관련된다고 할 수 있다.(제3항)	- 군기는 군대의 명령이고 사명이다. 전선에 임하여 어떠한 입장과 경우에 봉착하더라도 여러 종류의 임무를 띤 몇 만의 군대라고 할지라도 위로는 장수부터 아래로 일개 병졸까지 그 맥락이 하나로 일치되어 일정한 방침에 응함으로써 여러 사람의 마음이 마치 한마음 한뜻으로 행동을 취하는 것이 곧 군기라고 할 수 있다.(제4항)
	- 공격정신의 견고함과 체력의 튼튼함 그리고 전투기술의 숙달은 보병이 반드시 갖추어야 할 필수 요소이다. (중략) 공격정신은 나라에 충성하고 겨레를 사랑하는 지성과 몸을 바쳐 나랏일에 죽는 큰 절개로서 군인정신의 정수이다. 통상 승패는 반드시 병력의 다소에 있지 않고 정신이 잘 단련된 군대라면 항상 적은 수로도 다수의 적을 격파할 수 있다.(제4항) - 군대의 지기는 늘 왕성하여야 하며 상황이 어려울 때에는 더욱 그러하다. 그런데 지휘관은 지기의 중심이다. 그러므로 늘 병사와 고락을 함께	- 군대는 항상 공격정신이 넘치고 사기가 왕성해야 한다. 공격정신은 충국애민의 지성으로서 발생한 군인정신의 정수이며, 굳건한 군대사기의 표징이다. 무예를 잘 단련하고 교련을 통해 빛을 발하여 이것으로서 전투의 승리를 얻을 수 있다. 그러므로 승패는 반드시 그 병력의 숫자로 결정되지 않고 정밀한 연습을 통해 얻은 공격정신이 풍부한 군대라면 소수의 병력이라 할지라도 다수의 적을 멸하고 훌륭한 승리를 얻을 수 있다.(제6항) - 지휘관은 군대 지휘의 중심 위치이며, 단결의

『보병조전 초안』	『독립군간부훈련교본』
하며 몸소 먼저 행하여 부하의 모범이 되어야 신뢰와 존경을 받으며, 전투상황이 지극히 참혹한 곳에서 용맹하고 침착하게 함으로써 부하들로 하여금 산악보다도 무겁게 여기는 덕량과 기개가 있어야 한다.(제5항)	핵심이므로 상시 부하와 고락을 함께하며, 부하보다 앞장서서 먼저 행동으로 실천하여 군대의 의표가 되어 존경과 신뢰를 얻고 빗발같은 총알의 사이를 용맹 침착함으로써 부하가 신뢰하도록 해야 한다.(제10항)
- 협동일치는 전투의 목적을 달성하는데 가장 중요한 것인데 (중략) 대개 어떤 병종을 막론하고 또 지휘관과 병사를 불문하고 각각 자기의 임무를 힘써 행하는 것이 곧 협동일치의 뜻에 맞는 것이며 전투상황의 변화에 응하는 임기응변의 수단은 한 결 같이 각 사람의 독단을 믿어야 한다. 그런데 독단전행은 반드시 군인정신을 근본으로 하는 공의심으로부터 나와서 (중략) 늘 상급지휘관의 의도를 헤아려 반드시 그 범위 안에서 행해야 한다. 그러나 전장에서는 뜻밖에 변하는 상황에 닥쳐 그 범위를 넘어야 할 경우가 있을 수 있는데 이러한 경우에도 오히려 상급지휘관의 의도를 명찰하여 이에 맞도록 힘써야 하며 결코 임의대로 하지 말아야 한다.(제6항)	- 보통 병사 개인의 전투는 독단으로 할 일이 흔하지 않으나 독단시에는 그 정신이 군기를 위반하지 않고 항상 상관의 의도를 명찰하고 입장과 환경을 판단하여 상황의 변화에 따라 스스로 그 목적을 달성할 만한 방침과 방법을 선택하여 시기와 형편에 맞게 해야 한다.(제5항) - 협동일치는 전투의 목적을 달성하기 위하여 지극히 중요하다. 어떤 병종과 상하를 불문하고 사력을 다해 함께 하여 전군이 일치됨으로써 비로소 전투의 성과를 획득할 만한 전반의 정세를 고찰하여 각각 그 직책을 중요시한 후 한뜻으로 임무수행에 노력하는 것이 곧 협동일치의 취지를 발휘하는 것이다.(제7항)
총칙	-교련의 목적은 지휘관과 병사를 훈련하여 모든 제식과 전투의 제반법칙을 연습하게 하고 동시에 군기가 엄정하고 정신이 굳건한 군대를 만들어서 전투의 모든 요구에 맞도록 하는데 있다.(제1항)	- 교련의 목적은 모든 제식과 전투의 제 법칙을 통달시키며 군기를 엄정히 하고 정신이 굳건한 단결심을 익숙하게 함으로써 사회 전반의 요구에 대응하게 한다.(제1항)
	- 전투의 기본적인 교련은 중대급 제대에서 이루어지며, 대대이상의 제대에서는 주로 모든 전투상황에 적합한 각 부대의 협동작전을 훈련하고 타 병종과 연합하는 전투에 대한 연습을 해야 한다.(제3항)	- 육군은 전투의 기초가 될 모든 교련을 평사 보병포 분대와 곡사 보병포 소대에서 완성하며 대대이상은 주로 모든 종류의 전투상황에 적응할 만한 각 부대의 협동동작을 훈련하고 또 다른 병종과 연합하여 전투하는 것을 연습해야 한다.(제3항)
	- 교련은 정해진 차례에 따라 간단한 것에서부터 복잡한 것 순으로 그 진행속도를 서두르지 말아야 한다. (중략) 교련의 과목은 알맞게 섞거나 바꾸되 (중략) 또 과목을 너무 자주 바꾸어서 사물에 끈기가 없는 나쁜 습관이 생기지 않도록 한다.(제4항) - 전투연습을 함에 있어서 (중략) 단계적으로 나누어 실시한다. 다만 시기의 구분과 경과의 변화를 적절히 할 때 주의를 깊이 기울여야 한다.(제7항)	- 교련의 제식과 법칙은 전투의 요구에 따른 훈련의 목적에 상응하도록 그 경중을 달리 할 뿐만 아니라 각 제식과 각 법칙 중에서도 상호 주된 부분과 딸린 부분이 있으므로 교관은 이것을 잘 판별하여 처리해야 한다.(제2항)

4. 기타 군사 교범류와의 관련성

　대한민국 육군의 군사교리는 해방과 더불어 한국에 첫 발을 디딘 미군교리를 기초로 하여 지금까지 발전되어 왔다. 그러나 해방 후 창군 초기에 수많은 독립군 출신들이 군에 포진하여 그 역할을 해왔으며 독립을 위해 투쟁해 온 의병, 독립군 그리고 광복군들의 군사훈련을 위해 사용되었던 군사교범들이 있었다. 즉 대한제국 이전의 『일본육군조전』 그리고 대한제국기의 『보병조전』과 신흥무관학교의 군사교재인 『신흥학우보』, 박용만의 『군인수지』, 북로군정서의 『독립군간부훈련교본』 그리고 임시정부하 독립군의 훈련을 위해 만들어진 『보병조전 초안』 등이 이에 해당되는 것들이다. 이러한 군사교범류에 대해 시기별로 그 발간 경위와 취지 내용면에서 교범들 간 상호 비교연구를 통해 그 내용의 관련성뿐만 아니라 의의를 고찰해야 필요가 있다.

〈그림 3〉 『일본육군조전』과 『군인수지』

　『일본육군조전』은 대한민국 국군의 군사교리 연구에 있어서 중요한 사료로서 그 가치와 의의를 가지고 있다. 『일본육군조전』은 1881년 조선의 조사시찰단(朝士視察團)의 한 사람으로 일본육군을 시찰하고 돌아온 이원회(李元會)[10]가 1881년 8월 25일 고종에게 복

---

[10] 1872년 전라우도수군절도사를 역임한 뒤 1881년 초 조선조사(朝鮮朝士)일본시찰단에 참획관으로 참가, 총포·선박 등 주로 육군조련 관계 분야를 시찰하고 돌아왔다.

명하고 제출한 6권 4책의 필사본 보고서이다. 목차의 구성은 군제총론(권1), 보병조전 도설 및 도식(권2), 기병조전(권3), 포병·공병조전 및 치중병 편제(권4), 보병생병조전(권5), 기병·포병생병교련(권6) 등으로 이루어졌다. 시기적으로 이 교범은 대한제국『보병조전』을 편찬(1898년)하고 수정(1906년)할 때 활용되었을 개연성이 매우 크기 때문에『일본육군조전』과의 관련성에 대해서도 상호 비교하여 고찰할 필요가 있다. 『일본육군조전』의 목차와 포함된 주요 항목은〈표 10〉과 같다.

〈표 10〉『일본육군조전』목차의 구성

구분		주요 항목	쪽수
계			574
1책 (137)	1책 1권	o 군제총론(35) : 근위국 군제, 육관진대 군제, 삼비법식, 교도단 규칙, 사관학교규칙(附유년학교), 호산학교규칙, 보병작대규칙, 기병작대규칙, 포병작대규칙, 공병작대규칙, 치중병 작대규칙, 군악대 규칙, 군용전신, 취팔(吹叭)호, 소적(小笛)호, 기제(旗制), 휘장(徽章), 기계, 배낭(背囊)각원	35
	1책 2권	o 보병조전 도설(37) o 보병조전 도식(65)	102
2책 (135)	2책 3권	o 기병조전(63) : 승마 소대학과 도식(36), 승마 대대학과 도식(27)	63
	2책 4권	o 포병조전(43) o 공병조전(28) o 치중병(輜重兵) 편제(1)	72
3책 (198)	3책 5권	o 보병생병조전(198) - 제1부 : 일반규칙과 구분(120) . 제1장(제1교-제6교) : 일반규칙, 제1교(집총자세), 제2교(좌우 방향전환), 제3교(보행 방법과 요령), 제4교(좌우 머리의 움직임), 제5교(앞으로 가기), 제6교(옆으로 가기) . 제2장(제1교-제6교) : 총칙, 제1교(총기의 분해 및 결합), 제2교(총기 사용법 및 휴대법), 제3교(오단과 장전), 제4교(사격예행연습), 제5교(조준과 발사), 제6교(총검술) - 제2부 : 산개순차 교련 일반요령(78) . 제1장(제1교-제6교) : 일반규칙, 제1교(산개), 제2교(간격개합), 제3교(행진), 제4교(산병교환과 증가), 제5교(방화), 제6교(연합과 집합) . 제2장(제1교-제6교) : 일반규칙, 예교연습, 지형식별, 제1교(산개), 제2교(간격개합), 제3교(행진), 제4교(산병교환과 증가), 제5교(방화), 제6교(연합과 집합) * 부록 : 체조교련(팔운동, 다리운동, 팔다리 운동 등)	198
4책 (104)	4책 6권	o 기병생병교련(84) o 포병생병교련(20)	104

또 박용만이 독립군의 군사교육을 위해 1911년 발간한 교범으로『군인수지(軍人須知)』[11]는〈표 11〉에서 보듯이 제1편 육군군제로부터 제4편 군대예식에 이르기까지 280쪽 분량의

내용을 총 40개의 장으로 구분하여 설명하고 있다.

<표 11> 『군인수지』목차의 구성

구분		주요 항목	쪽수
제1편 육군 군제	제 1장	군대의 편제	1-6
	제 2장	병대(兵種)의 명칭	6-12
	제 3장	군무의 부분	12-19
	제 4장	군인의 계급	19-25
	제 5장	복장의 구별	25-31
제2편 군인의 종교	제 6장	군인의 맹서	31-32
	제 7장	군인의 의무	32-39
	제 8장	일본군인의 잠언과 미국군인의 계명	40-48
제3편 군대 내무의 대략	제 9장	군기와 풍기	48-50
	제 10장	기거와 검사(起居檢査)	50
	제 11장	군인의 매일정칙(每日定則)	51-60
	제 12장	복장과 거행(擧行)	60-70
	제 13장	병사의 출입규칙	70-79
	제 14장	주번근무/풍기병의 직무	79-100/101-115
	제 15장	영창(營倉)	116-118
	제 16장	위생	119-141
	제 17장	주방과 목욕실	142-151
	제 18장	부대 내의 사무실과 시설 배치	151-156
	제 19장	연대장의 직무(10가지)	156-163
	제 20장	대대장의 직무(10가지)	163-166
	제 21장	중대장의 직무(20가지)	167-176
	제 22장	연대본부 각 군관의 직무	176-189
	제 23장	대대본부 각 군관의 직무	189-190
	제 24장	중대본부 각 군관의 직무	190-204
	제 25장	사고시 직무대리	204-206
	제 26장	위원	206-207
	제 27장	명령 하달	208-211
	제 28장	임명 포달(布達)	211-215
	제 29장	품고(稟告)	215-217
	제 30장	보고	217-221
	제 31장	문서와 문부(文簿)	221-225
	제 32장	우체(郵遞)와 전보	225-230
제4편 육군예식의 대개	제 33장	육군예식의 총론	230-235
	제 34장	군인의 경례	235-250
	제 35장	군대의 경례	250-262
	제 36장	위병과 보초의 경례	263-265
	제 37장	의장대(儀仗隊)의 경례	266-268
	제 38장	지영(祇迎)과 등대(等待)	268-271
	제 39장	관병식(觀兵式)	271-274
	제 40장	예포식(禮砲式)	274-280

11) 『군인수지』는 박용만이 번역·기술하여 1911년 7월 4일 신서관(新書舘)에서 발행하였다.

이 교범의 특징적인 내용은 몇 가지 제시하면, 첫째, 『보병조전』을 비롯한 기존의 교범에서는 병종(兵種)을 보병, 기병, 포병, 공병 그리고 치중병 등 5종으로 설명하고 있지만 이 교범에서는 헌병(憲兵)을 추가하여 헌병, 보병, 기병, 포병, 공병, 치중병 순으로 설명하고 있다. 둘째, 군무의 부분에 대해서는 일본 군제를 주로 참작하였고, 독일과 미국 군제를 비교할 것을 제언하고 있으며, 군인의 계급에 대해서는 주로 일본 군제를 상고(詳考)하여 설명하고 복장에 대해서는 일본군과 미국군의 복장을 참고하여 기술하고 있다. 셋째, 내무생활에 관한 사항 중 위생에 대한 것은 미국교범을 주로 참고하고, 연대장으로부터 중대장 등 지휘관과 각 제대 본부의 각관의 직무에 대해서는 러시아의 '내무생활' 교범을 번역하여 이를 참조했을 것으로 추정된다. 넷째, 군대예식 중 예포식에 대한 것은 일본 군제를 본 뜬 대한제국의 모든 것을 적용한다고 기술하고 있어서 대한제국의 교범을 참조하고 있음을 명시하고 있다. 그러나 『군인수지』의 발간 시 어떤 교범을 참조하여 만들었는지에 대한 좀 더 심층적인 비교 연구가 필요하다. 즉 이 교범이 발간되기 이전에 발간되었던 군사교범인 1902년 및 1906년 발간된 『보병조전』과 『일본육군조전』과의 관련성에 대한 연구가 필요하다.

V. 맺음말

지금까지 살펴 본 바와 같이 『보병조전 초안』은 체재 면에서 기존의 여러 교범들을 참작하여 교련 부분과 전술훈련 부분으로 구분하여 목차를 구성하였고 실전적인 전술훈련을 위주로 기술하고 있다. 『보병조전 초안』은 대한제국 『보병조전』과 많은 부분에서 유사점을 확인할 수 있었다. 『보병조전 초안』의 발간된 시기를 고려할 때, 내용적인 측면에서는 제1부 교련 부분 내용은 대한제국 『보병조전』과 『일본육군조전』의 '보병신병조전'을 참작하였다고 할 수 있고, 특히 강령부분은 『일본육군조전』과 『독립군간부훈련교본』을 주로 참고하였다고 할 수 있다. 제2부 전술훈련 내용은 『일본육군조전』과 대한제국 『보병조전』뿐만 아니라 『신흥학우보』에 게재된 자료와 청산리전투를 전후한 실전의 경험을 교범 내용에 반영하였다고 할 수 있다. 이러한『보병조전 초안』이 갖는 사료적 가치와 군사사학적 함의를 몇 가지 제시하면 다음과 같다.

첫째,『보병조전 초안』을 통해 당시 독립군의 군사훈련과 전술수준을 파악할 수 있는 소중한 자료이다. 그동안 독립군들이 어떤 훈련을 받았는지에 대한 교범·교리적 연구는 아직 미진한 상태이다. 이런 점에서『보병조전 초안』의 현대적 해석 내용을 통해서 임시정부가 지향하는 군사훈련 이론의 체계를 파악할 수 있다.

둘째, 독립군의 전술훈련을 연마하기 위해 만들어진 실전적 군사교범이다. 대한제국『보병조전』은 간부와 병사들의 기본 제식훈련에 중점을 두고 편찬한 데 비해『보병조전 초안』은 기본 제식훈련에 추가하여 상황변화에 따른 다양한 전투수행의 원칙과 방법을 제시하고 있으며, 다른 병종과의 협동작전을 강조하고 있기 때문이다.

셋째, 한국군의 군사교리와 군사용어의 변천과정을 고찰할 수 있다. 대한제국은 근대적인 군사제도를 도입하여 육군무관학교를 설립하고, 군사훈련의 질적 향상을 위해『보병조전』과『전술학교정』등 군사훈련을 위한 교범을 편찬하였다. 임시정부에서도 육군무관학교를 설립하고『보병조전 초안』을 편찬하였는데 대한제국의『보병조전』에 비해 전술과 훈련체계 및 군사용어 측면에서 좀 더 발전된 내용을 담고 있다고 할 수 있다. 즉『보병조전 초안』에 수록된 독단전행, 협동동작 등 전술적 용어와 각종 제식과 무기에 관한 용어를 통해 현대에 이르기까지 군사교리의 발전과정을 고찰할 수 있다는 점에서『보병조전 초안』은 대한제국군-독립군-광복군-국군으로 이어지는 한국군의 정통성과 군사교리 발전의 근거를 제시하는 교범이라고 할 수 있다.

넷째, 임시정부가 추구했던 군사훈련 및 정책의 일면을 살펴볼 수 있다. 1919년 수립된 임시정부에서는 대한제국기 의병에서 시작된 항일무장독립전쟁을 실현하기 위해 군사활동과 관련된 각종 법규와 정책을 수립하였는데,『보병조전 초안』은 이러한 임시정부의 군사훈련 및 정책하에서 만들어졌다는 점에서 제한적이지만 임시정부의 군사정책의 일면을 살펴볼 수 있다.

향후『일본육군조전』과 중국의『보병조전』자료 내용에 대한 심층적인 연구를 통해『보병조전 초안』작성 시 일본이나 중국의 병서를 참작한 것에 대한 구체적 사실 여부도 제시되어야 할 것이다. 왜냐하면 독립군 양성을 위해 사용된 이러한 군사 교범류에 대해 연구하는 것은 일제로부터 독립을 쟁취하기 위해 피와 땀으로 투쟁한 선각자들의 실질적인 증거를 밝히는 일이기 때문이다.